本书受上海大学高水平建设经费资助

数字游戏史

艺术、设计和交互的发展

History of Digital Games
Developments in
Art, Design and Interaction

[美] 安德鲁·威廉姆斯　著
[中] 柴秋霞　译

复旦大学出版社

作者和译者

作者简介

安德鲁·威廉姆斯（Andrew Williams），博士，在明尼苏达州威斯康辛大学斯托特分校（University of Wisconsin-Stout）从事艺术和设计史的研究和教学工作。他教授的研究生和本科课程涵盖数字游戏、电影史及设计史。威廉姆斯还与明尼苏达历史学会合作开发基于历史的教育游戏，并在威斯康辛大学斯托特分校建立了一个收集复古游戏、硬件和其他相关材料的收藏室。

译者简介

柴秋霞，设计学博士，复旦大学文物与博物馆学系教授。主要研究领域为数字媒体艺术设计及理论研究、数字化与博物馆沉浸体验研究、文化遗产的数字化保护、基于人机交互的艺术设计、信息可视化设计与基于VR/AR的艺术创作。

致谢 Acknowledgments

我要感谢我的妻子切尔西（Chelsea）、其他家庭成员以及我的朋友们在创作本书的两年多时间内给予我的支持。特别要感谢的是詹姆斯·海格（James Hague）的帮助，当然也要感谢其他游戏产业的专家、"退役"的黑客、愿意接受我访问的独立游戏开发者，并且使用他们提供的图片。另外，要感谢比尔·利迪策（Bill Loguidice）和马特·巴顿（Matt Barton）为本书提供图片。

序言

通向美好生活的游戏

柴秋霞教授2017年在伦敦大学访学时，读到美国学者安德鲁·威廉姆斯的这本书。作为一位训练有素的设计学博士和负有学术使命的教授，她看到了这本书之于游戏研究和未来游戏发展、特别是对于游戏设计教学的重要价值，因此不辞辛苦地将其译成中文。这一学术劳绩，至少有两方面的意义。第一，近20多年来，中国游戏产业发展迅速，2010年就已超过电影产业成为我国及世界上各区域内最大的娱乐文化产业，而中国游戏市场已经连续3年成为全球第一大"游戏经济体"。译逢其时，本书为中国游戏设计从业者提供了学习、借鉴西方设计经验的丰富资料和线索。第二，因数字游戏与计算机等诸多学科的交叉与发展，近年来数字游戏的人机交互、心理学、社会学、文化等学术研究已逐步成为显学，但国内却没有一本完整细致缕述、总结游戏史的相关研究著述，本书则填补了这一空白。完全可以相信，它会成为国内从事游戏设计的师生及研究者的必备书。

我不是游戏玩家，更不是游戏、特别是数字游戏的研究者，对秋霞教授要我写序的要求本应敬谢不敏，但有此机会来谈一谈我对游戏的一点肤浅认识，则是我要感谢秋霞教授雅意的。

游戏与人类共生。从远古到现代，游戏贯穿始终，且渗透到文明的各个角落。按照德国诗人席勒（Friedrich Von Schiller）的说法，游戏源于余裕。自然万物都有其超过维持其个体及种群生命所需要的奢侈性行为，如狮子不为饥饿所迫时无目的地吼叫，并在这种无意义的消耗中自得其乐；昆虫无目的地飞来飞去；鸣禽悦耳的啼歌也肯定不是欲望的呼声；树萌生出多余的嫩芽，伸展出多余的根系、枝条和叶片，等等，这些都是游戏。人的游戏不同于动物、植物的"浪费"，在于它是人的想像力的自由活动和人类理想的表现：它"使人摆脱了一切称为强制的东西，不论这些强制是物质的，还是道德的"。因此，游戏是人类从自然到文化的必要中介——"只有当人是完全意义上的人，他才游戏；只有当人游戏时，他才完全是人。"[①]席勒此论有其深刻的人类学、美学意义，哲学、艺术界历来都高度评价并广泛使用，其影响绵绵不绝直至今天。不

[①] [德] 席勒：《审美教育书简》(1795)，《席勒经典美学文论》，冯至、范大灿译，三联书店2015年版，第369、288页。

过,用物质富裕、精力多余来解释"游戏",有一个难以确定的麻烦,因为"余裕"是一个历史的、文化的概念。人的需要并无固定的、不变的指标,生产满足了需要,消费生产了更多的需要。与古代人相比,现代人所拥有的东西当然极大地丰富了,但我们并无普遍的满足感。不但"余裕"是一个相对的概念,而且确实存在的一种情形就是人们在并不"余裕"时,也可能需要游戏。据古希腊史家希罗多德(Herodotus)在《历史》中的记述,当吕底亚(Lydia)王国发生饥荒时,那里的人们发明了骰子、阿斯特拉伽洛斯、球戏等游戏来应对饥荒。"他们在一天当中埋头于游戏之中,以致不想吃东西,而第二天则只是吃东西而不游戏。他们就这样过了18年,但是饥馑的痛苦仍然压在他们身上,甚至变得越来越厉害了,最后国王只得把全体吕底亚人分开,叫这两部分人抽签决定去留,而他将继续统治抽签后留在国内的那一半人,移居国外的人则由他的儿子第勒赛诺斯来领导。抽签之后,应当移居的人们就到士麦拿去,造了船舶,把他们一切可以携带的日用财物放到船上之后,便启程寻找新的生计和土地去了。"①仅此一例,即已表明游戏与"匮乏"也有关联。

古希腊文明毕竟是独特的,吕底亚人的做法也是文明史上罕见的。所以,现代文化中的游戏论,基本上都属于席勒一系。以研究游戏著名的荷兰学者赫伊津哈(Johan Huizinga)就强调游戏存身于需要和欲望的直接满足之外。"如果要总结游戏的形式特征,我们不妨称之为一种自由的活动,有意识脱离平常生活并使之'不严肃'的活动,同时又使游戏人全身心投入、忘乎所以的活动。游戏和物质利益没有直接的关系,游戏的人不能从中获利。"②就"游戏的人"在游戏中所获得的自由感而言,就游戏有别于必需的、强制的劳作、生产而言,游戏之于人类,确实是一个稀罕的、不常进行的活动。在漫长的时光中,人类文明史基本上是一部苦役史、奴役史。按照席勒-赫伊津哈的理论,不但在生产能力低下、长期处于生活资料短缺的古代,即使在生产力发达的现代,人们也只有超越劳动、生产进入游戏状态时,才能获得自由。关于游戏之于现代人类的特殊意义,英国政治学家奥克肖特(Michael Oakeshott)有所论述。他的起点是人的需要(needs)与欲望(wants)的区分。人是自然系统的一部分,每个人都有自己的需要,如果他的环境不能提供各种必需品,他就会走向饥饿、衰弱以致消失。人与自然的区别在于人有"欲望"。"欲望"不同于自然的"需要",它是文化的产物:人类的各种知识与技能,人类永无休止的"劳动"或"工作",都是为了满足欲望。"劳动"或"工作"是一项持续辛劳的活动,是被种种欲望驱使的人所无法避免的、典型的人类行为。自16世纪以来,现代人乐观地相信:只要以某种真正坚决的方

---
① [古希腊]希罗多德:《历史》,王以铸译,商务印书馆2017年版,第58页。
② [荷]约翰·赫伊津哈:《游戏的人——文化中的游戏成分的研究》(1938),何道宽译,花城出版社2007年版,第14页。

式去做，只要倾其所有的智力和精力，人类将实现那源自种种欲望的满足而获得幸福。只要对自然界展开一场竭尽全力的、有组织的进攻，随之而来的必然是成功。在此过程中，懒惰和低效不但是罪恶，而且是愚蠢的。"这是裹挟着我们往前走的潮流。它充斥在我们的全部政治生活之中；它迫使我们每年必须增长 4% 的生产力；它是我们已经向世界传播的一个梦想，以至于它已经成了全人类共有的一个梦想。"①然而，19 世纪以来，人们发现这只是一个梦想：欲望或许满足了，但人类并没有因此而获得幸福。原因很简单，完成由欲望构成的人不可避免地是充满各种焦虑的人，他的世界只是满足他的欲望的手段和工具，而且欲望的满足又无止境地产生各种新的欲望。这种意义上的欲望不是人性的实现，而是对人的生活的诅咒。由满足欲望而来的工作或劳动，是一个无止境的获得与消耗、制造与消费的过程，这个过程无论多么伟大，却绝不会带来人的幸福。这是德国哲学家叔本华（Arthur Schopenhauer）19 世纪初的作品《作为意志和表象的世界》(1819) 的主题。所幸人类的活动不只是"工作"，人类还有一种带来各种满足、却没有"工作"或满足欲望所固有的挫折的活动，这就是"游戏"——它既不是"工作"，也不是"休息"，它是一种活动，是一种不寻求满足欲望的活动。作为一种休闲、娱乐，游戏并不意味着缓慢，而是说它不存在欲望满足后的焦虑和无休止的追求，它被认为是为了自身的目的而存在。因此，第一，游戏是真正自由的活动。在这种活动中，人类相信自己能够享受某种自由和启迪，而这是欲望的满足所不可能提供的。这是自由人的特性而不是奴隶的特性。第二，游戏是真正文明的活动。游戏就是游戏，也只是游戏，它没有更进一步的目的，开端和结局都是它本身。游戏的目的是认识和解释世界，而不是像"工作"那样是为了改变世界。哲学、科学和历史学等文化行为都属于"游戏"而不属于"工作"。在从事这些事业的过程中，我们完全从把世界视为满足欲望的材料的态度中解脱出来，进入一个充满诗意的想象活动。

但是，问题不只是吕底亚人的创造性实践已经表明游戏-工作的二分并不能说明全部游戏，更重要的是，既然人类永远不可能没有劳动和生产，那么，游戏以及由此而来的自由就只是生存与生活的另类。既然人类的生存发展不可能没有劳动、工作，那么，工作-游戏的二分说只能说明不同程度的"苦役"将是人类活动的永恒特征。这也就是说，由席勒开创的现代游戏理论暗含着一种悲观和绝望。

生活与文化都在变化，游戏也在变化。20 世纪中叶以来，游戏已经成为文化产业系统中增长最快的门类之一。新的社会条件、新的技术手段、新的设计理念都内化到游戏产品之中。关于这一点，安德鲁·威廉姆斯在本书已有具体的分析和明白的呈现。

---

① [英] 迈克尔·奥克肖特：《工作与游戏》(1960?)，卢克·奥沙利文编《历史是什么》，王加丰译，上海财经大学出版社 2009 年版，第 247 页。

游戏成为产业,表明它在人类生活中的地位和分量日益提升,表明越来越多的人把越来越多的时间用于游戏。这是社会文化生活中一个必须解释的重大转变。一个相对简单的、积极的说明是由美国学者麦戈尼格尔(Jane McGonigal)所完成的。她认为,今天的游戏大多包含严肃的内容,我们把真正的问题包装在游戏里:科学问题、经济问题、社会问题、环境问题。我们通过游戏,为人类面临的最迫切的挑战创造新的解决方案。玩家们可以在游戏中改变自己、提升自己。比如,主动挑战障碍,保持不懈的乐观,追求更满意的工作、更有把握的成功,建立更强的社会联系,通过全情投入而体验更宏大的意义并实现人生升级等。总之,"我们再也不能抱残守缺,固执地认为游戏独立于我们的现实生活和工作。问题不在于它浪费了游戏造福现实的潜力,而在于它根本就不是真的。游戏并不会让我们从现实生活里分心,它们用积极的情绪、积极的活动、积极的体验和积极的优势填补了现实生活。游戏不会带我们走向文明的死亡,它会带领我们重塑人类文明。我们今天及以后所面临的巨大挑战,就是将游戏更紧密地整合到日常生活当中,把它们当成重塑地球的努力平台。如果我们肯真心尝试驾驭游戏,以创造真正的幸福和重塑现实的积极力量,那么,'现实变得更美好'就不再只是一句空话,而是真的有可能发生。如果确实如此,我们的未来将焕然一新。"①

一般地说,文化生活中的乐观主义总是比较幼稚而简单的。麦戈尼格尔也不例外。她为游戏唱出了一首欢乐的颂歌,但没有对游戏的积极性作出充分的理论分析。要补上这一课,有现成的理论资源,这就是美国的实用主义,特别是杜威(John Dewey)的哲学。按杜威的看法,工作与游戏一样,都是有目的的活动。"目的"是行动内在固有的,是这个行动的目的,是行动过程的一部分。做游戏的人,不只是在做某事,而是设法做某事或设法取得结果。但这个预料中的结果不是事物中某个特定变化的产物,而是一个后续行动。"当人们预知到具有明确特征而相当遥远的结果,并为实现这些结果付出持之以恒的努力时,游戏就转变为工作。两者的差别不在于工作附属于某个外在的结果,而在于由于某个结果的观念而导致较长的活动过程。……一个活动从属于某个未来的实质性结果的极端形式是苦役。"杜威指出,不能把对游戏与工作所作的心理学区分,与对它们所作的经济学区分混淆起来。"从心理学的角度看,游戏的决定性特征既非乐趣,也非无目的。在游戏中,其目标更多地被认作同一层面上的活动,而不是根据所产生的结果去决定行动的持续。随着活动变得越来越复杂,人们对所得的结果越来越关注,它们便获得了额外的意义。因此,它们渐渐转变成工作。人为的经济条件常常把游戏变成刺激富人做事的闲散活动,而把工作转变为穷人不感兴趣的劳

---

① [美]简·麦戈尼格尔:《游戏改变世界——游戏化如何让生活变得更美好》(2011),闾佳译,浙江人民出版社2012年版,第329页。

动。除此之外,游戏和工作同样都是自由的,而且都具有内在的动力。从心理学的角度看,工作完全是自觉地把对后果的考虑作为一部分而纳入自身的活动中,但如果这些后果外在于活动,就好像后果是目的,而活动只是实现目的的手段,那工作也变成了强制性的劳动。始终充满游戏态度的工作是艺术。"①游戏-艺术不是独立于工作-劳动的另一种人类活动,而是同一种人类活动的另一个维度。人类只有一种活动,它是工作还是游戏,取决于我们如何经验这一过程的"目的-手段"关系。杜威倡导的不是在工作和劳动之外寻找理想的生活,而是改善人们在工作时的经验,即通过"手段-目的"统一来获得完整的"经验",并摆脱工作的外在性和压迫性。

在人类的劳动文化、工作方式发生了重大变化的 21 世纪初,美国学者桑内特(Richard Sennett)重述并深化了杜威的观点,其所论更为明确:"经验这个词在英文里比较模糊,在德文中则要精确得多。德文用来表达经验的有两个词,分别是 Erlebnis 和 Erfahrung。前者是指某些引起内在情感的事件或者关系,后者则是某些促使人们关注外界的事件、行动或者关系,它需要的是技能,而非感受。实用主义思想坚信这两层意义是不可分离的。威廉·詹姆斯认为,如果只停留在 Erfahrung 的领域,你很可能会受阻困于'手段-目的'的思维和行为模式,也很可能会屈服于有诸多缺陷的工具主义。你需要 Erlebnis 来不断地提醒自己,你对某些事件或活动的'感觉'到底是怎么样的。"②完整的经验包括对整个活动的投入与感受,能够在过程中而不只是在结果中获得满足。在这里,工作与游戏是同一个活动、同一种感受、同一样收获。

使劳动、工作成为游戏,不但是人类的一个伟大理想,事实也已部分地成为当代劳动文化的实践。文化-创意产业的兴起,就是一个标志。英国人霍金斯(John Howkins)并不是一个好的理论家,却有一段值得在此引用的话——创意劳动就是一种游戏:"创意其乐无穷。……游戏无忧无虑,充满乐趣;当它不再好玩,人们就停止游戏。游戏是自发性的,但是却在每个人都得绝对遵守的既定规则内进行,而且即使有惩罚,也仍然充满欢笑。或许,结果的意义很重大,但是游戏本身却无足轻重(许多人在观察创意者工作后通常困惑不已——'他们看起来一点都不像在工作!')。"③这种"看起来一点都不像在工作"的工作,就是文化-创意工作。在漫长的时间内,"不像在工作"的只有游戏、休闲,但现在游戏和休闲都已成为产业,成为当代经济的重要组成部分。

这是值得充分肯定的文明转型和人类进步,我们应当为之鼓与呼。但我觉得,至少在目前,我们对此还不能持过于简单的乐观态度。游戏成为产业,也就是游戏成为

---

① [美]约翰·杜威:《民主与教育》(1916),俞吾金、孔慧译,《杜威全集》中期著作第九卷,华东师范大学出版社 2012 年版,第 168-169、170 页。
② [美]理查德·桑内特:《匠人》(2008),李继宏译,上海译文出版社 2015 年版,第 359 页。
③ [英]约翰·霍金斯:《创意经济》(2001),洪庆福等译,上海三联书店 2006 年版,第 22 页。

一种经济行动。在这种情形下,我们需要辨析的是,游戏产业所体现的,是劳动-工作的游戏化,还是游戏的劳动-工作化?如果是后者,正在兴盛的游戏产业就并不表明我们扩大了、强化了劳动-工作的自由,相反可能是收缩了我们的自由潜力和空间——因为连游戏都可能不再是游戏了。问题又回到奥克肖特。他在20世纪中期着力比较"工作"与"游戏"的动机,不只是为了阐释游戏的意义,而是要说明,满足欲望不但是我们注意的中心、而且还使其他活动都从属于它的当代世界,"游戏"活动已经被"腐蚀"了:"不是把'劳动'和'游戏'看成世界上两种重要的、不同的经历,每种经历都向我们提供另一种所缺少的东西,我们反而常常受到鼓励把我所说的'游戏'当作目的,在于使我们更好地工作的一次假期,或者仅仅作为是另一类'劳动'。……在第一种看法中,艺术和诗歌以及人类所有重大的解释性的冒险事业中真正可贵的东西丢失了:它们变成纯粹的'娱乐'——生活固有事务以外的'放松',只是'休息'。在第二种看法中,那些宝贵的东西受到了腐蚀:只承认哲学、科学、历史、诗歌碰巧可能提供的有用的知识,并因此可以被所谓的人类生活的伟大事业所吸收,以满足人的各种欲望。"① 席勒-赫伊津哈传统把游戏与劳动并列为实现人类的基本需要的活动,这种理论至少承认游戏的特殊价值和独立性。反之,如果把游戏当作工作的补充、准备,如果把游戏作为当代产业的一个部门,那么人类的生活该是多么令人绝望。所以,尽管从理论上说,我们更赞成杜威式的观点,人类生活是一个统一体,工作与游戏也不对立。但是,这只有在劳动-工作具有游戏-艺术的性质时,这种统一体和连续性才是值得我们追求的。

好消息当然有。虽然现阶段的文化产业还承担着经济发展的使命,但发展经济需要文化和游戏,至少表明人类已经可以把更多的时间用于非功能性的活动,文化-创意产业部分地实现了劳动-工作的游戏性和艺术化。文明演进史就是持续地减少苦役般的劳动、使劳动具有游戏般的自由性质的历程。确如席勒所说,游戏-艺术活动是人之所以为人的特性所在,但这不是因为游戏-艺术活动与劳动-工作的对立,而是说游戏-艺术向劳动-工作的扩展,以至于人能够越来越多在劳动-工作中获得自由、满足和快乐。

这也就涉及安德鲁·威廉姆斯《数字游戏史:艺术、设计和交互的发展》一书的特殊价值了。本书的研究对象和范围是从19世纪末到21世纪初的"数字游戏",这是与计算机的硬件和软件发展有密切关系的游戏种类。但这种以技术为中心的游戏史观并不只是强调游戏硬件,而更重在游戏设计理念的连续性。这就是说,无论技术如何

---
① [英]迈克尔·奥克肖特:《工作与游戏》(1960?),卢克·奥沙利文编《历史是什么》,王加丰译,上海财经大学出版社2009年版,第252页。

精进完善,但游戏设计的理念却有高度的连续性。本书分析并解释了数百个游戏作品设计的缘由及影响,为数字游戏史的研究提供了详尽的资料。贯穿这一个多世纪游戏史的,是不同时期游戏产品的设计问题及解决方案。在这个意义上,本书的主题是游戏设计史,而非游戏产业史。它使我们看到,各个时期、各种类型的数字游戏产品,是如何在不同时代,使用不同技术,通过不同叙事,满足不同需要的设计理念、方法、程序和效果。游戏产品的开发,实质上是对人性的把握,是对人的欲望、心理、活动和追求的跟踪、接近与描写。所以,把这些作品的要件、关系、过程和挑战分析、介绍、总结出来,不但可以使今天的游戏设计青出于蓝、后出转精,创作出更能激活人的游戏潜能的产品,而且可以为更广大的文化－创意乃至其他产业提供典范,共同来探索人性活动的多样性、挑战性、竞争性以及由此而来的成功感、满足感,推动一种真正属于人的劳动文化、生产机制和服务品质的建设。

  让我们感谢安德鲁·威廉姆斯教授和柴秋霞教授,让我们都来读读这本书。这不只是为了游戏产业和游戏设计,更是为了我们的美好生活。

上海交通大学特聘教授

2020 年 11 月 29 日

前言

数字游戏史中的元素在当代文化中比比皆是,如对吃豆人、马里奥和8位图像的应用出现在T恤、专辑封面和其他商品上。网络梗文化通常会把历史上游戏的图片和短语混搭在一起,如"你的基地都是我们的"和"公主在另一座城堡里"等。与此同时,最近有些电影也将游戏怀旧作为核心情节。虽然这些游戏元素随处可见,并促使大众对过往的认识,但它们常常只是参考,并将历史视为琐碎小事。本书写作的主要动机是在教育背景下,以一种交叉学科的方式,而不是以平常游戏粉丝的审美视角来研究数字游戏的历史。

数字游戏与计算机硬件和软件的发展有着密切的联系。数字游戏对技术变化非常敏感。事实上,数字游戏史上一个重要的主题就是如何在技术限制范围内实现自己的设想。因此,当我们考虑数字游戏是为何以及如何以其自己的方式发展时,可能会倾向于将它们的历史看作与摩尔定律完全一致的线性发展,即:随着处理器速度的提高,我们对游戏投入的技术和开发能力也随之增强。这虽然非常重要,但这种以技术为中心的游戏历史观可能会导致过分强调游戏硬件,这种现象在"游戏机世代"(console generations)的构建中尤为明显。从作者的角度来看,这忽略了游戏设计理念的连续性,而这些理念存在技术限制,并错失了对游戏设计理念的有意义的讨论。另一种游戏史观集中在游戏产业本身的演变及其幕后人物。数字游戏产业在很大程度上是一个默默无闻的行业,但它聚集了从业人员的聪明才智。在最糟糕的情况下,这两种观点都仅仅围绕"第一"和商业上的成功展开,使得对游戏的研究和讨论不连贯,很多游戏在这种研究语境中无法得到关注。因此,对于想要了解数字游戏史的学生或者寻求更广阔视角了解游戏的个人来说,其教育价值就显得微乎其微。

本书使用前面提到的游戏史研究的元素,结合设计史的趋势和游戏开发不断发展的实践,认为数字游戏史在遵循时间和主题的构架下,由3个主要历史游戏背景/平台组成,它们分别为街机、家用游戏机和家用计算机。本书探讨的重点在于不同研究视角之间的相互影响。从20世纪70年代中期到90年代末,街机游戏的设计与家用计算机游戏和家用游戏机游戏之间紧密联系,有时会融合在一起。在其他情况下,研究视角与艺术、设计和交互的独特形式联系在一起。直到21世纪初,互联网成为一种全球性的媒介,开始打破平台之间的壁垒,模糊了公共空间和私人空间之间的传统界限,游戏平台之间的差异才变得有意义。本书按照时间排列,每段时间又按照主题安排。每一章节都会集中讨论游戏的设计问题和解决方案,无论是否有效,这些设计都是在特定的背景下,在当时的技术、经济和文化水平的条件下产生的。

目录

作者和译者
致谢
序言
前言

第 1 章　机械和电动机械街机游戏（1870—1979 年） / 001

　　街机游戏设计 ……………………………………………………… 002
　　投币游戏娱乐的开端 ……………………………………………… 002
　　　　自动机和投币游戏的运作模型 ………………………………… 002
　　　　竞争性投币测试机 ……………………………………………… 004
　　　　世纪之交的投币放映机 ………………………………………… 006
　　便士投币街机的游戏和娱乐活动 ………………………………… 007
　　　　基于体育的游戏和数字游戏类型的根源 ……………………… 008
　　　　弹球游戏的早期发展 …………………………………………… 012
　　"二战"后的机械和电动机械游戏设计 …………………………… 015
　　　　"二战"后的驾驶和赛车类游戏 ……………………………… 016
　　　　日本和美国的导弹发射类游戏 ………………………………… 018
　　　　弹球游戏的游戏技巧 …………………………………………… 019
　　　　电动机械游戏的落幕 …………………………………………… 020

第 2 章　实验性质的游戏（1912—1977 年） / 021

　　电子计算机和游戏 ………………………………………………… 022
　　早期游戏的研究和科学展示 ……………………………………… 022
　　　　国际象棋和人工智能 …………………………………………… 022
　　　　国际象棋之外的游戏 …………………………………………… 024
　　　　图灵模仿游戏和人工智能 ……………………………………… 024
　　　　《双人网球》游戏和计算机游戏娱乐产业的开始 …………… 025
　　黑客伦理与游戏 …………………………………………………… 027
　　　　《太空大战！》的传播与改造 ………………………………… 028
　　计算机网络与游戏 ………………………………………………… 030
　　　　阿帕网 …………………………………………………………… 031
　　　　自动化教学系统和多人游戏的编程逻辑 ……………………… 031
　　　　进入商业领域 …………………………………………………… 038

| 第 3 章 | 早期商业化数字游戏（1971—1977 年） | / 039 |

    消费市场的新技术·················· 040
    商业化数字游戏的途径·················· 040
        《太空大战！》的盈利·················· 040
        奥德赛游戏机和被划分的游戏空间·················· 042
        《乒》以及"球"和"拍"游戏的设计变体·················· 045
    电子街机游戏适应数字游戏·················· 048
        早期数字游戏中的赛车游戏·················· 048
        早期射击游戏和迷宫游戏的演变·················· 051
        家用游戏机和问题的隐现·················· 052

| 第 4 章 | 街机的黄金时代（1978—1984 年） | / 055 |

    街机的黄金时代·················· 056
    黄金时代的趋势及新观念·················· 056
        黄金时代的射击与杀敌游戏·················· 057
        街机游戏中更强的角色和叙事能力·················· 061
        街机游戏设计的折衷方法·················· 066
    街机游戏黄金时代的终结·················· 068

| 第 5 章 | 卡盒与家用游戏机（1976—1984 年） | / 069 |

    第二代家用游戏机·················· 070
        雅达利和视频计算机系统·················· 070
    国内市场竞争·················· 073
        第三方开发者的出现·················· 073
        美泰和科莱科进入游戏机市场·················· 075
    超越街机·················· 077
        为家用游戏机添置内容·················· 077
        改变家用游戏机的时间·················· 078
        北美游戏机市场的崩溃·················· 084

| 第 6 章 | 家用计算机（1977—1995 年） | / 087 |

    微型计算机革命·················· 088
    20 世纪 70 年代末到 80 年代初的计算机游戏·················· 089

  从文本到图形的冒险游戏 ··· 090
  早期的计算机角色扮演游戏 ······································ 093
  飞行和车辆驾驶模拟计算机游戏 ·································· 096
  视觉和动作冒险计算机游戏 ······································ 099
20 世纪 80 代末到 90 年代鼠标操控的计算机游戏 ························ 101
  下一阶段的角色扮演游戏 ·· 102
  点击类冒险游戏的发展 ·· 103
  20 世纪 80 年代末到 90 年代初的管理和策略类游戏 ················ 106
  即时战略游戏的合成与开发 ······································ 107

第 7 章 日本 2D 游戏设计和游戏机的重生（1983—1995 年） / 111

20 世纪 80 年代早期的日本游戏和游戏公司 ····························· 112
后黄金时代街机游戏的 2D 设计趋势 ··································· 112
  游戏中的伪 3D ··· 112
  横向卷轴动作游戏和"快打游戏" ································· 113
  "一对一"格斗游戏 ·· 115
  西方对"一对一"格斗游戏的反应 ································ 116
日本公司向国内转型 ··· 118
  稳定和控制游戏机市场 ·· 119
  建立任天堂的特许经营权 ·· 119
  计算机游戏和红白机上的日式角色扮演游戏 ························ 124
  世嘉加入游戏机市场 ·· 125
16 位游戏机的市场营销和游戏设计 ····································· 126
  新的竞争者 ·· 126
  新型游戏机的新平台和激烈竞争 ·································· 127

第 8 章 早期 3D 和多媒体热潮（1989—1996 年） / 131

现实主义的两条路径：多媒体图像和实时 3D ···························· 132
只读光盘和写实照片 ··· 132
  交互式电影与游戏 ·· 132
  多媒体时代的益智游戏 ·· 134
实时 3D 和空间现实 ··· 137
  早期商业化的虚拟现实 ·· 137
  街机仿真器的 3D 革命 ·· 140

家用游戏机适应 3D 环境 ·················· 141
　　　2D 图像与实时 3D 结合在一起的家庭游戏 ·················· 143
　　　实时 3D 在游戏中的成功 ·················· 147

第 9 章　当代游戏设计（1996 年至今）　　　　　　　　　　/ 149

　　实时 3D 游戏的新硬件 ·················· 150
　　20 世纪末的 3D 游戏设计 ·················· 150
　　　全 3D 平台与冒险游戏 ·················· 150
　　　千禧年来临之际的混合第一人称射击 / 角色扮演游戏 ·················· 156
　　　千禧年之交的游戏影视化趋势 ·················· 158
　　新千年的游戏与游戏设计 ·················· 160
　　　行业的变化 ·················· 160
　　　新主机与 2000 年游戏的成熟发展 ·················· 161
　　　开放世界游戏的发展 ·················· 163
　　　移动休闲游戏的出现 ·················· 165
　　　21 世纪初的数字发行 ·················· 167
　　　21 世纪初与之后的游戏视觉与游戏美学 ·················· 169
　　　21 世纪电影般的游戏 ·················· 171

第 10 章　独立游戏（1997 年至今）　　　　　　　　　　/ 175

　　《独立游戏宣言》和"独立"的维度 ·················· 176
　　早期的独立游戏 ·················· 176
　　　共享软件模式的成功 ·················· 176
　　　Flash 和 2D 免费软件游戏 ·················· 178
　　独立游戏的主流突破 ·················· 185
　　　Steam 与独立游戏 ·················· 185
　　　主机厂商支持独立游戏开发者 ·················· 187
　　　"游戏"之外的成功 ·················· 191
　　　当代独立游戏的挑战 ·················· 194

附录　本书游戏列表　　　　　　　　　　　　　　　　　　/ 195
后记　　　　　　　　　　　　　　　　　　　　　　　　　/ 224

机械和电动机械街机游戏
（1870—1979年）

街机游戏设计

早在100多年前,数码街机游戏第一次出现。机械工程师和艺术家们所设计的游戏不仅在视觉制作上引人入胜,而且也容易被大众理解,但是,玩家却很难掌握或几乎不可能完全掌握其玩法。其商业模式是通过以低价试用吸引顾客,通过累积玩家的试用量来实现盈利。正因为如此,街机游戏只有让客户快速开始和迅速上手才能实现盈利。尽管以街机的概念作为唯一的起源不是很客观,但是,这些游戏与设置在公共场所的游戏紧密连接,并且可以说是嘉年华摊位游戏和集市游戏的另一种表现形式。在19—20世纪,街机游戏的设计想法结合了人类想赢或是想要弥补自己失败这一最基本欲望,打造了这段时期让人记忆最深刻、最好玩、最盈利的游戏玩法。本章探讨其中许多理念的发展,并讨论公司、技术和特性,这些都有助于形成一种广泛影响街机和家庭游戏环境的设计理念。

投币游戏娱乐的开端

投币游戏机最早出现在公元1世纪,发明家亚历山大的赫伦(Heron of Alexandria)设计了一款通过投币来触发分配净化水的机械装置。赫伦的设计具有前瞻性的思考,20世纪下半叶的经典投币游戏街机直接与19世纪末到20世纪初第二次工业革命带来的科技和经济的改变有着直接的关系。3种主要的投币娱乐设备在这一时期出现:第一种使用非交互性的运作模型,带给观众活跃的感官愉悦;第二种是针对公共场所使用而设计的基于货币化版本的测试设备;第三种允许观众观看一系列2D静帧图像、3D立体图像或是动态图片的设备。这些新型投币设备的诞生,推进了工业化国家在19世纪晚期的复杂变革,正如当时公众所发现的,他们在工业设备上增加了开销,这些开销被用在了获取迅速爆发的与娱乐相关的活动上。

自动机和投币游戏的运作模型

自中世纪起,欧洲工程师就把与钟表机械相关的知识用于创造被称为"自动机"的可移动装置。自动机的种类千变万化,有能唱歌的机械鸟,也有对着教会众基督徒做鬼脸的恶魔。经过上百年的发展,这些产品变得越来越专业和精细、逼真,仿生动作和行为栩栩如生。在18—19世纪,由瑞士、德国和法国的钟表匠们所创造的自动机尤其值得关注,因为他们发明的装置展现出复杂的机械结构,并安置在名为"cams"的不规则形状的圆盘中,这是一种早期的只读存储器,也是之后机械娱乐装置中的重要部件。

雅克·德·伏康松(Jacque de Vaucanson)在1739年发明了"Canard Digérateur"(或称为"消化鸭"的设备),这个设备能够拍动它的翅膀,吃东

西，喝水，甚至模拟排便的动作。1785年，彼得·肯金（Peter Kinzing）和戴维·伦琴（David Roentgen）赠送给法国女王玛利－安东尼特（Marie-Antoinette）一台微型扬琴自动机，这台自动机可以用音槌去敲打琴弦，甚至在演奏的过程中"消化鸭"的头部和眼睛能表现出微妙的动作。最令人叹为观止的是，亨利·梅拉德特（Henri Maillardet）在1805年前后创造的《绘图作家》（Draughtsman-Writer），这台自动机可以绘制4幅细致的风景画，并且根据剧本写出3首诗，其中2首是法语的，1首是英语的。这台自动机拥有的编程能力和内存存储空间是巨大的，但是它和其他当时的自动机设备一样，仅仅依靠齿轮、凸轮和弹簧来运作。这种科学和发明的伟大杰作在当时主要服务于欧洲富裕的贵族们。大多数普通民众很少接触到此类自动机，直到19世纪末它们以魔术表演的一部分出现时才被人们所认知。如果说自动机真正被大众所熟知的话，就当属投币形式的机型最为典型。

自动机首次出现在英国，然后被传播到欧洲其他国家和美国。它们通常由一个可运动的场景或物体组成，有时还配以音乐，创造出一种视听体验。美国最早的运作模型设计者之一是威廉姆·T·史密斯（William T. Smith），他在1885年创造了《火车头》（The Locomotive）（见图1.1）。用户在设备中投入一枚硬币的时候，音乐会响起，微型火车头可以惟妙惟肖地运转起来，活塞驱动车轮、连杆牵引着一根绳子，拉动火车头的发动机，从而响起铃声。《火车头》虽然完全由手工制作，但是由于供电电池的大批量生产，这种自动机在当时广泛出现。为了符合设备的主题，史密斯的产品模型通常被放置在火车站，最大限度地展示在源源不断的潜在客户面前。

图1.1　威廉姆·T·史密斯在1885年发明的《火车头》
（图片来源：国家自动点唱机交易所，梅菲尔德，纽约，www.nationaljukebox.com）

在欧洲还有许多类似的案例。例如，由法国自动机设计师布莱斯·蓬当普（Blaise Bontemps）制造的《投币式歌唱鸟》（Coin-operated Singing Birds），吸引了经常光顾公共空间和新兴娱乐中心的人。除了机器和动物，自动机的工作模型还表现出细致、生动的木偶动画场景的特色。例如，英国卡诺瓦模型公司（Canova Model Company）生产了许多令人毛骨悚然的模型，这些模型通常描述一些戏剧和恐怖的场景，就像英国的小说《低俗怪谈》（Penny Dreadful）一样。其中一个例子是《法国死刑》（The French Execution，1890年），它展示了对一名已被定罪的罪犯在断头台执行死刑的情形。卡诺瓦模型公司的另一个运作模型是在恐怖人物造访时展示遭受鸦片上瘾的动画人物。尽管在20世纪初运作模型的流行程度急剧下降，但其生产远远超过了20世纪50年代，其中最受欢迎的是真人大小且能活动的"祖母"（grandmother）或"吉普赛人"（gypsy）算命师，它在发书面卦之前会参考水晶球或塔罗牌。

竞争性投币测试机

与此同时，自动机也被用于硬币投币操作，类似现象发生在受欢迎的酒吧和沙龙。虽然老虎机和其他赌博游戏机是这些机构中最流行的设备，但是，酒吧和沙龙也有促进竞争或促进社会交往和观看行为的游戏。大多数这些机器主要是测量举、推、拉、抓和冲的结果。例如，1897年PM运动公司（P. M. Athletic Company）的《运动打击机》（Athletic Punching Machine）设计了一大块填充了柔软材料的打击区域，供玩家挥拳锤击，测量他们的拳击力度，20世纪初由米尔斯新奇公司（Mills Novelty Company）设计的《完美肌肉锻炼机》（Perfect Muscle Developer）则使用一根大弹簧支撑位于上方的活塞，通过弹簧的力度来测量玩家的举重能力（见图1.2）。

无论测试类型如何，这些机器都有几个共同的特点：①为重复使用而设计的耐用材料，代表19世纪末、20世纪初的装饰美学风格。例如，《完美肌肉锻炼机》在其柱塞和平台上使用了重铁，竞争对手站在该平台上，该设备的其余木质外观则有装饰图案和米尔斯公司精美的商标图案猫头鹰。②设备的显示几乎是所有力度测试机最重要和最突出的特点——以数字形式显示测量工作，提供明确的、可量化的和可比较的性能评估。通常也是设备中最大的部分，不仅用户可见，旁观者也能看到，这反映了当时这些设备所处的社会环境。在《完美肌肉锻炼机》的展示中，设备反映出十分明显的竞争性：当得分低至100分时，会显示"不太好，再试一次"；当得分达到900分时，则显示"干得好，大男孩！"。这样即使是围观游戏的人群，仍然能够得到游戏的反馈。此外，当有玩家投入新的硬币，该设备会继续显示最后一次比赛所得的分数，给下一个挑战者争取更高分数提供了动力。

除了各种形式的体力测试外，衡量健康状况的仪器也很受欢迎。体重计测量体重，肺活量计测量肺活量，用来"治愈"头痛、风湿和"所有神经疾病"的机器出现在雪茄店、邮局、药店、旅馆、酒吧和沙龙里。测试员在推广过程中，无视实际的科学证据，而是以"科学"之名，宣传这些设备对健康有益的功效。例如，1904年米尔斯新奇公司的《电即生活》（Electricity is Life）大胆宣称："电，沉默的医生。治疗所有形式的肌肉疾病，对神经系统也大有好

图 1.2 《电即生活》1904 年由米尔斯新奇公司开发（左图），《完美肌肉锻炼机》20 世纪早期由米尔斯新奇公司开发（右图）

（图片来源：詹姆斯·D. 茱莉亚拍卖行，梅菲尔德，缅因州，www.jamesdjulia.com）

处。"在这里，大刻度盘还包含基于人们对电击机器所保持持久时间的分数信息；当分数较低时，它会显示"电如果使用得当，任何一个人都会受益"，而"整个系统非常好的条件"则表示得分最高（见图 1.2）。肺活量计也采用类似的竞争性保健方式。作为额外的奖励，许多来测试健康状况的人员还可以获得奖励，特别是得到"健康"最高分的人，可以被返还那些花掉的金币。

另一种相关的测试形式是用射弹测量一个人的射击精度。至少从 19 世纪 80 年代开始，一些公司生产了用于娱乐目的的枪类游戏，几乎可以将任何东西用于子弹，如硬币、滚珠轴承、小球、口香糖球甚至实弹。所有这些早期的枪类游戏都是用逼真的步枪或手枪进行控制。它们有时也带有非常详细的动画环境，这些游戏正是 20 世纪末和 21 世纪初机械电子枪战游戏和数码枪类游戏的前身。1901 年英国制造的《电动步枪》（Electric Rifle）成为早期枪类游戏的引领者。它使用电线和精密的校准系统，将信号从基座式火炮发送到目标区域。如果对准适当，会引起钟声响起，数字会被动画化，弹孔也会出现。更常见的是小型台面射击游戏《模拟交易》（Trade Stimulators），分发雪茄、糖果或其他小的消费品。图 1.3 显示了 20 世纪早期的一个《枪械射击模拟游戏》（Gun Game Trade Stimulators）装置，它使用 1 便士作为抛射物，通过精准的射击，用硬币打

图 1.3　20 世纪早期简单的《枪械射击模拟游戏机》

（图片来源：詹姆斯·D. 茱莉亚拍卖行，梅菲尔德，缅因州，www.jamesdjulia.com）

穿靶心，机器的铃声就会响起，同时把硬币还给玩家。不过更多的时候可能是错失靶心，这时玩家会得到一块口香糖，机器的主人则会得到那一枚硬币。

世纪之交的投币放映机

美国发明家托马斯·阿尔瓦·爱迪生（Thomas Alva Edison）发明的投币娱乐装置，在技术上甚至比运作模型或测试装置更为复杂。爱迪生发明留声机之后，开始了对投币游戏的尝试。他的"产品"包括制作白炽灯泡、向建筑物分配电能以及发明与 X 射线有关的技术等，并因此被称为"门洛帕克巫师"（Wizard of Menlo Park）。爱迪生的初衷是制造一台机器来记录商务会议，但是，这个想法没有受到应有的欢迎。爱迪生的一个投资者却通过实验给留声机增加了听筒和投币口，用户投入一个 5 便士硬币，就可以听到音乐、公众人物的演讲或者充满音响效果的戏剧性故事。这样，留声机就与 19 世纪晚期在火车站、酒店大堂和度假村里不断增加的机电新设备接轨了。

爱迪生对投币产业影响更深远的是他的下一个"产品"——电影放映机。该原型制作于 19 世纪 80 年代后期，并于 1894 年投入生产。该"产品"是由爱迪生的助手威廉姆·迪克森（William Dickson）发明的，这台电影放映机可以在一个窥孔和一个电池驱动的电灯泡之间播放 35 毫米胶片上的电影。用户可以观看 30～40 秒的拳击比赛、马戏表演或历史故事。每台机器都装载着一部不同的电影，这些电影是爱迪生在新泽西州西奥兰治市的黑色玛丽亚电影工作室（Black Maria Film Studio）制作的。

被称为"电影放映厅"的私人娱乐场所首次出现在纽约，然后发展到芝加哥、旧金山、大西洋城以及美国之外的伦敦和巴黎，这些场所通常位于这些城市的商业中心区。为了充分利用爱迪生作为"技术奇迹制造人"的声誉，实现放映厅的盈利，许多游戏厅都在横幅上使用爱迪生的名字，并以他的名字命名休息厅，甚至将爱迪生的肖像纳入装饰性的雕像中。电影放映厅通常以当时的高格调装饰来迎合上层社会的需要。例如，在旧金山的彼得·巴奇加卢皮（Peter Bacigalupi）电影放映厅内部，装饰了一只由羽毛和灯泡制作的华丽的孔雀，这只孔雀由燃气和电力驱动的照明灯具组成，站立在地板上，最高处一直到天花板的壁纸。1895 年，持续不断的照明条件确保了当时的豪华档次（见图 1.4）。电影放映机的初始模型没有投币孔，顾客们付了入场费就能够入场，根据他们自己的意愿尽可能多地观看电影短片，同时，顾客不必自己操作机器，而是由穿着考究的服务员操作。与其他设备一样，很快投币口就被应用到电影放映机上，以减少放映厅雇佣更多的服务员。

电影放映厅不仅仅只有电影，还经常装有自动售货机和爱迪生的一系列其他电子产品，包括留声机等，甚至还有参观者可以用来查看手上骨头的 X 光机。当时没有在任何一种设备中屏蔽 X 射线，当人们意识到 X 射线实际上有

图 1.4　坐落于加利福尼亚州旧金山市、放置有爱迪生的留声机与唱片机（Phonograph and Gramophone Arcade）街机的内部装饰图案
（图片来源：美国内政部，国家公园管理局，托马斯·爱迪生国家历史公园）

害时，新奇的 X 光机很快就被移走。电影放映厅帮助我们创造了一个"街机场所"的概念，它是一种投币娱乐设备的空间场所，就像在巴奇加卢皮电影放映厅的名称中所看到的那样，"爱迪生的电影放映机、留声机和唱片机游乐场"。从这时开始，在娱乐场所中看到"街机"变得越来越常见。

便士投币街机的游戏和娱乐活动

由于 19 世纪后期的许多英美游戏通常是花 1 便士操作，"便士街机"便就成为一个常见的术语，用来描述日益频繁的低成本娱乐游戏和设备集群。在美国，永久性的便士街机最早出现在 20 世纪初的东海岸，特别是在纽约，因为这类游戏需要大量的玩家才能保持盈利。在英国，永久性的便士街机在 20 世纪 20 年代以前还是比较罕见的，只在伦敦外围的海滨度假胜地的码头上零星地摆放着几台。

像电影放映机一样，便士街机的显著特征是动态图像放映。在 20 世纪初，爱迪生的电影放映机（kinetoscope）已经不受欢迎，取而代之的是由爱迪生的前同事、电影放映机的发明者威廉姆·迪克森（William Dickson）发明的一个新的投币式动态图像显示设备"秒透镜"（mutoscope）。这个便士街机的"西洋镜"（peep show）装置是由曲柄驱动并在纸上通过目镜旋转出现一系列连续的图像。这种设备制造成本更便宜，也更易于维护，并且能够呈现出更大、更清晰的图像，从性能上能够胜过爱迪生的活动电影放映机。早期投币式动态图像显示设备"秒透镜"在美国以及英国、法国和其他欧洲国家都有强大的国际影响力。最常见的一种模型是 1901 年的《铁马》（Iron Horse），它展示了大量装饰元素，包括观赏者一侧的"蛤壳"（clam shell）设计（见图 1.5）。就像后来

第1章 机械和电动机械街机游戏

的弹球和电子游戏街机机柜的玻璃与橱柜艺术一样，商场内部的电子灯和图案墙纸表现出美学的蓬勃发展，都旨在创造一个可以引起潜在客户兴奋的空间。

到了1907年，美国的便士街机制造商缩小了他们的关注范围，提供了较少与电影相关的娱乐活动。在早期电影制作人开始利用电影艺术和大众娱乐的巨大潜力之后，电影表演离开了西洋镜放映厅，进入专门为大量观众放映而设计的空间。尽管廉价的街机和早期的电影院之间有竞争，但廉价的街机仍然凭借新奇的观赏设备而占据绝大部分市场。根据1907年米尔斯公司便士街机的布局建议，便士街机的所有者将设置多达25个立体西洋镜显示设备，但只拥有15个其他投币设备，如强度测试机。从这一时期开始，人们会看到一排又一排的投币机，以及早期的秒透镜、四分仪（显示非动画的2D或3D图像）和其他投币式的放映机，中间还点缀着一些拳击、举重和算命的设备。

被设想放置在家庭中的街机，可以随机给儿童发放糖果。早期便士街机的理想顾客是年轻人，这就导致西洋镜显示设备常常选择"仅限男性"和"那些淘气的歌舞团女孩"这样带有性暗示的标题。在标题上挑逗，而实际交付的内容（商家甚至不允许出现偶尔的裸体画面）往往无法达到观众的期望。

图1.5 国际放映机与传记公司1901年出品的《铁马》模型放映机
（图片来源：詹姆斯·D·茱莉亚拍卖行，梅菲尔德，缅因州，www.jamesdjulia.com）

基于体育的游戏和数字游戏类型的根源

除了放映机和测试机，投币设备制造商还生产运动游戏。早期基于运动的投币设备将目标射击和强度测试的游戏元素与运作模型中的详细环境和动画人物结合在一起。这标志着一种不同的思考方式和游戏互动的方式，因为玩家并没有直接参与到游戏中，而是通过一个代理玩家来实现，它代表玩家在游戏空间中的存在和动作，这一概念在数码游戏中被称为"化身"（avatar）。这些基于运动的游戏有相当一部分是为两名玩家设计的，这是在公共社交空间中游戏最为重要的设计特征。许多机器还配备大量的玻璃，让观众也可以尽情享受比赛。

在19世纪末和20世纪初，英国是一个主要的体育电子游戏街机制造和出口中心。总部位于伦敦的自动体育公司（Automatic Sports Company）生产了一系列基于英国体育的游戏，如《游艇比赛》（Yacht Racer，1900年）和《板球比赛》（The Cricket Match，1903年）。由于技术和应用的限制，这些游戏并没有再现任何一项特定运动的所有维度、规则和互动；相反，它们只是抽象地提炼了该运动的基本游戏体验。例如，《板球比赛》聚焦在比赛的击球和投球部分。击球手试图把球打进球场上的任何一个洞中,在游戏中如果打进难度最高的洞,奖励的钱就会退还给玩家。在板球比赛中,对熟练或幸运的表现给予奖励,正如在《板球比赛》中一样,在当时其他英国街机游戏机中也很常见(见图1.6)。考虑到之前讨论的基于游戏的模拟交易因素(见图1.3),在20世纪初,投币式自动售货机、游戏街机和赌博机之间的区别几乎是显而易见的。

1925年由总部位于伦敦的全员足球公司(Full Team Football Company)创建的《全员足球》(Full Team Football),以11比11的标准足球比赛为特色,红蓝球员分组在前锋、中场、后卫和守门员的位置。游戏背景是色彩炫目的观众席。在一个类似于现代桌面足球的比赛中,每组球员都由3根杠杆中的一根控制,3根杠杆分别控制对应的球员,允许他们在球场上踢球,直到一方得分。即使球员在每个位置都固定,游戏也可以通过隆起的场地、使用可以让球以不可预知的运动方式来重现疯狂的运动。当进球得分后,比赛就结束了,玩家不会得到任何奖金。

尽管英国在20世纪早期是街机游戏的主要制造国家,但是,便士街机游戏及其设备在美国更受欢迎。到20世纪20年代末,美国游戏制造商们生产的游戏越来越多,其中一些是改编自英国的游戏。1926年,总部位于纽约的切斯特-波拉德娱乐公司(Chester-Pollard Amusement Corporation)被授权在美国发布《全员足球》,并将其改名为《足球》(Play Football)(见图1.7)。这代表美国新投币游戏产业的开始。美国的足球游戏广告挂着"终于有些新意了"这样的标语,暗示着投币形式的娱乐产业渴望新的创意。这款游戏虽然在形式上与它的英格兰前辈相似,但在操作上有很大改进,因为玩家只需要操纵一根杠杆来控制人物的踢腿动作。尽管这大大降低了玩家在游戏过程中做出更复杂的动作,但移动部件的减少降低了游戏的制造成本,并意味着在其生命周期内可能维护成本较低。尽管如此,游戏的发行范围还是很广,其疯狂而又有竞争力的比赛使它在便士街机中很受欢迎。

图1.6 一台来自20世纪20年代的英国《攀爬消防员》(Climbing Fireman)投币游戏机
(图片来源:詹姆斯·D·茱莉亚拍卖行,梅菲尔德,缅因州,www.jamesdjulia.com)

图1.7 切斯特-波拉德娱乐公司1926年出品的《足球》
(图片来源:詹姆斯·D·茱莉亚拍卖行,梅菲尔德,缅因州,www.jamesdjulia.com)

> **非体育类便士街机游戏**
>
> 并不是所有的竞争性投币游戏都是基于特定的运动，如 20 世纪 20 年代英国的橱柜式街机游戏《攀爬消防员》，如图 1.6 所示。游戏要求每个玩家插入一枚硬币，然后疯狂地转动机器的旋钮，以最快的速度将消防员提升到梯子的顶端。获胜的消防员促使机器发出一下铃声，并触发机器退回一个硬币，这是奖励给获胜者的。消防员的服装、建筑的窗帘以及动画人物的视觉细节，显示了运作模型和早期街机游戏之间的共同元素。

切斯特-波拉德娱乐公司在《足球》成功之后，随即推出了其他基于运动的游戏，如《跑马场》（Play the Derby，1929 年）。《跑马场》设置有一个小型的、颜色鲜艳的赛马场地，有跑道、树木、建筑物和栏杆，就像《攀爬消防员》游戏中所控制的那样。在比赛中，《跑马场》使用一根曲柄来控制，让每个玩家的马在跑道上跑两圈。为了防止游戏演变成一场旋转速度很快的比赛，游戏机械工程师们设计了一个离合器，如果一位运动员旋转太快，离合器就会打滑，导致一匹马突然停下来。玩家必须要与曲柄的速度阈值相适应，这不仅鼓励一种更有趣的游戏形式产生，还有助于确保机械装置不被过度兴奋的玩家用坏。

20 世纪 20 和 30 年代，便士街机游戏设计也受到收音机普及的影响。19 世纪，无线电技术发展了一段时间。但是，在 20 世纪 20 年代，随着电台（以及广播节目）的数量呈指数级增长，这种媒介开始形成，并且吸引了当时最多的民众。民众最感兴趣的是那些以现场体育赛事为特色的节目，特别是拳击比赛和棒球比赛。1926 年，重量级拳王杰克·邓普西（Jack Dempsey）和挑战者吉恩·滕尼（Gene Tunney）之间的拳击比赛，以及 1 年后的重赛，是当时最受期待和最受欢迎的比赛，比赛在 74 个广播电台播出，吸引了 1 500 万听众。虽然这种类型的广播第一次出现在 19 世纪末的英国，美国公司还是在 20 世纪 20 年代到 20 世纪 70 年代不断组织拳击比赛，试图利用现实比赛带来的刺激以实现持续盈利和资本化。大多数设计都使用类似的格式，即由运动员在一个小型拳击场中操纵小型、铰接式的角色。与实际的拳击运动一样，比赛的概念并没有像拳击比赛中那样对每一拳进行制表，而是试图再现比赛中最引人注目的部分——击中对手的下巴。这证明《击倒拳手》（Knock Out Fighters，1928 年）设备设计的实用性，因为它提供了一个决定性和令人兴奋的胜利信号。在国家新奇公司（National Novelty Corporation）出品的《击倒拳手》中，玩家

图 1.8　国家新奇公司 1928 年出品的《击倒拳手》
（图片来源：国家自动点唱机交易所，梅菲尔德，纽约，www.nationaljukebox.com）

通过手枪手柄移动两名拳击手,使其能够单独控制左、右臂(见图 1.8)。玩家扣动连接在拳击手身上的扳机、击倒对手就算胜利。

由于运动规则复杂,棒球在投币式街机游戏中很难执行。因为棒球运动只允许球队在击球点上得分,所以,大多数的街机游戏设计者都选择把游戏的精髓集中在击球这一动作上。乔治·H·米纳尔(George H. Miner)是美国娱乐机械公司(Amusement Machine Corporation of America)的一名汽车修理工,他发明了高度精密的机械电子游戏《全美自动棒球游戏》(All-American Automatic Baseball Game,1929 年),几乎复制了棒球的所有规则,包括投球、击球和得分。玩家作为击球手,试图将球从守垒员和外野手身上打到体育场墙上,球会落入各种滑槽中,玩家依次跑过一、二、三垒并安全回到本垒。游戏的投球系统令人印象深刻,它使用机械控制投手,能够在球滚到击球手面前把球扔出一小段距离。一个不规则的凸轮使投手在每次投球前都会细微地改变方向,这也就使投球的角度和力度都变得不可预测。击球手背后一系列隐藏的空位记录了一个未命中的方位,要么是一球,要么是一击,然后计算出它,这样三振出局。3 次出局就意味着结束比赛,并且犯规球算作一击。最后做了艺术性的处理,游戏中的裁判位于投手后面,通过举起他的左臂或右臂给每一个球或一击发出一个信号。最终,著名的弹球游戏(Pinball)和街机游戏设计师哈里·威廉姆斯(Harry Williams)购买了米纳尔的游戏所有权,他对游戏进行了修改,使其包括一个显示器,该显示器可以自动更新基地上人的位置,并在本垒打或决赛中清除基地。威廉姆斯的游戏是在 1937 年纽约洋基队(New York Yankees)和纽约巨人队(New York Giants)之间的世界系列赛期间发布的,这款

图 1.9 注意《1937 世界系列赛》机器外壳圆滑的边角处理和装饰性的条状物,显示出装饰艺术运动的影响
(图片来源:詹姆斯·D·茱莉亚拍卖行,梅菲尔德,缅因州,www.jamesdjulia.com)

图 1.10 投球手能够把球扔至黑垫圈的位置,然后球会滚回至击球手那里
(图片来源:詹姆斯·D·茱莉亚拍卖行,梅菲尔德,缅因州,www.jamesdjulia.com)

游戏通常被命名为《1937 世界系列赛》(1937 World Series)，由洛克－奥拉公司(Rock-Ola Company) 1937 年出品（见图 1.9 和图 1.10）。

弹球游戏的早期发展

在 1929 年，米纳尔的棒球游戏和弹球游戏在玩法之间很大程度上可能存在某种联系，因为用棒击球可以看作弹球游戏中弹射板的最初原型，同时，威廉姆斯作为 20 世纪最杰出的弹球设计师之一也参与了设计。虽然它们在机械元素上有一些相似之处，但弹球游戏的状态却大不相同。弹球游戏出现于 20 世纪 20 年代末和 20 世纪 30 年代初，经历了来自其原始游戏（即 18 世纪法国游戏《巴格代拉桌球游戏》）的一系列变化而成。《巴格代拉桌球游戏》(Bagatelle)的玩法是在一个覆盖毛毡的长方形桌子上，用球杆把球打到棋盘另一端的洞里。这张桌子的轻微倾斜将导致任何偏离目标的球都会滚回桌子的底部。为了使游戏更加生动，游戏的表面经常设置直立的钉子，来随机地改变球的运动。这个游戏在法国上流社会很受欢迎，最终被带到美国，并在美国被小型化，用于酒吧和其他地方的台面上。

直到 1871 年，美国人蒙塔古·雷德格雷夫(Montague Redgrave)申请了一项名为"巴格代拉桌球游戏升级版"(Improvements in Bagatelle)的专利，这项专利将微型球杆替换为一个弹簧加载的活塞，并为比赛场地增加了一些障碍。这些特点包括设置一些小的门，来减缓球的运动速度，并把球传到不同的地方，当游戏球与它们相撞时会发出铃响的声音。从游戏玩法的角度来看，雷德格雷夫引入的弹簧柱塞增加了可玩性，通过平衡玩家之间的技能，已经不再需要使用微型球杆的精细技术。游戏中加入的铃声不仅创造了一种多感官的游戏体验，还能明确显示得分。

人们对巴格代拉桌球游戏或弹球游戏的兴趣与日俱增，到 20 世纪 20 和 30 年代公众更是对弹球游戏兴趣激增。同一时期，游戏厅的游戏产品也在不断增多。当时最成功的弹球游戏设计师之一是大卫·戈特利布(David Gottlieb)，他在嘉年华游戏设计和电影展览方面有着丰富的经验。利用这一经验，他在芝加哥创立了大卫·戈特利布公司(D. Gottlieb & Corporation)，该公司生产各种娱乐设备，如握杆测试机和射击模拟交易机。戈特利布把注意力转向弹球游戏，他凭借 1931 年的《巴福尔球》(Baffle Ball)获得成功。这是一种完全机械的游戏，在色彩鲜艳的游戏场上设置了有趣的钉子和杯子。玩家需要花费 1 便士打 7～10 个钢球，通过测量出用于拉杆的力量，将球直接引导到得分高的区域。当球没有进入 4 个主要得分杯或令人垂涎的"巴福尔分"(Baffle Point)杯，球就会滚到棋盘的底部。戈特利布和许多其他早期的弹球游戏设计者一样，了解弹球到达任何一个区域的概率。因此，游戏中得分最高的区域位于弹球最不可能到达的地方。即使玩家能够熟练使用弹簧柱塞，桌面上的钉子也会随机地重新引导弹球行径的方向。

就像20世纪30年代早期的大多数游戏一样，《巴福尔球》并不能自动记录得分，而是在比赛结束后手动统计得分，因为球仍留在它们的得分区域。通过这种方式，之前的得分被显示为对下一个球员的挑战，就像30年前的力度测试机一样。当下一名玩家将一枚硬币塞进挡板时，球就会通过一系列的陷阱门，从而清除比分。每一场比赛都是不同的，并且往往以达到高得分的目标或击败之前的得分且未实现愿望而结束。戈特利布帮助推广了美国的弹球游戏，在巅峰时期每天生产400台机器，使得投币游戏的市场地位得到巩固（见图1.11）。虽然不是很明确，但球的下降所采取的大部分随机路径使早期的弹球游戏非常适合赌博，因为机器的所有者创造了游戏规则，而这些规则存在于设备所能提供的玩法本身之外。在美国经济大萧条时期，弹球游戏也帮助美国政府回收了部分硬币和镍币。

对于艺术和设计的新关注

图1.11 大卫·戈特利布公司1932年出品的《最后的五星》（Five Star Final），这个游戏与《巴福尔球》应用相同的设计原理，它把得分最高的杯子设置在最难触及的区域，让弹球停留在上一轮游戏结束时所在的位置，直到新的硬币被插入，新一轮游戏开始；《最后的五星》也被视作各种游戏球场设计的代表，因为它的形状犹如数字"8"
（图片来源：詹姆斯·D·茱莉亚拍卖行，梅菲尔德，缅因州，www.jamesdjulia.com）

随着20世纪30年代美国和欧洲弹球产业的发展，公众对该领域的关注日益增多，这也迫使设计师们增加新的、别具特色的游戏功能。此外，艺术家们还通过在游戏中增加色彩丰富的画面和角色使得自己设计的游戏能够与众不同，在这个过程中艺术家（或者说美工）起到越来越重要的作用。洛克-奥拉公司的《世界博览会拼图》（World's Fair Jigsaw，1933年）是新游戏设计与艺术之间相互作用的例子。这是一款完全机械化的游戏，正如它的名字所示，它的特色是在1933年世界博览会游乐场上出现了一幅色彩缤纷的拼图。玩家把球打到游戏桌面上的各种洞里，让玩家累积分数，并使拼图的碎片一个接一个地翻转。如果幸运的话，可以填满一整排。特殊的孔洞也会随机翻转碎片，或者将分数的值加倍。完成拼图是非常困难的：玩家被给予10个球来翻转20块拼图，每个球都必须用力射出，环绕几乎是整张游戏桌的1.5倍大小，而钉子、弹簧和门遍布游戏桌面，使得玩家很难控制球的路径。

另一款由洛克-奥拉公司设计的新型机械弹珠游戏是它与《世界博览会拼图》的设计类似，游戏桌面被分为上下空间，并要求球在进入钉满钉子的游戏桌面之前，必须完全围绕棋盘射门。游戏桌面设置有不同的栏目，标志着好球、出局、坏球或击中。就像棒球规则一样，这个游戏的复杂机制能够将三击变成一个出局，4个坏球变为一次穿越重量敏感的陷阱门，3次出局后，比赛结束。当球穿过通道时，意味着撞击会落到棋盘的下部，它会被装饰成一个颜色鲜艳的棒球钻石。在这里球被夹在一个口袋中，并按照预定的顺序旋转，这意味着从一个垒打到一个本垒打。"跑垒员"围着钻石跑动，最后被抛出、清除基地，落入一个显示跑步次数的插槽。球场的设计让人确信，推杆球更有可能导致出局而不是被命中。因此，《1937世界系列赛》和《世界博览会拼图》的玩家操控方式就像"二战"前的弹球桌面游戏（至少也是类似）。

新技术也为弹球游戏提供了新颖的游戏设计，其中最重要的是在20世纪30年代采用了电力驱动。尼克·尼尔森（Nick Nelson）创造了第一个缓震器，在超级缓冲器公司（Bumper Bally Corporation）1937年出品的《缓震器》（Bumper）中，由电磁阀驱动的踢球者将球从洞里和布满装饰纹理的大炮里射出来，计分器提供清晰的计分结果。也许弹球游戏最具影响力、最产业化的理念来自哈里·威廉姆斯（Harry Williams）。威廉姆斯以设计类似《1937世界系列赛》这样的游乐街机而闻名，他设计了类似的弹子球创新功能。威廉姆斯拥有工程学学位，同时是一位职业的商业艺术家。威廉姆斯通过重新配置在操场上的钉子来重新设计弹球游戏机，借此开始他的游戏设计生涯。他创立了3家公司，其中一家最终成为威廉姆斯电子公司（Williams Electronics）。威廉姆斯在游戏设计方面的专长使他能够与20世纪最大的娱乐机械公司合作，将他的设计和创新传播到整个弹球和街机游戏行业。他是第一个使用电力的弹球游戏设计师，创造了"踢出洞"（kick out hole），即：允许球掉进洞里，然后被一个电磁阀驱动的活塞踢回球场，这一革命性的想法立即被其他设计师采纳。

威廉姆斯的影响也体现在防止球员作弊的"倾斜"机制中。由于弹球游戏在很大程度上是基于机会和运气的，玩家们"创造"出一些策略，例如，击打或轻推桌子来改变球的行进路径，或者抬起桌子一脚，把球放回原处。弹球游戏的设计者们在很大程度上意识到这一点，并设计了一些反作弊的方法，如让得分袋更深或者用沙袋加重机器的重量。为了避免在游戏中作弊，威廉姆斯尝试了一些设计理念，包括将钉子钉在机器的底部以固定在地面上。然而，威廉姆斯最终在1935年设计出机电式"钟摆"，它由一根金属环环绕杠端的重物构成。当玩家摇晃或用力过猛时，钟摆就会摆动，并与金属环接触形成一个回路，触发机制可以阻止记分或暂停游戏。由于当时弹球游戏产业欣欣向荣，威廉姆斯的倾斜装置成为弹球游戏机的标准反作弊配置而被广泛采用。

禁止弹球游戏

如前所述，高分支付是玩家和弹球游戏机商户之间一种常见的非正式做法，因为它增强了游戏的盈利能力，并防止了被贴上赌博的标签。到了20世纪30年代中期，当制造商通过引入支付密码机，明确其赌博功能，这种模

棱两可的把戏就结束了。例如，像米尔斯新奇公司（Mills Novelty Company）1936年出品的《大亨》（Tycoon）这样的游戏，就有一个典型的巴格代拉风格的游戏场，在桌面的底部有7个插槽。博彩部分以下注的形式出现，赌球的单球将在那个位置降落。如果球通过某些门，玩家将增加支付的金额。这种单球的游戏在付费弹球游戏桌上就很常见。

与此同时，对赌博的担忧席卷整个美国，导致对所有形式的、以金钱和运气为基础的娱乐活动受到严厉打击。在20世纪30年代到40年代，像洛杉矶、纽约甚至芝加哥这些美国投币游戏产业的中心城市，都对老虎机、付费机器和普通的弹球游戏机实施严格限制。在20世纪30年代，随着非赌博式弹球游戏机开始为达到特定分数门槛的玩家提供"免费重玩"或"免费游戏"服务，情况就变得更加复杂。这一概念被投币游戏产业广泛采用，并允许一个熟练或幸运的玩家有机会玩另一种游戏。弹球游戏不仅因为它的非正式支付方式和对随机游戏玩法的严重依赖，还因为其拥有奖励免费游戏的功能，也被视作有经济价值，所以，它与打击赌博有一定的牵连。

1941年，在纽约市长费奥雷洛·拉瓜迪亚（Fiorello LaGuardia）的请求下，纽约市调查专员起草了一份题为"纽约城市的弹球游戏机运作报告"。在其摘要中，报告指出："弹球游戏机没有任何用处，它本身就对公共福利有害。从根本上说，在这个城市弹球游戏机的运行和以前由老虎机所带来的问题是一样的。"[①]因此，纽约市的弹球游戏机被缴获，并被挥舞大锤的警察和市长拉瓜迪亚本人公然摧毁，这些被粉碎的机器倾倒在驳船上，并被驳船拖进了大西洋。美国各地的城市都起草了一大堆与弹球相关的法律，从提出必须用手滚动而不是用活塞发射的具体要求，到完全禁止比赛。尽管如此，弹球机仍在许多地方经营，针对反弹球游戏的法律通常也只是被象征性地执行。

"二战"后的机械和电动机械游戏设计

在"二战"期间，许多游戏制造商停止生产，并与其他制造商一起将其设施转换为战争物资的生产。因为新零件几乎是不可能获得的，那些制作游戏的人被迫依赖战前游戏中使用的旧零件。游戏设计的创新慢了下来，但现有的类型在主题和意义上突然发生变化。英国和美国的射击游戏、弹球游戏和模拟交易游戏都具有鲜明的民族色彩，这些游戏将德国、日本和意大利领导人描绘成丧失人性的形象，激励玩家羞辱他们，或以其他方式摧毁他们。到了1945年夏末，随着欧洲和太平洋战争的结束，美国的游戏公司几乎立即在它们原来停止的地方崛起，投币游戏产业重新点燃。虽然美国的投币游戏产业迅速

---

① Herlands, W.B. 1941. Operation of Pinball Machines in the City of New York. New York: Department of Investigation.

反弹，但欧洲和东亚的工业直到20世纪40年代和50年代末才重新恢复。在"二战"后的25年里，各种类型的街机游戏基本上都从机械操作转变为机电操作。

"二战"后电动机械游戏的一个特点就是计时器。计时游戏有助于提高机器收集硬币的速度，因为新手和熟练的玩家被指定在一定时间内玩游戏。这项功能适用于一些现有的游戏类型，如中途制造公司（Midway Manufacturing Corporation）1966年出品的目标射击游戏《儿童枪船长》（Captain Kid Gun），以及国际电影胶卷公司（International Mutoscope Reel Corporation）1955年出品的《击倒冠军》（Knock Out Champion），这样的拳击游戏如图1.12所示。在每一种情况下，游戏的体验变得更加紧张和刺激；玩家不仅需要完成对应的挑战，还需要在有限的时间内完成。特别是在《击倒冠军》中，计时器的存在有效地创造了一种不同的玩法，因为每个玩家都有1分钟的时间来尽可能多地得分。与30年前的拳击比赛相比，这和只是击打对手的下巴而打败对手相比来得更为疯狂（见图1.8）。

图1.12　国际电影胶卷公司1955年出品的《击倒冠军》

（图片来源：国家自动点唱机交易所，梅菲尔德，纽约，www.nationaljukebox.com）

"二战"后的驾驶和赛车类游戏

在"二战"后的街机游戏中，驾驶类游戏非常流行。尤其是在美国，驾驶行为成为冒险、地位和娱乐的有力象征，因为在夏季全家驾车出游和汽车影院都是最受民众欢迎的。从20世纪50年代到20世纪70年代，投币游戏的制造商生产了大量基于汽车的娱乐游戏，这些游戏都是基于倒计时的玩法，并且由方向盘和踏板来实现对游戏的控制。最初，赛车并不是一个广泛实施的概念。更常见的是那些声称通过对道路或游戏场景的变化做出反应来衡量玩家安全驾驶技能的游戏，简单概括来说，就是驾驶员越优秀，得分越高。创造驾驶体验的一系列技术令人印象深刻。从1954年到1959年，国会投影仪公司（Capitol Projector Corporation）在各种版本的《自动驾驶测试》（Auto Test）中使用了记录驾驶的胶片录像来投影。与游戏相比，自动测试更像是一个模拟器，它奖励玩家做出正确的驾驶决策。例如，避免碰撞和保持限速，未能执行这些操作就会导致分数损失，这样的玩法更像是驾驶模拟机而不是一款游戏。在《金柯的汽车展览》（Genco's Motorama，1957年）中，玩家被要求驾驶一辆逼真的模型车在类似于城市停车场的环境中进行U形转弯、停车操作和其他驾驶练习。威廉姆斯电子公司《公路赛车手》（Road Racer，1962年）的玩家则可以控制一辆

图1.13 在《公路赛车手》中,为了看到旋转的滚筒,玩家需要低下头往机器里看
(图片来源:机械博物馆,旧金山,加利福尼亚州,www.museemecaniquesf.com)

图1.14 游戏空间位于一个转动的滚筒上
(图片来源:机械博物馆,旧金山,加利福尼亚州,www.museemecaniquesf.com)

模型车,该车悬挂在旋转的滚筒上,上面有蜿蜒曲折的道路图像,其目的是跟踪一组嵌在道路上的金属钉,以获得足够多的分数,从而被机器视为"完美的驾驶员"(见图1.13和图1.14)。

在20世纪60年代末和70年代初,游戏设计师们通过添加适当的赛车元素和更有吸引力的方式来表现速度,增强了紧张感,使游戏玩法显得更加生动。芝加哥投币公司(Chicago Coin)的《高速公路》(Speedway,1969年)和《摩托车》(Motorcycle,1970年)的特色是一个不断弯曲且没有尽头的赛道。在不同的速度下,玩家需要与其他6辆竞争对手的车一起比赛(见图1.15)。虽然避免事故是游戏的重要组成部分,但玩家的速度越快越好与行驶距离越远越好一样重要,这样能保证玩家得到更高的分数。《高速公路》和《摩托车》都采用一种基于闪光的方法,通过一系列半透明的动画光盘来制作图形。玩家所看到的最终图像投射在屏幕上,使用镜子来创建一个伪3D透视图。

电动机械时代最为先进的赛车游戏是《公路奔跑者》(Road Runner),由超级缓冲器公司1971年出品。在《公路奔跑者》中,玩家控制一辆有方向盘的模型车,并在一个比游戏机机柜空间看起来大得多的巨大三车道空间中,通过超越其他车辆来累积积分。如果玩家的车在跑道上与另一辆车相撞,它会在空中翻滚,最后在主车道外的起始地带重新开始,玩家不能得分。定时

图1.15 芝加哥投币公司1970年出品的《摩托车》,注意投影技术造成的其他原片的变形
(图片来源:阿卡迪亚,麦克林,伊利诺伊州,www.vintagevideogames.com)

器和非计分起跑道组合鼓励玩家尽可能快地前进，以累积最大点数，这与20年前的驾驶游戏有着显著的不同。

从技术的角度看，《公路奔跑者》的游戏空间由一个垂直的游戏场景构成，这个游戏场景由安装在传送带上的模型汽车组成，这使得玩家看到的游戏空间比从机柜外面看到的要长得多。此外，玩家的汽车和竞争对手的汽车在游戏机机柜中占据不同的位置，并且使用镜子制造出一个赛道的错觉。传感器能够跟踪玩家的汽车运动，并且能够检测是否发生碰撞，从而触发机械手臂旋转汽车。

日本和美国的导弹发射类游戏

"二战"结束时，由于美国在日本设立了永久军事基地，世界各地的商人纷纷前往日本寻找新的市场，这让日本与以前变得完全不同，以至在日本能看到不同的行为模式、人生态度、生活习惯和娱乐模式。战争的余波还催生了一些主要的日本公司（如索尼公司）专门从事电信设备业务。这些复杂的、相互交织的因素促成20世纪50年代和60年代日本的"经济奇迹"。基于以上几个重要的因素，日本的游戏产业是从"二战"后开始的。

20世纪50年代初，为了迎合驻扎在日本军事基地的美国士兵，许多自动售货机公司成立或迁往日本：1951年，美国企业家马蒂·布罗姆利（Marty Bromley）、欧文·布伦伯格（Irving Bromberg）和詹姆斯·亨伯特（James Humpert）把他们在夏威夷的投币游戏机公司——服务游戏公司（Service Games，以前叫"标准化游戏公司"）搬到了日本，为美国士兵提供种类繁多的自动售货机和老虎机；由俄罗斯商人迈克尔·科甘（Michael Kogan）于1953年创建的塔伊托贸易（Taito Trading）公司，在东京进口自动唱机和其他自动售货机；美国人大卫·罗森（David Rosen）在1954年建立了罗森公司（Rosen Enterprises），引进了士兵用来制作身份证的投币照相亭。从20世纪50年代中期开始，罗森公司开始从美国进口二手的街机游戏机到日本，创造了第一批西方风格的街机场所。到1960年时，日本主要的城市都出现了街机游戏机，这表明日本民众对休闲活动日益增长的需求。罗森公司与服务游戏公司之间的竞争最终导致1965年的合并，这家新公司由罗森领导，并被命名为"世嘉"（Sega），作为"服务游戏"（Service Games）的简称。

在世嘉名下生产的第一个街机游戏是《潜望镜》（Periscope，1966年）。这款游戏使用模拟潜艇潜望镜，玩家在一组由机动传送带驱动的模型舰船上发射鱼雷。一连串的灯依次开启和关闭，代表鱼雷行驶的路径，直到命中它的目标。当一艘舰船被击中时，这台机器发出爆炸声，并穿过背景闪现出一道明亮的红光。《潜望镜》的简单和有趣，使它立即获得成功，也使它成为第一个进口到美国的日本游戏。

《潜望镜》代表了20世纪60年代末和70年代导弹发射游戏的趋势。大部分游戏的特点是已经讨论过的包含几个战后游戏设计元素，例如，定时的游戏玩法和垂直的游戏操作界面，以及用镜子创造出一种人工的景深感。在潜艇或陆基炮塔主题的游戏中，使用了射击场游戏的基本概念，但限制了玩家移动到侧翼。由于玩家必须在每次射击之间等待几秒钟，这迫使玩家小心翼翼地对移动目标进行射击。一些基于炮塔的导弹发射游戏，如世嘉的《导弹》（Missile，1969年），通过在背景上投射电影创造了导弹运动的错觉（见图1.16）。玩家将一枚发光的导弹左右旋转，等待合适的时机，瞄准前方持续飞行、变换不同阵型的飞机。发射后导弹中的光线就会熄灭，飞行中导弹被投射到背景上，制造出一种令人信服的幻觉。在美国，中途制造公司（Midway Manufacturing Corporation）成为几个以潜艇为主题的导弹发射游戏的主要生产商，如《海上突击》（Sea Raider，1969年）、《海上魔鬼》（Sea Devil，1970年）和《潜水艇》（Submarine，1979年），以及陆基炮塔游戏《低空导弹拦截器》（Surface to Air Missile Interceptor，1970年）。

图1.16 世嘉公司1966年出品的《导弹》
（图片来源：阿卡迪亚，麦克林，伊利诺伊州，www.vintagevideogames.com）

弹球游戏的游戏技巧

到了20世纪70年代中期，弹球游戏机与30年代生产的机器相比发生显著的变化，在所有实际应用中，已然成为一种完全不同的游戏。弹球游戏机变得更加色彩丰富和背景复杂，背景玻璃艺术则展示了许多漫画艺术家的作品，并记录了游戏的得分作为应用目标。电磁阀驱动的翻转装置最初在戈特利布公司1947年的《矮胖子》（Humpty Dumpty）中使用，经过几十年的改进，它让玩家对球有了更好的控制，这个功能在早期的弹球游戏桌面中完全没有（见图1.17）。1960年，"赢得"免费游戏的想法被"加球"游戏机制所取代，这种机制允许技术娴熟的玩家为了达到特定的目标而获得多个额外的球。这既延长了游戏时间，又不违反反赌博法。由大卫·戈特利布的儿子埃尔文·戈特利布（Alvin Gottlieb）创造的"增加一球"概念，最初

图1.17 在基尼公司（keeney）1947年出品的《封面女郎》（Covergirl）中，注意沿桌子两侧翻转板的位置，它将球推到游戏空间的中心，而不是将球从底部滚出
（图片来源：阿卡迪亚，麦克林，伊利诺伊州，www.vintagevideogames.com）

是在大卫·戈特利布公司1960年出品的《挡板》(Flipper)中实现的，并被其他弹球游戏制造商广泛采用，这也是数码游戏中再玩一次的原型。

这些变化足以帮助人们区分赌博机和弹球机之间的差异。弹球游戏机的热点事件发生在1976年4月2日。罗杰·夏普（Rodger Sharpe），一名受人尊敬的弹球游戏设计师和技术娴熟的玩家，向纽约市议会作证。他的证词不仅包括口头辩论，而且在议会会议厅当着议员的面展示这些以技术为基础的游戏元素。在游戏过程中，他能以足够的准确性和技巧击球，议员观看后立即投票结束了对弹球游戏等投币游戏的禁令。在纽约做出决定之后，其他城市也纷纷效仿，其中最具象征意义的是芝加哥，因为芝加哥是美国投币游戏产业的中心城市。

电动机械游戏的落幕

在美国各地取消弹球游戏禁令使得游戏机制造商和商户竞相庆祝，随着数字投币游戏在20世纪70年代末蓬勃发展，游戏机的性质已经发生质的变化。早期的街机游戏缺乏视觉细节，在电动机械类的街机游戏中缺乏空间感，而且由复杂的运动部件阵列和污垢堆积所引起的维修问题比较麻烦，与电动机械类街机游戏比较，更加精细的投币数码电子游戏机尺寸更小，这意味着商户可以在有限的空间内放置更多的游戏机，并且可以回收更多的硬币。此外，电动机械类街机游戏还受到球的滚动速度或者螺线管旋转模型导弹炮塔所需时间的限制。

与电动机械类游戏相比，数字化设计的游戏类型在游戏中呈现出更多游戏玩法的动态可能性。它们最大的优势是能够打造一个难度循序渐进的系统，因为它确保了游戏将不断吸引新的或经验丰富的玩家。在20世纪70和80年代的弹球游戏中，棋盘始终保持不变，并且是在固定的难度水平上操作，这样使得它们完全只依赖于游戏时间的增加来使玩家错误的概率增加。在引入更多的动态弹球系统后，数码游戏已经成为大多数游戏玩家的首选。尽管如此，在过去的100年里获得的游戏设计知识是无价的，因为它是早期数码时代街机游戏形成的基础。我们将在第3章中继续讨论这个话题。

实验性质的游戏
（1912—1977 年）

电子计算机和游戏

20世纪30年代到40年代，德国、英国和美国的工程师们分别独立开发出能够执行各种数学计算和解决问题的机电和电子计算设备。早期的设备，如美国电子数字积分器计算机（ENIAC）和英国巨像计算机，用来计算火炮的弹道表和破译加密的信息，这些功能都是由"二战"的军事需求所驱动的。[①]这些20世纪中期的庞然大物重达数吨，占据了整个房间，并利用物理开关或真空管来表示"on"和"off"的二进制计算机逻辑状态。诸如此类的计算机几乎都属于大学或政府机构的研究实验室，外界对它们的使用受到高度限制。在"二战"之后的几十年里，技术变革促使设备变得更快、更小，更重要的是，价格的降低使得普通人都能买得起。小型晶体管取代了大型真空管，创造出一种新型的只有冰箱大小的"微型计算机"。在20世纪60和70年代，除了尺寸和成本的差异外，微型计算机的普及极大地减少了对计算机黑客文化形成和发展的限制。

在这一背景下，计算机游戏显得非常重要，因为通过游戏能够阐述和表现人工智能理论，并能够为其他领域的创新提供关注度。虽然游戏与微型计算机有特别的联系，但是除了有研究和教育背景的人，很少有人熟悉它们。在这种非商业化背景下开发的游戏确实有助于建立相关的知识库，这为电子街机游戏和家用计算机游戏的设计者提供了经验。

早期游戏的研究和科学展示

国际象棋和人工智能

计算机游戏出现在与人工智能相关的研究中是早期最常见的现象。国际象棋程序是早期计算机科学家们的最爱，它的历史至少可以追溯到18世纪沃尔夫冈·冯·肯佩伦（Wolfgang von Kempelen）的自动机恶作剧——国际象棋游戏《土耳其人》（Turk）。为了使计算机能够战胜人类，计算机需要预先计划好几个动作，不断地重新评估它在跳板上的位置，并动态地调整以适应对手的动作，这样的设计被认为足以证明"智能"的标准。然而，国际象棋可能不是测试人工智能最理想的游戏。它的规则对于早期的计算机来说是很难建模的，这需要在规则设计上稍微简化一些。例如，使用动作有限、选择较少的简单游戏，减少所需的"智能"行为，等等。将国际象棋作为人工智能的测试，揭示了早期计算机科学家们在使用最先进的技术设备进行游戏时的不安。许多人强烈声明，基于游戏的计算机应用程序仅用于研究和演示。严肃的工作需要严肃

---

① 19世纪中叶巴贝奇的分析引擎等未实现的项目表明，"通用计算"的概念至少已经存在了100年。

的游戏。因此，他们觉得国际象棋是理想的，因为它与复杂性和智能化有关，而不是单纯的娱乐和消遣，这种文化观念有助于将这项工作变得合法化。

列奥纳多·托雷斯·埃克维多（Leonardo Torres Quevedo）是20世纪早期的西班牙发明家，他专门从事智能机电设备的发明，建造了第一台真正自主的国际象棋机器。托雷斯在1912年根据他自己在19世纪90年代的实验开发了《棋手》（el-Ajedrecista）（见图2.1）。该设备搭载的内容还不是一个完整的国际象棋游戏，但它有一个更可控的"结束游戏"变体，该游戏由机器控制的国王和一辆车对抗由人类玩家控制的国王。棋盘上的每一个方块都被插进一个带有金属的挂钩，这样它可以向机器发出一个信号。因为在这个特殊的装置中，人类控制的单一国王的死不可避免，机器总是能够最终击败它的对手。然而托雷斯的设计很复杂，因为它通过一组灯泡发出"将军"（check）和"将死"（checkmate）的游戏状态信号，它还可以检测并发出非法移动信号。1920年，列奥纳多·托雷斯·埃克维多的儿子冈萨洛·托雷斯（Gonzalo Torres）发明了更精致的《棋手2》（el-Ajedrecista Ⅱ），用留声机"说""将军"和"将死"给玩家听。它用磁铁来移动棋子，而不是让玩家自己在棋盘上移动棋子，就好像用一只看不见的手在神奇地指挥一样。

图2.1　1912年列奥纳多·托雷斯·埃克维多的《棋手》
（图片来源：1915年11月6日《科学美国人》中"托雷斯和他的杰作自动机"，《科学美国人》80期扩展版，编号：2079，296-298页）

在"二战"后国际象棋继续被用来测试计算机的理论和实际能力。20世纪40年代末，英国的阿兰·图灵（Alan Turing）和美国的克劳德·香农（Claude Shannon）以国际象棋为例，设计了以决策和战略实施为中心理论的计算机程序。20世纪50年代初到中期，有限的国际象棋程序在早期商业化的计算机上运行。例如，英国的"费朗蒂玛克"Ⅰ号（Ferranti Mark Ⅰ）计算机和以洛斯·阿拉莫斯（Los Alamos）象棋为基础的数学和数字积分器（MANIAC）等专门的研究计算机就出现了少量的国际象棋程序。在数字积分器上运行的国际象棋程序，只能够玩国际象棋的"反教权"模式，即功能不完整的游戏，例如，棋盘被划分为"6×6"的格式，而且里面的象不允许对角线走动。

直到20世纪50年代末，计算机才能玩一局完整的国际象棋游戏。尽管它仍然在一个简单的技术水平上运行，但是程序变得更有效率，并开始利用计算存储策略，消除了某些不利结果的决定，使计算机集中于更有成效的操作。从这一点来讲，计算机每秒可以对数量增长到几十万的步骤进行评估和判断，这超过了人类的能力，下棋程序的技能水平也随之提高。为了测试它们的程序能力，程序员们开始让计算机进行相互竞争，这就是在1970年计算机协会（Association for Computing Machinery，ACM）年会上举办的国际象棋比赛。这些考试的高潮是在 1997 年举办的国际象棋比赛中，IBM 的超级计算机"深蓝"（Deep Blue）击败了国际象棋冠军加里·卡斯帕罗夫（Garry Kasparov）。

国际象棋之外的游戏

国际象棋并不是计算机先驱们用来测试人工智能理论的唯一游戏。游戏《尼姆》（Nim）的主要内容是让玩家轮流从 3 堆物体中选择一定数量的小物件，通过每次选择不同数量的物体，玩家迫使他们的对手从最后一堆中取出最后一个剩余的物体。游戏的核心设计与象棋一样，需要计划和对未知变量作出反应的能力——即对手的选择。在 1951 年的英国科学展览会上，英国计算机公司费伦蒂（Ferranti）用《尼姆》游戏展示了"猎人"（Nimrod）计算机的能力。像当时许多计算机一样，这个巨大的真空管运行的计算机，足足有 12 英尺宽、5 英尺高、9 英尺深。虽然计算机需要操作员的监督，但《尼姆》使用一个简单的发光圆板来显示每堆剩下的虚拟物体数量。这种"电子大脑"的展示效果吸引了民众。在展览结束计算机被拆解之前，运行《尼姆》游戏的计算机被用作巡回展示。费伦蒂为了科学研究目的继续制造计算机，从未再回到游戏行业。

在英国，剑桥大学（University of Cambridge）的电子延迟自动存储计算器（Electronic Delay Storage Automatic Calculator，EDSAC）还没有被公开展示。建于 1947 年的巨大的 EDSAC 实现了当时典型的计算机功能，如计算表格和发现素数。它的 3 个 9 英寸的圆形阴极射线管（CRT）显示器提供的图形输出是一种简单而直接的反馈方式。1952 年，亚历山大·道格拉斯（Alexander S. Douglass）的"OXO"（"点和叉"）或叫做"Noughts and Cross"的项目使用了"井"字游戏来阐释与人机交互相关的博士论文。道格拉斯的程序使用了一个旋转的电话拨号，每个数字代表了 9 个方格网中的一个空格。由于该游戏是在 CRT 显示器上显示的，《OXO》成为第一个使用计算机生成图像的数码游戏。道格拉斯对计算机和游戏的参与，像费伦蒂一样是有限的：他在证明了自己的论文后再也没有回到游戏行业中，而这个项目也基本上被遗忘了。演示人工智能的探索被其他人所接受。例如，美国 IBM 的研究人员亚瑟·塞缪尔（Arthur Samuel）等人在 1953 年开发了一个跳棋游戏项目，以及 1954 年在洛斯·阿拉莫斯原子能实验室（Atomic Energy Laboratory）的科学家们模拟了扑克牌游戏"21 点"（black jack）。

图灵模仿游戏和人工智能

人工智能的展示包括其他类似的游戏系统。艾伦·图灵（Alan Turing）在 1950 年的一篇论文中提出了一种最著名的基于游戏表示人工智能的测试，即模仿游戏（imitation game）。①第一个版本的理论涉及两名参与者（一名男性和一名女性），他们分别向一名法官发送信息，法官则根据他们对各种问题的回答来猜测他们的性别。游戏的复杂之处在于，其中一个参与者对自己的性别撒了谎，而另一方则被要求帮助法官判断谁说了谎。图灵的第二版游戏用计算机取代了两名参与者中的一人。图灵推断说，如果法官把计算机误当成人，与第一场比赛中误判人的性别的概率相同，那么，计算机就被认为是"智能的"。尽管图灵的模仿游戏作为一种有效的智能测试引发了相当大的争论，但它仍然是其他计算机科学家的灵感来源，并成为人工智能领域的一个重要概念。

在图灵之后的几十年里，研究人员开发了能够对问题做出反应的计算机程序，但大多数程序都不令人满意。1964年至1966年间，约瑟夫·维泽鲍姆（Joseph Weizenbaum）在麻省理工学院（MIT）开发的伊莱扎（ELIZA）程序，是首批能够进行一般性对话的项目之一。ELIZA由一个语言分析器和一个程序引用的脚本组成。ELIZA最著名的剧本是《医生》(Doctor)，它模仿了罗杰斯（Rogerian）的心理治疗师，扫描打字回答内容，并根据某些关键词进行引导和提问。在ELIZA有限的脚本之外，任何回应都会返回到一个通用的问题，ELIZA希望能让对话更容易地被计算机处理。因此，ELIZA的设计使用户负责驱动对话，并且在编程方面需要的复杂性比其他类似的实验要更低。

ELIZA和其他一些受其启发的程序被传播到美国的其他机构。正如维泽鲍姆所描述的那样，成为了"全民可玩"的游戏。②维泽鲍姆对这个项目的意外反应感到震惊：一些精神病学家认为它可以自动治疗；使用ELIZA的人将它拟人化，尽管知道它不是人类，却对计算机产生了高度的情感；其他人则声称ELIZA是计算机理解人类自然语言的通用解决方案。尽管维泽鲍姆从未打算让ELIZA对心理治疗有任何价值，但它引起了科学家们对其后实验的兴趣。例如，《佩里》（PERRY）这个程序是由斯坦福精神病学部门的肯尼斯·科尔比（Kenneth Colby）在1972年开发，它模拟了一个偏执的精神分裂症患者。后来，斯坦福大学的互联网技术先驱文特·塞夫（Vint Cef）将以计算机为基础的对话概念带到了逻辑端，随后在1973年安排了ELIZA和PERRY之间通过阿帕网（ARPA net）的"对话"（见下文）。更有趣的是，这段对话揭示了每个程序的相对弱点，因为ELIZA反复地提出同样的问题，而PERRY尽管在重复的过程中感到愤怒，但总是对问题做出回应，始终回到了对话主题上。

《双人网球》游戏和计算机游戏娱乐产业的开始

纽约布鲁克海文国家实验室（Brookhaven National Laboratory）赞助了一年

---

① Turing, A. 1950. Computing machinery and intelligence. *Mind: A Quarterly Review of Psychology and Philosophy*, 236, 433-460. Doi:10.1093/mind/LIX.236.433.
② Weizenbaum, J. 2003. *Computer power and human reason: From judgment to calculation*. The New Media Reader, N.Wardrip-Fuin and N.Montfort (eds), 368-375, MIT Press.

一度的"游客日"活动,为民众打开了解最新科学进展的大门。该活动目标是激励年轻人投身科学事业,强化美国的科技主导地位。曾在"二战"期间从事原子弹工作的核物理学家威廉·希金波坦(William Higinbotham)认为,过去在该活动上的展示不能与观众产生互动并吸引人们的注意,所以,他决定创造一种更具交互性的产品。希金波坦的解决方案是一款《双人网球》(Tennis for Two)电子游戏,该游戏在1958年的"游客日"中首次亮相(见图2.2)。这款游戏与之前在科学背景下创造的游戏有很大不同,它并没有解决具体的科学问题,也没有展示人工智能的进步,而是通过独特的、具有竞争力的双人游戏模式来娱乐,激发观众的兴趣。

图2.2 威廉·希金波坦的《双人网球》在1958年的"游客日"展出(左起第二台)
(图片来源:布鲁克海文国家实验室)

《双人网球》的玩法简单而又吸引人。游戏是基于一场网球比赛,从侧面看,它用一条垂直的线代表网,一条水平的线代表比赛场地。球的轨迹是基于计算机模拟弹道导弹和其他物体的弹道模式。游戏使用一个9英寸的示波器显示装置、两个控制按钮和旋转拨号控制器。玩家通过旋扭拨号控制器调整球的轨迹,然后用控制器的单键将其发送给对手。每一次玩家击发球,计算机的机电开关都会发出响亮的噼噼啪啪声,虽然这是无意的,却为虚拟动作提供了声效反馈。两名玩家轮流来回击球,试图迫使对方以一个刁钻的角度回击球。

这项运动的灵感来自网球运动。就像早期的国际象棋比赛一样,它并没有真正模拟一场完整的比赛。在《双人网球》游戏中,当球在玩家所在的球场一侧时,如果玩家按下控制按钮,他们就永远不会丢球,这意味着在玩家所在一方的球场上任意位置都可以有效击球。这种对现实的违背导致这样的玩法只能存在于电子形式中。20世纪60和70年代在计算机"黑客"开发的游戏中,人们对这个概念进行了更加深入的探索。接下来的几年,《双人网球》重新出现在该黑客活动中一直到计算机出现，就像许多早期的计算机游戏一样，它也被拆解成"零件"。在1961年的"游客日"，改良版的双人网球游戏《计算机网球》（Computer Tennis）诞生了。

> **增强现实和虚拟现实的早期实验**
>
> 1965年，伊万·萨瑟兰（Ivan Sutherland）的一篇著名论文《终极显示》[①]（The Ultimate Display）中，对计算机的一些显示和控制方案进行推测，其中包括由彩色区域构成的"填充"图像和能够通过眼球运动控制的计算机。萨瑟兰将这些概念发挥到理论上的极致，他将终极显示器描述为一台能够控制房间内物体的计算机，从而"在这样一个房间里摆一把椅子就足够坐下来，在这样一个房间里展示的手铐将可以控制人身自由，在这样的房间里展示一颗子弹也将是致命的"。

尽管《终极显示》完全是理论上的，它确实创造了"虚拟现实"，但是，萨瑟兰和一些其他人却利用20世纪60年代末和70年代快速发展的计算机技术进行了空间的模拟。1968年，通过一系列的个人实验和改进，萨瑟兰和几个学生助手一起创建了第一个头戴式显示器（HMD）来展示3D物体。HMD使用线框矢量显示从一系列坐标中画出的直线，在物理环境生成一个简单的三维立方体，允许用户在空间中看到一个计算机生成的物体。萨瑟兰的HMD与他在《终极显示》中引入的动力学计算机控制理论相结合，用户通过转动头部来调整图像的角度。HMD被连接到悬挂在实验室天花板上的机械臂上，它可以跟踪头部运动，并有助于减轻由该装置施加在用户颈上的压力。它的令人生畏的外表和不安全的设置使HMD获得了"达摩克利斯之剑"的绰号，达摩克利斯之剑描述了用马鬃系住一柄悬挂在一个男人头上的剑，是对古罗马寓言的一种暗示。萨瑟兰的"达摩克利斯之剑"成为后来研究虚拟现实和增强现实的主要来源，在20世纪80年代后期出现在消费者领域，并在21世纪10年代初重新出现（参见第8章）。

黑客伦理与游戏

"黑客"是一种通过实验寻找解决方案的形式，以创造、解构和修补为中心，自然而然地用于电子计算机的编程。黑客具有高度技术性，是早期程序员的一门"艺术"，因为在那时计算机是用崭新的、通常以意想不到的方式运行。对程序进行迭代和改进的渴望导致当时呈现出一个充满活力的、协作式的黑客场景，这种场景起源于20世纪50年代后期，当时大型的电子计算机进入大学实验室和研究机构。创建游戏是这些想法的逻辑延伸。黑客们通过在最终的

---

① Sutherland, I. 1965. The ultimate display. In Information processing 1965: Proceedings of IFIP Congress 65, W. A. Kalenich（Ed.），vol. 2, pp.506-508, London: Macmillan and Co.

"沙箱"环境中动手实验,来探索计算机的技术和艺术能力。尽管早期的工程师和计算机程序员在研究各种理论和程序的过程中使用了一些游戏,如国际象棋,但黑客的诞生是由不同的思维方式所驱动的,这种思维方式扩展到一个价值观体系中。

史蒂芬·列维(Steven Levy)在1984年的著作《黑客:计算机革命的英雄》①中记录了20世纪50年代到80年代早期个人黑客的贡献。他们帮助建立了导致家用计算机革命的知识库(参见第6章)。列维了解这些黑客的态度,这促使他制定了一套被称为"黑客伦理"(the Hacker Ethic)的原则。在黑客伦理中列维如此论述,这是一套信念和价值观,用来管理人们与计算机的关系以及人们彼此之间的关系。核心概念包括不受限制的信息共享、对权威的不信任、展示个人能力的必要性、计算机能够创造艺术和美丽的前景以及能够促进人类进步。

黑客伦理大部分来自"二战"后不久的计算机实践。当时如果有人想要在计算机上运行程序或计算数学方程式,他并不能直接上机操作,因为早期的计算机需要由专业技术人员来操作运行,这是缘于计算机操作的复杂性和相对的脆弱性。严格的访问仅限于少数人。对于计算机操作人员来说,他们无法容忍这种等级的"神职人员",因为这些人员需要了解计算机是如何工作的,以及计算机有哪些能力。黑客伦理许多潜在的态度也与20世纪60和70年代美国反文化运动有关。在加州计算机界和硅谷的发展中,黑客们偶尔会被描述为拥有一头长发和强烈反战观点的人群。虽然不是所有的黑客都完全赞同这些说法,但这种不成文的态度在20世纪60和70年代的许多游戏中都存在着。

《太空大战!》的传播与改造

麻省理工学院位于马萨诸塞州剑桥市,是20世纪50年代末和60年代初计算机黑客的发源地之一。深夜时,当计算机不再被"真正的"研究占用时,麻省理工学院一些非正统的和好奇的计算机科学专业的学生会使用计算机来从事自己更有趣的研究。他们建立了自己的汇编程序和调试程序,允许他们进行更多的实验性工作,如播放音乐的程序和各种各样的"显示技巧"。对显示技巧感兴趣的黑客通过CRT显示器来展示新的计算机视觉输出功能。黑客们设计了各种各样的东西,从非交互式动态图像到由计算机鼠标操控的迷宫。麻省理工学院的学生们,外号是"鼻涕虫"的史蒂夫·拉塞尔(Steve Russell)、马丁·格雷茨(Martin Graetz)和韦恩·维塔尼姆(Wayne Witaenem)一起试图创造一个令人感到惊奇的显示技巧,并且决定通过游戏的形式来展示。

拉塞尔、格雷茨和维塔尼姆都是一所虚构的研究实验室成员,该实验室

---

① Levey, S. 2010. Hackers: Heroes of the Computer Revolution. Sebastopol, CA: O'Reilly Media, Inc.

名为"欣厄姆研究所"（Hingham Institute），以他们在欣厄姆街的公寓命名，这是对麻省理工学院的竞争对手哈佛大学宏伟建筑风格的嘲讽。科幻小说家爱德华·埃尔默·史密斯（Edward Elmer Smith）的小说中充满宇宙飞船之间的战争，这让他们对太空戏剧产生了兴趣，走向一款基于太空的游戏设计，并以一种半开玩笑的方式成立了"欣厄姆研究所太空大战研究小组"。在探索如何将外层空间战争理念付诸实践的过程中，该小组制定了第一个明确的视频游戏设计理论，即"欣厄姆研究所关于太空大战的计算机玩具理论"，其内容如下：

（1）应尽可能展示计算机的资源，并将这些资源运用到极限。

（2）在一致的框架中，它应该是有趣的，这意味着每一次运行都应该是不同的。

（3）它应该使观看者成为参与者。[1]

在这些原则的指导下，史蒂夫·拉塞尔在1961年晚些时候开始开发《太空大战！》（Spacewar!）。这款游戏是在程控数据处理器PDP-1上编写的，它是一种微型计算机，配备由数字设备公司（Digital Equipment Corporation，DEC）生产的CRT显示器。拉塞尔在编程上进展缓慢，而且容易长时间处于不活动的状态，因为操纵飞船的代码很难编写。麻省理工学院的黑客艾伦·科托克（Alan Kotok）通过自己的关系联系上在DEC工作的程序员，获得计算飞船运动所需的代码，于是取得重大进展，并于1962年初开发完成第一个版本的《太空大战！》。

《太空大战！》是一场决斗游戏，两名选手试图射中对方楔形状的宇宙飞船。玩家可以顺时针或逆时针旋转每艘飞船，并在PDP-1的控制面板上拨动开关、启动引擎的推力。第一个版本的《太空大战！》设计成发生在外太空的战斗，一些随机点代表星星。飞船具有惯性特征，即使引擎没有点火，飞船仍然可以在屏幕空间中滑行（见图2.3）。

这个程序在麻省理工学院的黑客中引发一系列的活动，每个人都加入修改游戏设计和视觉效果的活动中来。皮特·萨姆森（Peter Samson）用天文领域内精确的恒星位置替换了随机的背景恒星，让这些星星缓慢旋转；丹·爱德华兹（Dan Edwards）在游戏的中心增加了一颗大的恒星，它对飞船施加恒定的引力拖曳，如果它们相撞，就会使飞船毁灭；马丁·格

图2.3 《太空大战！》在PDP-1小型计算机上运行；图中飞船留下绿色和黄色的痕迹是CRT显示器的磷光产物
（照片来源：伊藤穰一（Joi Ito），在原图基础上调整）

---

[1] Graetz J.M. The origin of spacewar. Creative Computing, 1981, 5, 61.

雷茨使用多维空间功能，随机把船放置在一个新的位置。玩家有可能在飞行空间鱼雷运动的轨迹上着陆或是在星星旁边着陆，这样的机制伴随着紧张感，同时有发射光子的壮观视觉效果。[1]另外，超空间的游戏机制也变得不稳定，并有可能摧毁玩家的飞船。艾伦·科托克（Alan Kotok）和鲍勃·桑德斯（Bob Saunders）通过在机器的切换开关上创建两个控制器来解决这个问题。木制的盒状控制器由两个开关按钮组成，一个调节飞船的旋转和推力，另一个用来发射光子。控制器通过推动推力杆向前和释放、触发超空间跳跃。后来版本的控制器被"增强"，用以对玩家死亡的电击形式进行反馈。

20世纪60年代和70年代初《太空大战！》在大学、研究实验室和商业公司之间传播。史蒂夫·拉塞尔本人就是《太空大战！》的先驱。1966年史蒂夫·拉塞尔在斯坦福大学新建人工智能实验室（SAIL）后，把《太空大战！》从PDP-1升级到PDP-6，而其他黑客为其他计算机创建了各种版本。按照黑客伦理的原则，《太空大战！》其他接口的用户对新游戏机制进一步修改，导致游戏效果显著不同。1972年版的《太空大战！》由拉尔夫·戈林（Ralph Gorin）修改，并在斯坦福人工智能实验室演示，这款游戏有5个同时存在的玩家、空间地雷、不平衡的伤害值和两个鱼雷发射管。就像在麻省理工学院的黑客一样，斯坦福人工智能实验室的黑客们也创造了他们自己的控制器。例如，游戏的其他变体包括2.5D版本的《太空大战！》，整个游戏以第一人称视角呈现出来——这样的设置需要使用两个CRT显示器，每个玩家对应一个。

除了物理分享像《太空大战！》游戏的纸带代码外，DEC本身、PDP-1计算机的制造商促进了游戏的销售。以《太空大战！》为例，它被用作PDP-1的最终测试工具，在包装过程中被留在计算机的内存中。当PDP-1到达目的地时，游戏被初始化为用来检查计算机，以确保"脆弱的"计算机完好无损地到达目的地。1961年，一组代表不同技术公司和大学研究实验室的计算机用户组成"数字设备计算机用户协会"（Digital Equipment Computer Users Society，DECUS），其目标是为计算机编程创建一个社区知识库。最重要的是，DECUS建立的程序库允许其成员免费访问从实用程序到游戏的所有内容。20世纪70年代，DECUS图书馆发布了演示软件包，除了ELIZA程序，还包括一些游戏，如国际象棋、文字游戏、一字棋游戏、模拟棋盘类游戏，像《地产大亨》（Monopoly）、《战舰》（Battleship）和《太空大战！》等。

计算机网络与游戏

像PDP-1这样的微型计算机出现，推动计算机科学的高速发展，这有助于

---

[1] Graetz J.M. The origin of spacewar. Creative Computing, 1981,5,66.

定义今天计算机的使用和体验方式。20 世纪 60 年代早期，微型计算机采用一种称为分时系统的多用户模型，取代了 50 年代的批处理模型。分时系统使用一个中央计算机，为许多用户终端提供支持。程序在计算机上集中运行，终端通过显示器或打印机提供输入和输出。相对于早期的批处理，与单个用户的程序间歇性地使用计算机资源不同，分时系统给每个终端分配一部分处理能力。在多个用户同时工作的情况下，分时模型在计算机上创建了连续的活动，并将机器下线的影响最小化。20 世纪 60 年代和 70 年代，对计算机的需求不断增长，在大学、研究机构和政府机构中分时系统不断涌现。

阿帕网

成立于 1958 年的高级产品研究机构（Advanced Research Products Agency，ARPA）是美国国防部的一个专门机构，负责开发新的科学和技术。最初它专注于导弹和空间技术，20 世纪 60 年代开始 ARPA 越来越多地参与计算机技术开发，并支持、帮助麻省理工学院、加州大学伯克利分校和系统开发公司建立分时网络。每个站点通过一个单独的终端连接到 ARPA，以便轻松共享研究进展和通信。随着这些网络和其他小型、本地分时网络的发展，时任 ARPA 信息处理技术办公室主任的鲍勃·泰勒（Bob Taylor）于 1966 年开始了一个将各个网络连接起来的项目。这个项目最终被称为"阿帕网"（The Arpanet）。

阿帕网的初始阶段在 1969 年完成，它连接了加州大学圣芭芭拉分校、加州大学洛杉矶分校、斯特拉特福研究所和犹他大学 4 个分时共享网络，允许用户访问多台计算机主机。到 1971 年时，阿帕网连接了 20 多个地点，直接连接美国的东部和西部海岸，也连接了伊利诺伊大学厄巴纳-香槟分校的一条主要连接点。两年后，阿帕网已经发展到连接 30 个地点，包括与伦敦大学学院以及挪威皇家雷达站的连接。到了 1975 年，随着阿帕网的基础设施逐渐被称为互联网（连接计算机的网络），该地区的数量增加了 61 个，并且继续呈指数增长。然而以软件为基础的万维网直到 20 世纪 80 年代末、90 年代初才发展起来，商业力量推动了它的发展。

自动化教学系统和多人游戏的编程逻辑

最大的分时系统之一是以伊利诺伊大学厄巴纳-香槟分校为中心的自动化教学的编程逻辑——帕拉图（PLATO）。从 1961 年的构想开始，帕拉图就打算以一种低成本的方式，利用计算机终端向从幼儿园到大学的学生提供自动化的教育内容。帕拉图从 20 世纪 60 年代末到 70 年代初迅速发展。它的导师编程语言（TUTOR）可以让教师轻松地用互动的特征来制定课程。1972 年帕拉图 4 系统的新一代终端具有高度响应性，触摸屏等离子面板显示能够在单一橙色中产生声音和高质量的视觉效果。电子邮件、即时消息、聊天室以及许多其他的虚拟沟通工具都是为帕拉图开发的，帕拉图网络的成型创建了第一个真正意义上的在线社区，并建立了一个与万维网相关的模型。

与帕拉图有关的开放环境鼓励实验，引导一些教师开发早期教育游戏。保罗·滕沙尔（Paul Tenczar）为帕拉图编写了导师编程语言，他创建了两个简单的程序来教授计算机编程的概念，其中，动画人物被指示在屏幕上拾起物体。邦妮·塞勒（Bonnie Seiler）的基础数学游戏《西方如何等于1+3×4》（How the West Was One + Three × Four，1971年）特别受欢迎，并在21世纪90年代为其他计算机平台的类似游戏带来持续发展。然而在帕拉图系统中，教师并不是唯一的内容创造者，因为来自不同年龄层的学生可以使用该系统和高分辨率显示器来创建动画和他们自己的游戏。

帕拉图网络在用户之间的内在联系激发了许多专门为多个玩家设计的游戏产生。帕拉图网络下的第一个多人游戏写于20世纪60年代末，就是《太空大战！》其中的一个版本。另一个版本是模拟国际象棋的。虽然《太空大战！》和国际象棋也需要两名玩家来进行游戏，但是，在20世纪70年代后期，随着业余程序员开始探索系统功能，游戏中加入了更多的玩家。1973年，约翰·达尔斯克（John Daleske）在爱荷华州立大学就读期间，开发的游戏《帝国》（Empire）从一个教育课程项目中成长起来。这款游戏与帕拉图系统中的其他游戏不同，允许有8名玩家参与。每个人都代表了电视连续剧《星际迷航》（Star Trek）中的一个种族，这款游戏涉及星球的经济和人口管理的战略，以及指挥宇宙飞船进行贸易和外交活动。达尔斯克希望在1973年之后重新设计《帝国》来添加更多的动作功能，他把目标锁定于《太空大战！》，希望在一个更大的多屏幕游戏空间里作战。玩家相互独立，使用不同的键盘命令，调整船的航向和开火的方向。达尔斯克在1981年继续修改游戏，他最终将第一款游戏的战略元素与第二款游戏的空间战斗结合在一起，允许多达50名玩家发挥更大的作用，这与后来商业化网络游戏的复杂性相媲美。更复杂版本的《帝国》还在继续，每个新版本都基于达尔斯克的愿景以及程序员和玩家的建议，添加和改进功能，使之成为最早的由社区驱动的多人游戏之一。

《帝国》的代码和概念催生了许多由其他个人开发的网络游戏。塞拉斯·沃纳（Silas Warner）是印第安纳大学一位备受尊敬的开发过很多游戏的帕拉图程序员，他负责创建了许多关于帕拉图的游戏。他早期的一个项目是1973年的战略游戏《征服》（Conquest），这是从最初的战略版本《帝国》发展而来。其他以《帝国》为基础的游戏程序包括各种各样的"迷航"（Trek），"迷航"属于20世纪80年代的游戏，保留了《帝国》最初的《星际迷航》（Star Trek）中的外星种族。也许《星际迷航》中最著名的后代是《在线星际迷航》（Netrek），这款游戏设计于20世纪80年代末，90年代初曾在大学校园流行。

基于帕拉图网络的《龙与地下城》

基于帕拉图网络还推出了一系列游戏，灵感来自桌面角色扮演游戏《龙与地下城》（Dungeons & Dragons）。主要以 J·R·R·托尔金（J. R. R. Tolkien）的《指环王》（Lord of Rings）三部曲和桌面战争游戏系统为主题。《龙与地下城》是由威斯康辛州的加里·吉盖克斯（Gary Gygax）和明尼苏达州的戴夫·阿内森（Dave Arneson）于1974年创作的。与其他游戏的物理和数字游戏元素不同，《龙与地下城》游戏始于角色构建。玩家从一个职业列表中选择，如战士、巫师或小偷，通过掷骰子来决定角色的身体和心理属性（见图2.4）。相对于其他游戏来说，这款游戏设置是独一无二的，因为一组玩家一起完成了从一段时间到另一段时间的情节冒险。玩家创造的角色不断成长和改变，变得更强，获得新的能力。《龙与地下城》的一个重要组成部分是《地下城主》（Dungeon Master），作为一个故事叙述者/导演，它向其他玩家提供游戏世界及其人物信息。玩家与幻想世界的互动方式多种多样，其中很多都需要掷骰子来模拟玩家控制之外的结果。

图2.4 《龙与地下城》中典型的用来生成得分和模拟事件结果的骰子

帕拉图的计算机网络特别适合像《龙与地下城》这样的游戏。概率和随机数生成的数学系统很容易移植到计算机上，而涉及一组玩家的社交游戏可以依赖帕拉图发达的通信能力和活跃的社区。最早的帕拉图游戏《龙与地下城》的灵感来源于《地牢》（Pedit 5）[①] 单人游戏，该游戏由伊利诺伊大学厄巴纳-香槟分校的罗斯提·卢瑟福德（Rusty Rutherford）在1975年创建（见图2.5）。《地牢》的游戏玩法让玩家在40～50个房间的迷宫中游走，随机产生存放怪物和宝物的地点。游戏的最终目标是积累20 000个经验点，就像《龙与地下城》一样，通过与怪物的战斗和收集宝藏来获得这些点数。

并不是所有的《龙与地下城》系统都完全复制于《地牢》，但是，它确实使用了游戏的核心元素，如经验点和打怪等级。与《龙与地下城》不同，玩家扮演

图2.5 《地牢》
（图片来源：保罗·雷施，cyber1.org）

---

① 《Predit 5》是程序的原始文件名，开发者故意保留不可描述的文件名以防止被删除；它也被称为《地牢》。

的角色结合了战士、法师和牧师的属性。《地牢》在帕拉图系统中被广泛使用,但它并不可靠,因为系统管理员不断地将它删除,以便为更多的"学术"应用程序释放内存资源,这迫使卢瑟福德每次都要重写程序。

南伊利诺伊大学的嘉里·威森特(Gary Wisenhunt)和雷·伍德(Ray Wood)对《地牢》飘忽不定的可用性感到厌倦,决定写属于自己的类似于《龙与地下城》的游戏《地牢游戏》(The Games of Dungeons),它也被叫做《DND》。① 《DND》被删除的可能性微乎其微,这是因为威森特和伍德是南伊利诺伊大学(Southern Illinois University,SIU)的帕拉图系统管理员。相对于《地牢》,《DND》更为稳定,玩家可以冒险进入多个地牢级别,每个关卡都有增加难度的怪物。随着玩家的进步,他们最终遇到"老怪"这个角色,这是在数字游戏中出现的第一个例子。老怪角色是特别强大的对手,用不同的行为要求玩家突然改变战术。游戏中的标点符号(punctuation)是《DND》中的一个信号,表明玩家即将完成游戏。

与《帝国》一样,玩家社区也参与了《DND》的开发。玩家社区不断根据游戏的特点进行改进。除了古怪的幽默之外,游戏的吸引力在于它包含一个视觉迷宫编辑器,这是当时游戏中罕见的特色所在。它让帕拉图社区的设计师和成员们能够快速、轻松地创建自己的地牢。威森特和伍德最终将《DND》的进一步升级交给了德克(Dirk)和菲林特·佩雷特(Flint Pellett)兄弟,他们之前就已经为游戏创建了一些附加组件和其他功能。另一个受《地牢》启发的游戏是《欧散克塔》(Orthanc),1975 年由保罗·雷施(Paul Resch)、拉里·肯普

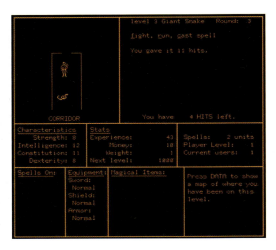

图 2.6 在《欧散克塔》地牢中穿行;屏幕右下角的参考地图是游戏开发后期添加上去的
(图片来源:保罗·雷施,cyber1.org)

---

① 为了不与非常相似的大型游戏混淆,20 世纪 70 年代后期,普渡大学的丹尼尔·劳伦斯(Daniel Lawrence)用 BASIC 编程语言编写了《DND》,但也不要与 1984 年 RO 软件公司的比尔·奈特(Bill Knight)开发的 DOS 游戏《DND》混淆。

（Larry Kemp）和埃里克·哈格斯特朗（Eric Hagstrom）在伊利诺伊大学厄巴纳-香槟分校创建（见图2.6）。《欧散克塔》包含用于《地牢》中从未实现的元素，如多个级别的副本，以及某些改进，如果第一个角色无法选取的话，就可以随机选择一个不同的角色。

> **设计效率**
>
> 帕拉图终端通过电话线网络连接起来，这个网络可以每秒传出1 200比特、每秒传入300比特。尽管帕拉图比其他网络连接速度快得多，而且终端本身也存储文本数据，但是，需要尽量减少在游戏过程中传输的数据量，以保证游戏的速度。例如，《地牢》和《奥布里特》（Oubliette）只向玩家发送游戏所需的最少信息，如在地下城迷宫的墙壁和空间标题。玩家健康、玩家统计或怪物的信息只有在绝对必要时才会被传送和显示。因此，屏幕上基本上是空的，但游戏性仍然保持响应。《欧散克塔》的设计者已经厌倦不断地需要在《地牢》中请求信息，并设计游戏界面不断显示所有相关信息。为了保持游戏的速度，整个屏幕被绘制一次，然后保持静态。游戏随后根据需要更新屏幕上各个部分，再依次显示更新的信息。其中，迷宫接收到的刷新最为频繁。

在帕拉图其他的地下城探险游戏中，玩家可以组成一个团队，并且可以以一个团队的形式来玩。1975年，伊利诺伊大学厄巴纳-香槟分校的凯维特·邓科姆（Kevet Duncombe）和吉姆·巴蒂（Jim Battin）的游戏《莫里亚》（Moria）[1]，是第一款具有持久游戏世界的多人游戏，即使玩家没有在玩游戏，游戏本身也会继续发生事件和动作。《莫里亚》也摆脱了早期地牢游戏自上而下的迷宫，并用第一人称视角的房间线条图来代替它们。另一个主要的区别是游戏系统。根据《莫里亚》开发者的说法，这个游戏不是根据《龙与地下城》开发的，而是来自开发者在《DND》研发过程中遇到的设计问题。这使得设计上的自由度更大，因为游戏没有过多使用《龙与地下城》的很多灵感，如通过经验点数和人物等级来衡量增长，从而激发更多的创新机制，如通过练习某些与技能相关的动作来提高人物的属性。

在帕拉图系统中，1977年《奥布里特》是非常受欢迎的角色扮演游戏之一。这个游戏最初是由吉姆·施瓦格（Jim Schwaiger）、约翰·加比（John Gaby）和班德尔·德龙（Bancherd DeLong）设计的，目的是想要把《龙与地下城》中单调的骰子滚动玩法自动化。《奥布里特》涉及的范围很广。玩家可以根据能力分数选择15个角色种族和15个能力等级。在冒险进入游戏的地牢之前，玩家们在一个大城堡的街道上游荡，并且可以在多家商店购物，把他们的角色都装备起来，从简单的物品到怪物的伙伴（见图2.7）。玩家可以加入基于各种职业的协会，参与赌博，去银行存款，和聊天室里的其他玩家进行社

---

[1] 不要与1988年商业发行的游戏《莫里亚》混淆，这是一个侠盗式的地牢游戏（参见第6章）。

交。对于单人游戏玩家来说，这个游戏也是有难度的，因为游戏是为冒险家设计的。地牢里到处都是陷阱和暗门，怪物随处可见（见图2.8），玩家一旦死亡就是永久的，除非另一个玩家在地牢中找到他的尸体并复活他。

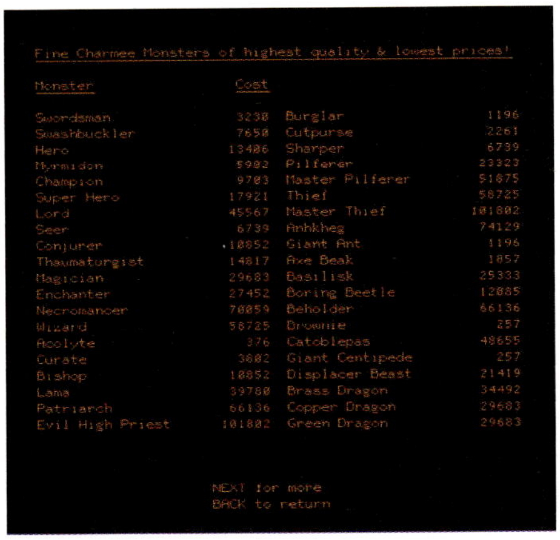

图2.7 《奥布里特》中怪物商店的选择菜单
（图片来源：吉姆·施瓦格，cyber1.org）

图2.8 《奥布里特》中的7个女巫
（图片来源：吉姆·施瓦格，cyber1.org）

早期的货币交易

帕拉图网络上的游戏占用了原本属于教育和研究目的的资源，这造成了一些误解。因为伊利诺伊大学厄巴纳–香槟分校的微生物部门赞助了《奥布里特》研发用的空间。这款游戏的创始人吉姆·施瓦格设计了一款最早的多人在线游戏的货币化策略，他利用玩家收集的资金"支付"了微生物部门提供的租金。玩家可以免费地玩这个游戏，但是，如果他们想通过常规的系统来继续玩这些角色，他们需要支付每年3美元的费用。这一前所未有的想法遭到玩家群体的批评。然而那些在角色中投入了大量时间、害怕丢失他们进度的玩家支付了费用。其他的货币兑换主要集中在地下经济，其中，玩家出售高等级人物和稀有游戏魔法物品的金额超过了100美元。虽然这种现象通常与最近的大型多人在线角色扮演游戏（massively multiplayer online role-playing games，MMORPGs）有关，但像《奥布里特》这样提供货币化交易是最早的案例之一。

《奥布里特》与多人游戏玩法结合，拥有强大的通信能力、完整的游戏经济体系、角色选择和拼写系统，后期《阿凡达》（Avatar，1979年）试图超越该游戏。直到20世纪90年代互联网基础设施能承受运行视觉复杂的大型多人在线角色扮演游戏，但是，在商业化计算机游戏领域，也再没有超越它的产品。《莫里亚》、《奥布里特》和《阿凡达》建立了许多设计、游戏玩法和键盘命令的惯例，在后来的商业化角色扮演类计算机游戏中得以广泛应用。特别是像由西瑞科技公司（Sir-tech）出品的《巫术：疯狂领主的试验场》（Wizardry: Proving Grounds of the Mad Overlord，1981年）这样的游戏，在20世纪80年代通过角色扮演类计算机游戏的发展，很明显从《奥布里特》中汲取了大量的灵感，并产生了自己的影响力（参见第 6 章）。

早期 3D 和网络的游戏

20 世纪 60 年代初，第一次有实验涉及用 3D 计算机图形来说明科学工作。其中，第一批例子是由贝尔实验室的爱德华·扎贾克（Edward Zajac）在 1963 年制作的计算机动画，展示了一颗矩形卫星在一个线框球体空间中的运动。每一分钟的动画都需要计算机计算 3～8 分钟，所以，并不是在计算机上播放完成的画面，而是逐帧打印到胶片上。到 20 世纪 70 年代早期，计算机能够实时计算和制作线框图像，并且将它们呈现在 CRT 显示器上。

黑客们不仅抓住这个机会，通过游戏来探索 3D 图像的功能，而且有一些与新兴计算机网络的合作。1973 年的游戏《迷宫战争》（Maze War）简称《迷宫》，它是由美国宇航局艾姆斯研究中心的高中实习生史蒂夫·考利（Steve Colley）设计的，他想要创建一个程序，在旋转的线框 3D 立方体上利用隐藏功能将线框移除。他在霍华德·帕尔马（Howard Palmer）的帮助下，通过创建一个从第一人称视角探索的迷宫游戏来实现最初的设想。在这个游戏中，玩家们可以一次移动一个正方形的游戏空格进行直角转身、寻找出口。另一名高中实习生格雷格·汤普森（Greg Thompson）通过添加一个多人游戏的功能创建了另一个版本，他将两款 Imlac PDS-1 计算机连接起来，从而为游戏添加了更多的动作，每个玩家都有一个大眼球化身。玩家能够以 20 世纪 90 年代早期第一人称射击者的"生死局"多人模式的方式互相射击（参见第 8 章）。

格雷格·汤普森一直致力于开发《迷宫战争》，直到 1974 年他进入麻省理工学院。在那里，汤普森和麻省理工学院动态建模小组的成员戴夫·利布林（Dave Liebling）共同创建了一个可以在阿帕网上运行的游戏版本，并允许更多的玩家同时在线。虽然最初基于阿帕网的游戏有很普遍的延迟现象，但最终还是解决了这个问题。

帕拉图系统游戏的特色也包括使用线框 3D 图像和多人游戏功能。最重要的是吉姆·鲍里（Jim Bowery）在 1974 年开发的《太空模拟》（Spasim），这是一款允许 32 名玩家以第一人称视角驾驶宇宙飞船并在 3D 空间作战的游戏。《太空模拟》独特的 3D 视角是基于早期由计算机图像先驱罗恩·雷施（Ron Resch）共同编写的程序，该程序是鲍里在爱荷华大学学习期间开发的。用雷施的程序作为基础，鲍里把《太空模拟》精心打造成一个 3D 版的《帝国》。玩家在空间中使用极坐标和笛卡尔坐标系统，这是鲍里用来证明游戏在网络上存在的一个特征，因此它具有教育的性质。在 1974 年末，鲍里删除了最初以竞争为中心的《太空模拟》版本，取而代之的是一种更加需要合作、不鼓励战争的游戏，更加专注资源的战略管理以稳定一个星球。就像在 20 世纪 60 年代和 70 年代的早期计算机游戏《太空大战！》一样，鲍里将《太空模拟》的代码分发给其他黑客，这些黑客修改它来创建自己的游戏，从而创造出一些基于帕拉图网络和其他网络的 3D 游戏。塞拉斯·沃纳将《太空模拟》改造成 3D 飞机模拟器版的《急速隧道》(Airace)，反过来又引发 1974 年布兰德·福特纳（Brand Fortner）的 3D 战斗式空战游戏《空战》(Airfight) 出现。1975 年《太空模拟》的代码也是第一人称视角坦克游戏的基础，《坦克世界》(Panzer) 是由约翰·达尔斯克和德瑞克·沃德（Derek Ward）联手开发的。

进入商业领域

对于 20 世纪 60 年代和 70 年代的许多黑客来说，像《太空大战！》这样的游戏，是实现最终目的的手段，是一个互动的学习项目，既能挑战他们的能力，又会加深他们对计算机的认知。然而，一些程序员却把游戏作为一种职业。塞拉斯·沃纳是第一批为早期家用计算机制作商业化游戏的程序员之一。他最著名的作品是他在 Muse 软件下设计和创作的作品《德军总部》(Castle Wolfenstein，1981 年) 和《超越德军总部》(Beyond Castle Wolfenstein，1983 年)。塞拉斯·沃纳为 Amiga 版本制作了潜艇模拟游戏《沉默舰队》(Silent Service，微散文公司，1986 年)，成为 20 世纪 90 年代早期主机游戏的模型。戴夫·利布林帮助创建了基于文本的交互式小说游戏《魔域》(Zork)，他在学校继续学习时，帮助创建并最终成为信息网站公司（Infocom）的旗舰系列（参见第 6 章）。在北美电子游戏产业崩溃之前，《欧散克塔》的程序员保罗·雷施曾短暂地为雅达利的投币街机和家用计算机部门工作（参见第 5 章），而《奥布里特》的开发者吉姆·施瓦格和约翰·加比最终进入移动游戏市场（参见第 9 章）。如第 3 章和第 6 章所述，20 世纪 70 年代早期的一些电子游戏室和家用计算机游戏，要么是受到这些实验的启发，要么就是直接改编。因此，早期计算机黑客的集体工作对于建立商业数字游戏产业至关重要。

早期商业化数字游戏
（1971—1977 年）

消费市场的新技术

20世纪70年代是消费行业技术革命的10年，重塑了娱乐和生产力的本质。微处理器和微控制器出现在计算器、微波炉、汽车等领域，达到了更高的速度和自动化程度。计算机操纵和计算机生成的图像首先出现在《欢乐糖果屋》（Willy Wonka，1971年）、《巧克力工厂》（Chocolate Factory，1971年）、《西部世界》（Westworld，1973年）和《星球大战》（Star Wars，1977年）等电影中。用于录制音频的紧凑型盒式磁带也备受关注。索尼1979年推出了便携式随身听，成为个性化音乐聆听的开始。20世纪70年代，第一台"微型计算机"将计算机带入家庭，并涌现出一批业余程序员（参见第6章）。除此之外，还首次出现了可以在商场和家中玩的电子视频游戏。

商业化数字游戏的途径

一般来说，第一款商业化数字游戏采用了两种游戏设计方法。第一种是将熟悉的机械和电子游戏改编为电子媒体。这个方法提供了"新"的缓存，同时，减少了消费者对电子游戏的概念障碍。第二种是游戏开发者并不害怕超越公认的边界，去创造新型的游戏和体验。对于当时的许多游戏开发者来说，电子格式所特有的游戏开发模式与不断更新的游戏模式之间的关系非常重要。最成功的游戏能够结合这两种方法，以一种新颖的方式提供熟悉的内容。

《太空大战！》的盈利

正如第2章所讨论的那样，《太空大战！》的代码经由大学和研究实验室传播，通常会导致各种黑客的调整和修改。在20世纪60年代，虽然早期相对缺乏能够运行游戏的计算机，这种情况不太容易发生，但是，程序员应该为《太空大战！》的抄袭和销售负起一定责任。不过《太空大战！》确实依靠独立和排他的特性发展了近10年。游戏的受欢迎程度促使其他人考虑把《太空大战！》推向更广泛的公众，并将其作为盈利的街机游戏。

1971年，两位斯坦福大学毕业生比尔·皮茨（Bill Pitts）和休·塔克（Hugh Tuck）修改了《太空大战！》的代码，使其可以在一台专门为投币操作而设计的小型PDP-11计算机上使用，并安装在玻璃纤维橱柜中。他们的作品《银河游戏》（Galaxy Game）允许两名玩家在一轮对决比赛中花10美分或25美分来选择三局两胜制进行比拼。由于每场决斗的胜者都可以继续进行下一轮游戏，《银河游戏》促成了不间断的比赛，并获得了持续不断的硬币流。虽然《银河游戏》成为数字游戏商业化的第一个示例，但它仍然是一个独立于公众语境的游戏，因为其中一个部分被放置在斯坦福大学的学生会中。另外，单台机组的制造成本之高有效地杜绝了批量生产的可能性。

紧接着两位电子工程师诺兰·布什内尔（Nolan Bushnell）和特德·达布尼（Ted Dabney）首次推出更普及的数字游戏。在为安培公司（Ampex）以及后来的投币机制造商纳丁联合公司（Nutting Associates）工作时，诺兰·布什内尔和特德·达布尼非正式地创建了一家名为"Syzygy"的数字游戏公司。布什内尔这位受《太空大战！》启发的幻想家，试图通过融合公司（Syzygy Company）出品的《计算机空间》（Computer Space，1971年）为公众带来决斗游戏的兴奋感（见图3.1）。《计算机空间》使用一个单独的电路板运行游戏，并将其显示在现成的屏幕上。虽然它在视觉细节上不如原来的《太空大战！》或《银河游戏》，但是，它的优势在于相对便宜的批量生产。

图 3.1 《计算机空间》
（图片来源：阿卡迪亚，麦克林，伊利诺伊州，www.vintagevideogames.com）

《计算机空间》游戏设计结合了《太空大战！》的基本机制和惯用方法，以及一些在街机游戏设计中常用的手法。玩家投入1枚硬币并获得2.5分钟的游戏时间，与两台计算机控制的飞碟进行对抗，并尽可能多地获得积分。无论是飞碟还是玩家的飞船，每次成功击中对方，都会得到1分，这是和《太空大战！》相似的竞争游戏。1973年版的游戏与诺兰·布什内尔和特德·达布尼无关，它包括对两个玩家的控制：一个是宇宙飞船，另一个是不明飞行物。

《计算机空间》的许多设计特征都可以与布什内尔过去的经历联系起来，因为他曾担任过嘉年华地推销售，在嘉年华游戏的维护方面经验丰富。嘉年华地推销售是展览会中由来已久的部分，其通过煽动性策略吸引游戏玩家，这些策略包括引发好奇心或者使用激将法。在《计算机空间》中，布什内尔通过创造一个"吸引"模式的画面，取代了游戏推销的角色。因为当机器没有使用时，飞碟也在屏幕上移动，这是一种引起注意和诱惑玩家的方法。《计算机空间》还使用了音效。船舶的毁灭引发爆炸性的声音效应，这是原始《太空大战！》中不存在的。这一设计再加上色彩鲜明的未来主义机柜设计，确保了游戏在公共空间中不会被忽视。

《计算机空间》具备成为成功游戏的所有潜力，但公众对它的兴趣微乎其微，可能是因为对游戏概念和控制缺乏了解。相比之下，哈里·威廉姆斯（Harry Williams）的《1939世界系列赛》（1939 World Serious）游戏之所以成功，部分原因在于玩家熟悉棒球规则。《计算机空间》使用惯性和模拟引力，虽然对热衷于科幻小说的计算机科学家来说有趣，但对当时的普通大众来说，这些概念并没有那么吸引人。虽然游戏提供了一套解释这些概念的指令以及操作游戏控件的方法，但是，它们的长度和相对复杂性可能使游戏本身不那么令人印象深刻。此外，纳特联合公司对这项新业务也持谨慎态度，只生产了有限的一些机器，降低了游戏与潜在客户的接触。

尽管如此，《计算机空间》还是鼓励着布什内尔和达布尼继续开发数字街机游戏。布什内尔特别相信数字游戏比电子游戏更有优势，它们的移动部件较少，需要的维护较少，比起玩家这对于投放游戏的商家更为有利。他们打算正式开展业务合作并注册公司，却发现另一家公司已经注册了"Syzygy"这个名称，取而代之他们选用了"Atari"，这是一个类似于日本棋盘游戏"check"的术语，围棋是布什内尔和达布尼最喜欢的消遣方式。雅达利公司（Atari）于1972年6月27日正式成立，开始致力于创造与《计算机空间》截然不同的数字游戏。

后期《太空大战！》商业化的变体

《太空大战！》引入的太空对战类游戏继续作为投币式游戏机、家用游戏机和计算机游戏的基础。1978年，雅达利公司制作了投币式游戏《轨道》（Orbit），其中包含一系列可选择的游戏变化，从游戏速度的变化到空间站的使用。拉里·罗森塔尔在《新太空大战》（Space Wars，电影变速器公司，1978年）中使用矢量光束重现了《太空大战！》。这款游戏在雅达利视频计算机系统上以《太空战争》（Space War，雅达利公司，1978年）的形式发布，该游戏共有17款变体。后来的相关游戏元素也出现在个人计算机的战略游戏《星际策略》（Star Control，鲍伯玩具公司，1990年）和它的续集《星际策略2》（Star Control 2：the Ur-Quan Masters，鲍伯玩具公司，1992年）之中。这两款游戏都提到重新使用《太空大战！》的部分游戏玩法——在具有引力的星球上对决，其中一个外星人种族甚至利用原游戏中的超空间功能这一设定。

奥德赛游戏机和被划分的游戏空间

从20世纪50年代到80年代，拉尔夫·贝尔（Ralph Baer）在美国国防承包商桑德斯协会（Sanders Associates）担任工程师。1966年，贝尔和一些工程师开始研究一个非官方的项目，该项目能使用电视屏幕来显示发光的互动方块。这项工作很快引导他们创造了一种新的消费产品，可以让人们在家里的电视机上玩游戏。在制作了几个原型单元之后，贝尔向他的上级报告了这项工作，上级也支持该项目的进一步发展。桑德斯协会的正式支持，使该项目的进展和范围迅速增长。原型装置采用彩色图形，利用随机数字生成，包括轻型枪和高尔夫推杆配件，在屏幕上投射出不同形状，并结合了一个可以改变速度的球状射弹。尽管有这些令人印象深刻的功能，但所有的原型都依赖在电视屏幕上放置的带有插图的半透明塑料覆盖物，这些塑料覆盖物标志着得分区域的位置，并设置游戏的总体环境。如果让这台机器来制作更精细的图形，对消费者市场来说太贵了。1968年，贝尔和他的工程师们设计了一款电视游戏原型机，并将其命名为"棕色盒子"，这个名字来源于该设备木质纹理的乙烯基胶带外

图 3.2　奥赛德游戏机消费级模型
（图片来源：埃文·阿莫斯，知识共享许可协议文本）

壳。米罗华公司（Magnavox）最终购买了该设计，为该设备进行了外观改造，于 1972 年发布其为"奥德赛"（见图 3.2）。

奥德赛是第一代家用游戏机的首个产品。该装置使用一台家用电视机在屏幕上显示两个方格的光线和一个投射物。使用游戏控制器上的旋钮、两个方格在 x 轴和 y 轴上移动。第三个旋钮写着"english"，这是从台球中借用的一个术语，用来表示"侧滑"，当使用弹丸时，可以使弹丸产生偏心弯曲。为了进一步降低制造成本，奥德赛省略了拉尔夫·贝尔的原型机的许多功能，尤其是彩色图形。其结果是一个游戏单位只能进行一些简单的交互。一个玩家控制的方格可以通过碰撞对手的方格而从屏幕上移除，一个射弹可以在方格之间被击中或"反弹"。可选的步枪配件也可以在屏幕上射击、移除方格。这些基本功能，以及不断使用的"重置"按钮，形成了奥德赛的核心游戏机制。

奥德赛提供的游戏代表了各种各样的流派，包括体育、策略、教育和赌博游戏。除了射击游戏之外，奥德赛的所有产品都没有与当时的电子街机游戏产生任何关联。每一款游戏都使用一个或多个"游戏卡"进行播放。与后来基于墨盒的系统（如雅达利视频计算机系统和任天堂娱乐系统）不同，奥德赛的游戏卡中不包含任何数据。相反，他们修改了设备本身的逻辑。某些游戏，如《橄榄球》（Football，美国米罗华公司，1972 年）需要玩家在多个游戏卡之间切换（见图 3.3）。覆盖层是从贝尔的原型中继承的一项功能，它弥补了有限的图形功能，并为游戏提供了关键信息。因此，改变覆盖层而不是游戏卡可以创建一款新游戏，这种方式经常被使用。

然而，奥德赛的多样化游戏数量并不总是与该设备的能力很好地结合在一起，导致一些尴尬的游戏体验。好几个游戏将电视覆盖区、游戏板、扑克牌和玩家之间的交流分裂开。例如，《橄榄球》需要一个游戏板、骰子和印有不同橄榄球比赛的牌（见图 3.3）。进攻和防守的玩家从一副纸牌中选择自己的玩法，用奥德赛显示电视屏幕上的标签来判断成功还是失败，然后掷骰子并查看图表，以码为单位来确定整个游戏的成败。整个游戏在设计上与 20 世纪 60 年代和 70 年代流行的、以足球为主题的棋盘游戏非常相似。

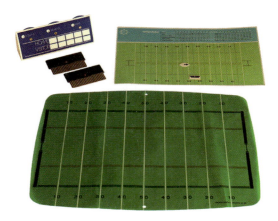

图 3.3 《橄榄球》的游戏板；游戏需要两张游戏卡才能玩，一个用于传球，另一个用于跑位

奥德赛的许多游戏都通过"融入角色"词汇或短语来加入角色扮演元素，并在游戏中的关键点进行讲述。在射击游戏《枪战》（Shootout，美国米罗华公司，1972 年）中，电子步枪配件（警长）与另一名控制白方目标道尔顿帮会成员（Dalton Gang）的玩家对战。使用覆盖在美国旧西部的一座建筑物上的图层，道尔顿帮会成员从掩体后面将方形灯打开，喊出"你永远不会抓到我的，警长！"，然后再隐藏起来（见图 3.4）。《橄榄球》指示玩家进攻时口头喊出信号，并在比赛开始前大喊"跑！"。与此同时，《鬼屋》（Haunted House，美国米罗华公司，1972 年）在另一名玩家高喊"嘘！"的同时，在屏幕上揭示他们隐藏的"鬼魂"。这些角色扮演的元素，以当代电子游戏的标准来看会显得很古怪，但是，因为奥德赛的结构设计，其电视覆盖层实际上无法执行大多数游戏规则。此外，与当代数字游戏不同的是，由于玩家可以自由地违反游戏规则，许多游戏都包含如何惩罚或对其他违规行为的详细说明。

图 3.4 《鬼屋》（左图）和《枪战》（右图）的彩色覆盖层

奥德赛的影响力很大程度上受限于市场营销不当，因为该设备只能与米罗华公司的电视机一起工作，所以，这个游戏机没有发挥其最大的商业潜力。无论如何，奥德赛推出了一个关键的游戏概念，使得数字游戏设计的方法更加优

雅和统一。拉尔夫·贝尔的原创原型游戏之一《乒乓球》（Table Tennis，美国米罗华公司，1972 年）是奥德赛唯一没有覆盖层的游戏，并且可以在没有额外游戏板或卡的情况下完全在电视屏幕上呈现。双人乒乓球游戏从上方俯瞰游戏空间，每个玩家在中心线两侧对打。《乒乓球》运用了一种有趣的游戏玩法，玩家可以在击球后使用奥德赛的控制旋钮控制球的路径。因此，游戏并没有真正模拟物理真实环境。

《乒乓球》就像威廉·希金波坦的《双人网球》一样，提供的游戏玩法只能以电子方式进行，展示了新媒介的潜力。1972 年 5 月，这个游戏在多个美国城市公开推广展示，作为美国米罗华公司宣传活动的一部分。诺兰·布什内尔在纳丁联合公司工作期间，在旧金山附近加利福尼亚州伯林格姆的一个展览中演示了奥德赛。1972 年 11 月，雅达利开始制作乒乓球游戏《乓》（Pong，1972 年），该游戏与贝尔的概念非常类似。这最终导致 1974 年的诉讼案和 1976 年的专利侵权庭外和解事件。

《乓》以及"球"和"拍"游戏的设计变体

雅达利的第一款游戏《乓》取得了意想不到的成功，因为它最初的目的是帮助雅达利工程师阿尔·奥尔康（Al Alcorn）熟悉制作数字游戏的过程。游戏中的乒乓球是实体乒乓球的数字抽象，侧重于在两名球员的球拍之间打出截击球的轨迹（见图 3.5）。《乓》通过简单的旋转遥感控制提供了直观且引人入胜的游戏玩法，使其成为公共空间投币操作的理想选择。它的设计特色是球拍相对于球门区距离非常短，通过不断得分来获得令人兴奋的游戏体验。奥尔康通过将每个球拍分成 8 段来增加游戏的可变性，球离球拍中心越远，回击角度越大。球的速度在第 4 和第 12 区间内会不断增加，从而防止任何一场游戏持续时间过长，并且创造出越来越困难但充满乐趣的体验。在当地酒馆进行测试的成功，促使雅达利公司制造发行了这款游戏，而不是像《计算机空间》那样卖给一家成熟的游戏公司。《乓》轰动一时，成为现象级游戏，以至于需要雅达利扩大其设施和劳动力，以满足游戏机运营商的强烈需求。

雅达利成立之初，其运营方式和工作文化像是一家临时机构，而不像是一家从事尖端数字游戏设计的公司。大部分的员工都是高中生和大学生，并不像 IBM 这样的科技公司都是训练有素的工作人员。除了由管理层赞助的定期派对作为配额奖励之外，电子产品在工作中被盗窃以及员工吸食大麻的情况时有发生。诺兰·布什内尔曾经是嘉年华狂欢派有魅力的销售人员，他因为在公司只展现好的一面以及半真半假的行为方式而臭名昭著。例如，许多分销商想获取雅达利设备的独家代理

图 3.5 《乓》
（图片来源：乔丹·斯托兹）

权,让竞争对手无法销售雅达利的设备。为了尽可能地做到利益最大化,布什内尔在1973年策划了一个名为"凯游戏公司"(Kee Games)的竞争对手,凯游戏公司作为一家秘密子公司,以新的头衔出售雅达利街机游戏,有效地超越了排他性协议,并将游戏机潜在的订单数量翻倍。

尽管有时业务实践存在问题,但由于《乓》确实激励了全球几家电子游戏公司冒险开发数字游戏,所以,雅达利对早期电子游戏产业的影响也并没被夸大。日本和美国的公司,如太东(Taito)、世嘉、威廉姆斯电子、中途制造和芝加哥投币于1973年开发了他们的第一款数字游戏,许多都是基于《乓》。为了保持竞争优势,雅达利很快更新了《乓》的概念,开发了第一款《乒乓双打》(Pong Doubles,1973年),这是一款四人双打乒乓球的游戏,而后是《多人乒乓》(Quadra Pong,1974年),该游戏引入消除格式,没接到球的玩家将损失一条"命"。与此同时,《突围》(Breakout,雅达利公司,1976年)将《乓》的竞技多人游戏玩法改编成单人游戏,其中包括通过使用球拍和跳球来清理一排障碍物。像70年代初至中期的大部分游戏一样,《突围》的图形是黑白的。尽管使用了与米罗华公司奥赛德不同的叠加层,但许多机柜增加了游戏的色彩,因为游戏空间在游戏过程中基本保持静止。当时19岁的史蒂夫·乔布斯(Steve Jobs)还是雅达利的员工,他呼呼他的朋友史蒂夫·盖瑞·沃兹尼亚克(Stephen Gary Wozniak)完成了《突围》游戏板的电子设计,这也是该游戏成名的原因之一。沃兹尼亚克的设计显示出他对技术的娴熟程度,超出了大多数人的想象。尽管如此,在沃兹尼亚克不知情的情况下,乔布斯向雅达利展示产品时获得了荣誉。那一年晚些时候,乔布斯和沃兹尼亚克创立了苹果计算机公司,这对建立家用计算机市场起到了重要作用(参见第6章)。《乓》也是许多其他体育类游戏的基础,如《反弹》(Rebound,雅达利公司,1974年),这是一款排球游戏,在地面上有两个拍子,在网上弹起一个球。所有的元素都使用了《乓》的基本概念和形式,球拍上的接触点确定了返回角度,球在几次碰撞后加速。

当其他公司创建了《乓》的克隆或其他迭代产品时,雅达利与米罗华公司发生了法律纠纷。米罗华公司声称布什内尔从奥德赛的乒乓球游戏中复制了电视乒乓球的概念,因为布什内尔在1972年加利福尼亚的贸易展上演示过这个产品。这一事实再加上拉尔夫·贝尔在开发"棕色盒子"过程中所做的细致笔记和专利申请,导致了一场旷日持久的法律战争。1976年,这场战争以庭外和解告终。结果,雅达利成为米罗华公司视频乒乓球游戏唯一的许可证持有者。这样,在创建乒乓球游戏的过程中,雅达利可以畅通无阻地依据法律进行。随着米罗华公司对全球范围内《乓》克隆产品的法律诉讼,雅达利在数字游戏行业的地位进一步得到加强。

晚期的"球"和"拍"游戏

尽管在20世纪70年代后期,"球"类和"拍"类游戏的受欢迎程度显著降低,但基本游戏机制继续在《弹珠台砖块》(Gee Bee,南梦宫公司,1978年)和《军阀》(Warlords,雅达利公司,1980年)中取得成功。岩谷彻(TōruIwatani)的《弹珠台砖块》,是游戏制造商南梦宫第一款内部开发的数字游戏。它将《突围》的破砖游戏与一个弹球游戏结合在一起,玩家通过击中以全彩图形表示的各种目标而得分,使用一套双层板来累积积分和奖金。另一款"球"类和"拍"类游戏《军阀》将《多人乒乓》的消除格式与《突围》的破砖机制结合在一起。游戏以中世纪的幻想主题为特色,在每个角落都设有一个由积木组成的城堡。在每个城堡的前方,玩家控制一个可以弹跳或者抓住火球并击倒对手的城堡墙壁。游戏包含一个精心制作的覆盖层,为每个玩家的城堡着色,并提供三维图像的透视效果。因为游戏中引入更多速度加快的火球,不论是人类还是计算机控制的玩家都将会被淘汰,使游戏具有一定戏剧性,也能及时结束。

游戏的空间:传统与非传统

像其他的机械和机电前辈一样,电子街机游戏通常被放置在公共等候场所。像雅达利的《超级乒乓》(Super Pong,1974)的传单中所描述的,"有吸引力的《超级乒乓》游戏适合任何场所……精致的餐厅、酒店或接待室大堂、休息室、游戏中心、百货公司或任何4平方英尺的地面空间为你赚钱!"雅达利还创建了一个由楔形模块组成的称为"雅达利剧院"的特殊亭子,其中包含6个游戏,可以安排在公共场所使用。类似于威廉·T·斯密斯在火车站放置他的设计模型《火车头》一样,雅达利在旧金山蒙哥马利街湾区快速交通(bart)车站的等候平台放置了一个六面亭游戏空间。

20世纪70年代中期,几家制造商还生产了圆形鸡尾酒游戏柜,它将桌子的功能与赚钱的潜力结合在一起。面向不同的观众,鸡尾酒游戏柜最初旨在招待休息室和餐厅的成年人,并通常采用更复杂的表面装饰。为了防止饮料溢出并保护游戏的电子设备,屏幕被密封在厚重的玻璃层后面(见图3.6)。到了20世纪80年代初,鸡尾酒游戏柜通常以矩形格式制作,可以从任何一端操作,并设有多个游戏,旨在充分利用这个独立的游戏空间。

然而,并非所有事情都是以商业为导向的。在1974年时《乓》带着《乒乓医生》(Doctor Pong)和《小狗乒乓》(Puppy Pong)入驻儿童候诊室。这些游戏没有硬币插槽,

图3.6 该广告展示了人们享受夜生活和玩电动公司(Electromotion)在1975年开发的《电动IV》时的场景(图中游戏为《乓》的改造版本;镶嵌在一张圆形的鸡尾酒桌上)(图片来源:街机传单档案,国际街机博物馆,flyers.arcade-museum.com)

因为它是为了让孩子在等待治疗时得到放松娱乐。特别是《小狗乒乓》，在明亮的黄色狗屋顶上摆放了一只看起来很开心的卡通狗，在柜子一侧的较低位置安装了显示器和旋转按钮。但是，《小狗乒乓》并没有得到医生们的好评，很快也就停产了。

电子街机游戏适应数字游戏

由于早期数字街机游戏的图形功能有限，大多使用单色或通过透明塑料片产生颜色，电子游戏则继续提供更清楚的图像。20 世纪 70 年代初至 70 年代中期，许多数字游戏的重点并不是视觉竞争，而是专注于提高人们熟悉的机械和电子街机游戏的可玩性。实现这一目标的一种方法是加入动态操作，这使游戏更具挑战性，而在电子游戏中这种方式成本高昂或基本不可能实现。

芝加哥投币公司创造了一个数字版的弹球——《电视弹球》（TV Pingame，1973 年），在屏幕的底部使用一个带挡板的的垂直游戏场，由旋转控制钮控制。游戏空间像弹球游戏一样，充满障碍物、保险杠和两侧的口袋，以简单的方块组合表示出来。游戏中还包括一个移动矩形，位于游戏空间的顶部，用作进球得分。其他制造商也很快重拾数字弹球：中途制造公司制作了《TV 翻转》（TV Flipper，1973 年），最高机密公司（Exidy）制作了《电视弹球》（TV Pinball，1974 年），雅达利公司制作了《乒乓弹球》（Pin Pong，1974 年），其中，数字代表翻转控制按钮，而不是用一个原来机械的拍子和旋转遥感键。

与此同时，中途制造公司的《龙卷风棒球》（Tornado Baseball，1976 年）与亨利·威廉姆斯的《1937 世界系列赛》非常相似，因为它采用了同样的游戏方式，通过外野手击球到体育场的墙上，标有"本垒打""三垒安打""二垒安打""一垒安打"，并将棒球的挥杆表现成玩家。《龙卷风棒球》的数字形式使它有了一个优势：可以由一个人或两个人一起玩，并使用简单而有效的动画在基地周围移动玩家。其他电子游戏转制成的数字游戏包括导弹发射游戏，如《中途导弹》（Guided Missile，1977 年），该游戏的灵感来自世嘉早期的作品《导弹》。

图 3.7 雅达利的伪竞争对手吉尔游戏公司（Kee Games）于 1976 年推出《全速冲刺 2》（Sprint 2），这是一款基于微处理器的双人赛车游戏，类似于《豪华赛道 20》

（图片来源：阿一迪亚，麦克林，伊利诺伊州，www.vintagevideogames.com）

早期数字游戏中的赛车游戏

数字赛车游戏的模型也植根于电子游戏。例如，雅达利的《豪华赛道 10》（Gran Trak 10，1974 年）玩家使用方向盘和踏板从上至下控制赛车。在一条虚线赛道上与计时器来比赛，玩家通过叠加彩色的得分门来积分（见图3.7）。和《乓》一样，雅达利重复了《豪华赛道10》的设计基础，在后来的版本中增加了更多的玩家，从《豪华赛道20》(Gran Trak 20，1975年）的2个到《印地赛车800》(Indy 800，1975年）的8个。后来像《勒芒》(Le Mans，1976年）这样的雅达利赛车游戏使用了相同的游戏玩法，但增加了现实的车辆操控感，如果转弯适度过快，汽车就会打滑。

20世纪70年代中期，一系列第一人称视角赛车游戏发行，包括德国工程师赖纳·弗雷斯特（Reiner Foerst）的《纽博格林赛车场1》(Nürburgring1，1976年）、《夜半赛车手》(Midnite Racer，百丽公司，1976年）、《达特森280》(Datsun 280 Zzzap，中途制造公司，1976年）和《黑夜赛车手》(Night Racer，微网公司，1977年）发行。戴夫·谢佩德（Dave Shepperd）的《夜行车手》(Night Driver，雅达利公司，1976年）虽然不是第一个第一人称驾驶游戏，但它是最有名的（见图3.8）。晚上开车的玩家在一条长长的赛道上与时钟赛跑，赛道平滑地向左右弯曲。与《勒芒》自上而下的更逼真的操控一样，高速转动的车轮会导致打滑，迫使玩家暂时停下来，失去宝贵的竞赛时间。

图3.8 模拟汽车引擎盖的覆盖图像《夜行车手》

《夜行车手》和其他第一人称游戏的快速发展使它们创造性地解决了一系列的限制问题，因为从第一人称角度显示带有曲线和转弯的实心赛道超出了当时的实际计算水平。对《夜行车手》来说，戴夫·谢佩德在游戏中通过代表高速公路反射标记的矩形组块标示了赛车道的存在，他甚至在晚上驾驶真实的汽车反复观察和复制场景效果。《夜行车手》是早期采用微处理器的游戏，它可以在游戏中展示尺寸平滑增长的道路标记，并且随着道路曲线来回流畅地移动。

赛车类游戏也尝试将它们从早期的非数字街机游戏中转移出来。《太空竞赛》（Space Race，雅达利公司，1973 年）包括一次穿越小行星场的拖曳竞赛。玩家在没有碰撞的情况下每次穿过拖曳带时，都会得到 1 分，然后再次从起跑线开始，希望在规定的时间内超越对手。一些"撞车"游戏尝试通过使物体碰撞作为游戏的主要部分，以此颠覆赛车游戏的惯例。这些游戏出现在 20 世纪 70 年代中期，并试图利用在美国最受欢迎的"撞车比赛"。最高机密公司的《毁灭赛车》（Destruction Derby，1975 年）和《赛车马球》（Car Poly，1977 年）、雅达利的《撞击得分》（Crash'N Score，1975 年）和芝加哥投币公司的《撞车大竞赛》（Demolition Derby，1977 年），采用了早期赛车游戏已被大家熟悉的自上向下的视角和方向盘控制。有种类似竞技场的空间，里面充满了车辆或其他目标。虽然一些电子游戏采用了与世嘉公司的《特技车》（Stunt Car，1970 年）和《疯狂的道奇》（Dodgem Crazy，1972 年）相似的概念，但是，动态变化的数字游戏的开放空间使他们与众不同。

图 3.9 《死亡赛车》的游戏机
（图片来源：阿卡迪亚、麦克林，伊利诺伊州，www.vintagevideogames.com）

《死亡竞赛》（Death Race，最高机密公司，1976 年）是最著名的"撞车"型游戏。这款游戏的概念来自保罗·巴特尔（Paul Bartel）1975 年的邪教电影《死亡竞赛 2000》（Death Race 2000），其中一到两名玩家通过将汽车撞向行人而获得积分（见图 3.9 和图 3.10）。然而，《死亡竞赛》的设计更为复杂，每次行人被击中时，那个地方都会出现一块不可移动的墓碑。因此，每场比赛都是独一无二的。此外，随着分数攀升，游戏空间变得越来越难以操作，这是街机游戏的理想系统，有助于防止玩家完全操控游戏。

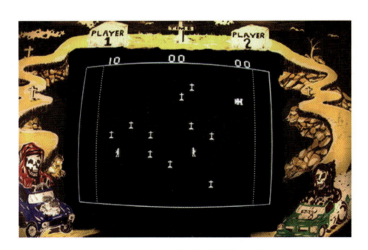

图 3.10 《死亡竞赛》的屏幕和边框
（图片来源：由伊利诺伊州阿卡迪亚、麦克莱恩提供，www.vintagevideogames.com）

《死亡竞赛》游戏引起人们的担忧，有人担心游戏会导致玩家有暴力倾向，并引发关于电子游戏暴力的数场公开辩论。报纸和电视节目对这款游戏展开讨论，将其作为社会腐败的一个例子，就像 30 年前弹球游戏所经历的那样。结果也并非禁止数字游戏，虽然有些地方确实拒绝此类游戏，但是，争议和媒体曝光也刺激《死亡竞赛》的销量增加，使它成为当时最流行的游戏之一。

从晶体管–晶体管逻辑（TTL）电路到微处理器

最早的数字街机游戏由电子工程师组装，并通过晶体管-晶体管逻辑电路发挥作用。实际上，屏幕上的游戏规则和行为是由单独的电路组成的，这些电路是为每个游戏定制的。因此，《乓》的游戏机与《豪华赛道 10》相比，有电路板布局和类型完全不同的部件，是因为每个游戏都有不同的规则。在微处理器驱动的游戏中，游戏的规则和行为以软件形式存在，给更标准化的硬件提供指令。与晶体管-晶体管逻辑电路相比，微处理器的速度明显更快，从而使游戏的复杂性快速增长。微处理器的采用，给游戏的物理设计和开发带来一些变化，因为制造商可以制造更统一的电路板，从而使游戏的生产速度更快。最重要的是，它将设计游戏的责任从工程师转移到计算机程序员身上。从 20 世纪 70 年代末到 80 年代，程序员通常不仅要负责创建游戏，还要负责图形和动画。

早期射击游戏和迷宫游戏的演变

尽管围绕"球"和"拍"概念设计的游戏是 20 世纪 70 年代最多产的游戏类型之一，但游戏开发者探索了一些创造性的想法，利用迷宫来构建空间。在这些迷宫游戏中发现的许多概念成为 20 世纪 70 年代末和 80 年代初街机游戏黄金时代的标志性元素。

在 20 世纪早期到 20 世纪中期，商场偶尔会出现机械游戏，游戏中心控制一个球穿过垂直或水平的迷宫。玩家通常使用拨号盘操纵游戏场地，同时，避免球掉进孔洞或游戏空间边缘等陷阱。操纵迷宫本身在机械游戏中是很典型的，但是，数字游戏设计者更多地关注操纵迷宫中的元素。早期的第一个数字迷宫游戏是雅达利的《抓到你了》（Gotcha，1973 年），这是一款类似"猫捉老鼠"的竞争游戏，其中一个玩家通过一个不断移动的迷宫追逐另一个玩家。《抓到你了》早期尝试使用声音来影响玩家的表现，当追赶者接近目标时，游戏会稳步增加"哔哔"声的频率，噪音被证明更加烦人。一个更成功的版本出现在黄金时代的街机游戏《太空入侵者》（Space Invaders，日本太东公司，1978 年）和《吃豆人》（Pac-Man，南梦宫公司，1980 年）中。更引人注目的是游戏本身引发的争议，而不是它发出的声音，因为控制器不是操纵杆或刻度盘，而是粉色的、乳房般的半球。雅达利对控制器产生的负面效果做出反应，重新设计了后来的版本，让玩家使用操纵杆在迷宫中活动。

另一个基于迷宫的游戏是《奇妙迷宫》(The Amazing Maze，中途制造公司，1976年）。在这里，玩家与计算机控制的对手或其他玩家竞争，以最快的速度走完迷宫。虽然游戏没有使用倒数计时器，但是，计算机控制的对手总是以恒定的速度移动，从不偏离出口的路径，创造了另一种更优雅的计时器。根据推测，这款游戏能够通过每个迷宫的随机构造创造出超过100万种变化，从而确保玩家不能记住这些模式。其他竞争性迷宫游戏包括《封锁线》(Blockade，精灵公司，1976年），玩家控制不断增长的砖块墙的顶端，砖块逐渐填满游戏空间。当对手撞到一堵砖墙时，不管是谁砌的，玩家都会获得加分。就像《乓》一样，随着时间的推移、机动空间的限制和玩家失误的扩大，玩家想要控制游戏也会变得越来越困难。这个简单的游戏概念被用于CGI首创的迪士尼电影《电子世界争霸战》(Tron，1982年）中的光循环战，并通过游戏《贪吃蛇》(Snake，1997年）在诺基亚移动手机上找到发展途径。

迷宫成为他们的选择，是因为其将单屏游戏空间最大化，并为玩家提供了大量机会，让玩家做出有意义的选择并获得相应结果。20世纪70年代中期发布的一些基于迷宫的游戏开始与射击机制结合起来。由雅达利的伪竞争对手吉尔游戏公司制作的《坦克》(Tank，1974年）借鉴了《太空大战！》的外层空间，放在迷宫中呈现。这款游戏节奏快，与迷宫提供的重要战略元素相结合，是早期数字街机游戏设计者所喜欢的游戏玩法。

《西部枪战》(Western Gun，日本太东公司，1975年）由西角友宏（Tomohiro Nishikado）设计，在迷宫般的美国旧西部岩石和仙人掌景观中与牛仔对战。由于子弹可以在岩石上弹跳，因此，玩法集中于对射击角度的把控。《西部枪战》是第一款由日本设计的适合在美国玩的数字游戏。美国版本的游戏则是大卫·纳丁（Dave Nutting）的《枪战》(Gun Fight，中途制造公司，1975年），这也是极为著名的一款游戏，因为它是第一款使用微处理器的街机游戏。西角友宏对微处理器所带来的更先进的动画和速度印象深刻，于是他决定在后续游戏《太空入侵者》中使用这项技术，具体将在第4章中讨论。

家用游戏机和问题的隐现

随着《乓》的普及和微处理器价格越来越便宜，数十家主要和次要游戏公司在20世纪70年代中后期凭借一些专用游戏机打入新兴的美国本土市场。与后来的基于卡盒式的游戏机不同，专用游戏机具有固定数量的内置游戏。这些后来的第一代家用游戏机绝大多数由《乓》的变体组成，表盘直接集成了拨号。大多使用通用仪器公司的"Pong-on-a-chip" AY-3-8500集成电路，这导致有大量几乎相同的家庭视频游戏产生，也有一些以驾驶游戏为特色。

驾驭流行电视节目和电影的成功

许多数字街机游戏，如《死亡竞赛》，都从电影中寻找新的想法。《大白鲨》（Shark Jaws，1975 年）由雅达利以恐怖游戏的名义制作，取材于史蒂文·斯皮尔伯格 1975 年的电影《大白鲨》。这是一款猫捉老鼠风格的游戏，玩家通过钓鱼，同时避开不断张开和合上两颗的鲨鱼而获得积分。项目系统工程公司（Project Systems Engineering）的《食人族》（Man-Eater，1975 年）游戏使用了类似的风格，但允许两个玩家相互竞争。游戏最有特色的元素是一个由玻璃纤维制成的大鲨鱼嘴状的游戏机柜。弹球机仍然陷入法律纠纷，但也采用电影《巴利的魔法师》（Bally's Wizard，1975 年）的元素，该电影是基于同年的肯·罗素电影《汤米》（Tommy），并以《匿名人》（The Who）的音乐为主。这一时期最著名的借鉴之一是世嘉的"方斯"（Fonz，1976 年），这是一款以电视剧《快乐日子》（Happy Days）中 Fonz 角色为主角的摩托车比赛游戏。

1975 年，米罗华公司停止了对奥赛德的开发，并用游戏机"奥赛德 100"取而代之。"奥赛德 100"采用原始奥德赛的极简主义白色形式，并以空气动力学的形式塑造成明亮的橙红色。它完全脱离电视机，包含基本的声音功能。尽管发生这些变化，"奥德赛 100"还是保留其之前的旋钮控制：一个用于控制 x 轴和 y 轴，另一个用于控制弹道路径。它包含网球和曲棍球两种运动游戏，彼此之间的差异很小，由滑到单位顶部的物理计数器跟踪计分。米罗华公司在 1975 年至 1976 年间发布了 5 款专用游戏机，其中包括 AY-3-8500 动力"奥德赛 300"。具有讽刺意味的是，它包含的游戏与艾伦·奥尔康的《乓》街机游戏几乎完全相同，包括屏幕上的数字打分和各种各样的声音效果（见图 3.11）。

图 3.11 "奥赛德 300"游戏机
（图片来源：埃文·阿莫斯，知识共享许可协议文本）

与此同时，雅达利的布什纳尔、艾伦·奥尔康和其他人仍然在与米罗华公司的诉讼过程中，致力于通过创建自己的芯片将《乓》收为己有。雅达利于 1975 年通过与西尔斯公司（Sears）的合作，发布了专门的游戏机，可以完美重现《乓》，而且是彩色图形。与其他公司一样，雅达利于 1976 年继续发布带有街机适配器的《双人乒乓》和《超级乒乓》的新型专用家用游戏机。美国、日本和欧洲国家的其他公司也纷纷推出《乓》的本土版本。从 1976 年到 1977 年，数字游戏新手科莱科公司发布了 10 多个型号的电星（Telstar）家用游戏机，包括《乓》变体和轻型游戏机。日本玩具制造商任天堂在 1977 年和 1978 年发布了它的第一个家用游戏系统——彩色电视游戏 6（Color TV Game 6）和彩色电视游戏 15（Color TV Game 15）。

这些专用游戏机连同街机中无数克隆版一起，淹没在家用游戏机和街机游戏机市场中，导致 1977 年球类游戏普遍减速并停滞不前。其他类型的赛车游戏也过于饱和，导致该行业的第一次崩溃。1977 年的这次崩溃虽然不像后来 1983 年的那次崩溃具有破坏性，但是，也足以让许多克隆游戏生产商倒闭。雅达利和更大的电子游戏制造商依靠自己的规模能够挺过风波，尽管如此，如果没有真正的游戏设计创新，新兴的家庭和娱乐游戏行业明显将无法生存。

然而，街机游戏和家用游戏机的新概念迅速涌现。在 20 世纪 70 年代末和 80 年代初，街机游戏在艺术和设计领域进入一个特别有创造性的时期，开启了一个将游戏行业推向新高度的黄金时代。与此同时，第二代家用游戏机开始使用卡盒，提供几乎无限的游戏库。我们将在第 4 章和第 5 章中分别讨论街机游戏机和家用游戏机。

4

街机的黄金时代
（1978—1984年）

街机的黄金时代

"黄金时代"这一概念是用来描述过去一个以科技和文化的巨大成就而闻名的神话时代,但是,随之而来的也会是不可避免的衰落。用"黄金时代"的修辞是对20世纪70年代末到80年代初街机游戏的一个恰当比喻,因为在整个数字游戏的历史上,这时的游戏设计师们创造了一些最具标志性的概念、角色和视觉效果。例如,《太空入侵者》中降落的外星人和不可避免的死亡设定,《跳跃人》(Jump Man)中的角色和多色矢量光束图形等。游戏设计师们也探索了一些抽象和非传统的概念。例如,在《射线》(Qix,日本太东公司,1981年)中绘制直线轮廓,或者是在《格斗》(Joust,威廉姆斯电子公司,1982年)中与鸵鸟骑士进行超现实主义的比赛。

这些具有创造性的非运动类游戏的蓬勃发展,在很大程度上是由于公众对数字游戏的理解和玩游戏能力的提升。此外,游戏制造商们也找到了更好的方法来教人们如何玩游戏,包括将简单的指令放置在控制按钮旁,或者是用引导模式,像动画版的指导手册一样,使玩家一步一步地熟悉游戏规则。伴随着像《星球大战》和其他流行科幻小说的大获成功,科幻小说为公众和游戏设计师都提供了一系列的新参考。尽管《计算机空间》在1971年未能使普通大众产生共鸣,但是8年后与它游戏机制相同且更为复杂的《小行星》(Asteroids,雅达利公司,1979年)却广受欢迎。

这些伟大的成就都是在游戏公司激进扩张的背景之下发生的。这些公司在竞争日益激烈的市场中不断巩固已有资源,在加强自身地位的同时,也在削弱其他公司的地位。世嘉于1978年收购了格莱美林(Gremlin),并于1981年制作了世嘉与格莱美林(Sega/Gremlin)合作的游戏,同年把"格莱美林"的名字从合作名单中删除。波利(Bally)的弹球游戏部门于1982年与中途制造(Midway)合并,以"波利/中途制造"(Bally/Midway)的名义制作街机游戏。作为投币游戏无可争议的领导者,雅达利在全球范围内与爱尔兰雅达利(Atari Ireland)合作,后者在整个欧洲制造和销售游戏。

黄金时代的趋势及新观念

黄金时代的游戏和早期数字街机游戏之间的关键区别之一就是游戏的节奏。除了一些明显的差异,早期数字街机游戏的玩法往往是连续的,并且都被限制在特定的时间内,它继承了战后的机电游戏的特征。黄金时代的街机游戏,由于被划分为不同的阶段或级别,往往以较小但更激烈的部分呈现。这样使得游戏变得更有难度,因为每一个关卡都可能引入新的规则、敌人类型或空间布局。结合在任何一个游戏阶段中机动地改变敌人速度的能力,游戏设计师更多地依赖消耗而非计时器来结束一局游戏。将游戏的关卡难度逐步提升,让玩家在早期阶段感受到一种成就感，但是在后期却很容易失败，这样的设定理想是将游戏时间控制在 90 秒或者更短。

简单的覆盖层被彩色图形取代，这也为黄金时代的游戏带来新的活力。游戏中的颜色最早出现在 1975 年，用于区分雅达利的八人赛车游戏《雪地赛车 800》（Indy 800）中的车辆和得分。彩色也是最高机密公司制作的《赛车马球》游戏的主要组成部分，但直到 1980 年才被广泛使用，那时的硬件可以更高效地处理彩色图形，并且彩色显示器的成本也下降了。游戏设计师们超越了当时硬件的限制，在静态的游戏空间中使用预设、可预测的移动对象来使得游戏发挥它的最大效应。像《小行星》这样的游戏不可能建立更多的覆盖层，因为玩家们要对漂浮的小行星进行大量操作。

黄金时代也见证了一种短暂流行同时在该时代广泛使用创建矢量图形的方法。对于计算机来说，运算矢量图形并不算新奇，特别是对于那些可以运行原版《太空大战！》的计算机来说。但是，对于游戏街机来说就是另一回事儿。矢量显示使用一束细微的光束，连接一组点，这些点快速刷新，从而创建出形状的轮廓。在视觉上，矢量图形与栅格类型图形的区别主要在于它们的清晰度和创建强烈明亮图像的能力，矢量图形可以以接近 1 024×768 像素的分辨率显示锐利的线条。相比之下，当时街机游戏中大部分基于栅格的视觉效果的图像分辨率都约为 200×180 像素，这使得游戏无法创造出游戏设计师所希望达到的视觉细节效果。矢量图形创建出了测量单个像素宽度的直线，且当时绝大多数屏幕都是黑色的，这有利于外层空间的展示。与此前一样，到 20 世纪 80 年代初，最初黑白色的矢量图形也过渡到彩色图形。

黄金时代的射击与杀敌游戏

正如第 3 章谈到的那样，太东公司的游戏设计师西角友宏（Tomohiro Nishikado）从他设计的基于晶体管-晶体管逻辑电路的《西部枪战》到微处理器驱动的《枪战》之中，见证了微处理器如何提高游戏的性能。这样的经历使他想用微型处理器来构建他的下一款游戏。西角友宏从 1977 年的电影《星球大战》、雅达利的《突围》和早期的电子机械游戏街机等众多灵感来源中创造了《太空入侵者》。

《太空入侵者》由 55 个太空外星人组成，这些太空外星人从屏幕顶部不断释放弹丸，同时有条不紊地向屏幕的另一边行进，然后降下一排外星人。这种入侵模式一直持续到屏幕底部，外星人一旦接触到屏幕底部，游戏自动结束。作为一个单独的激光炮塔，玩家一次只能发射一发炮弹，击打缓慢下降的外星人，同时要寻找 3 个类似结构的盾牌作为掩体，盾牌每次受到击打都会逐渐被破坏，这一元素让人联想到西角友宏《西部枪战》中那逐渐破损的仙人掌。每一个被毁灭的入侵者都会导致剩下的群体以递增的速度移动，最终会导致最后剩余的一个入侵者高速移动下降。如果最后一个入侵者被摧毁，游戏就会重新开始，一个完整的外星人队伍又将从屏幕顶部慢慢移动开始入侵。

《太空入侵者》的设计非常适合投币式街机游戏。尽管游戏没有计时器，但当外星人越靠近，玩家剩下的时间越短，这一功能也被有效地履行。此外，游戏的特点是动态调整难度，玩家每一次成功的击毁都会使外星人的移动速度加快。因此，就算技能高超的玩家，游戏依旧会很快结束。《太空入侵者》和其他所有黄金时代的街机游戏一样，都很注重累计积分。每一次射击到一个入侵者就会获得相应的积分，为了帮助玩家更快地获得积分，西角友宏还设计了一个会随机飞过屏幕顶部的飞碟，当玩家射中它时，就会获得额外的积分奖励。虽然获得高分并且在排行榜上占据名次成为玩家强有力的激励因素，但是，通过高积分来奖励额外的生命来延长游戏时间这一功能更为直接。这个功能类似于大卫·戈特利布公司的《弹球》（Pinball）游戏机制。就像许多弹球游戏一样，玩家有3次机会开始游戏。

图4.1 《太空入侵者》

《太空入侵者》将早期游戏和其他各式来源的美学元素拼凑在一起，创造出令人难忘的游戏体验。与许多早期数字游戏中的对手不同，西角友宏设计的外星人可以通过各种形态特征进行区分，这些角色和叙述元素很快就被数字游戏吸收采纳。在很多街机游戏的版本中，黑白的图形通过颜色的叠加和镜像得到增强，从而创造出在太空中月球撞击坑的3D效果（见图4.1）。这款游戏引起的最流行的审美元素是一个低调的四音符小调，随着外星人向下入侵的步伐而加速。虽然这个想法最初出现在雅达利双人追击投币游戏《抓到你了》中，《太空入侵者》却让这个简单却让人惴惴不安的音乐更具吸引力，同时增加了玩游戏时的紧张感。

在恰到好处的时间，《太空入侵者》的"射击或被射击"游戏机制在市场上引起轰动。1977年，许多游戏街机和家用游戏机的销售额出现大幅下滑，让一些人认为数字游戏只是昙花一现。《太空入侵者》凭借其独特的游戏玩法和简单直观的游戏概念，在日本首次亮相销售就超过10万台。为其专门设计的新款街机"入侵者之家"中的鸡尾酒和立体酒柜版本，出现在商场等各种公共场所。它的惊人的成功使当时的投币游戏街机重新焕发活力，美国游戏制造商中途岛和太东公司一起在美国以及其他国家合作发行这款游戏。

> **《太空入侵者》与硬币短缺**
>
> 关于《太空入侵者》,有一个故事经常被提起,是说这个游戏实在太受欢迎以至于在当时的日本造成 100 日元硬币短缺。日本造币厂对此也做出反应,开始翻倍铸币,甚至在某些版本中说是最后铸造了原来 100 日元硬币产量的 4 倍。这个传奇的故事常常被用来戏剧性地说明《太空入侵者》的巨大成功以及电子游戏的强大力量。然而这个故事的真实情况是被夸大的,《太空入侵者》和日本造币厂之间的关系也是值得怀疑的。
>
> 首先,尽管《太空入侵者》确实在当时集聚了大量的 100 日元硬币,但是,场地所有者很可能会尽快兑现利润,从而使硬币重新流通。其次,虽然日本造币厂在 1979 年后曾短暂增加产量,但不太可能是因为《太空入侵者》造成的。产量增加的一种合理解释可能与 100 日元硬币中的银含量有关,从而导致了硬币的囤积。从 1957 年到 1967 年,100 日元硬币中含有 60% 的银。在 20 世纪 60 年代后期,白银价格大幅上涨,由于生产成本增加,日本铸币厂停止使用白银制造硬币,这也引发了钱币囤积,从日本走私银币并在银币市场上出售。此外,根据克劳斯《世界货币标准目录(1901—2000)》记载,70 年代中后期铸造的 100 日元硬币的数量实际上是减少了,从 1973 年的 6.8 亿减少到 1978 年的 2.92 亿,这可能是政府试图控制通货膨胀。虽然不会对日本国民经济造成破坏性的影响,但是,综合因素可能会导致局部地区硬币短缺。尽管如此,从 1979 年到 1980 年,日本造币厂增加其硬币产量,但也远远低于 1973 年的增速。因此,《太空入侵者》是在低硬币造币期推出的,那时旧款硬币又不太可能在市场上流通,这就使情况变得复杂。

《太空入侵者》之所以能够帮助整个产业复苏,部分原因是由于其他游戏受《太空入侵者》的启发或者是直接克隆的泛滥。几乎每个主流或非主流的游戏平台,无论是街机、家用计算机还是家用游戏机,都有一个炮塔或其他载具以及向敌人射击时左右闪避的版本。《太空热潮》(Space Fever,任天堂公司,1978 年)、《太空袭击》(Space Attack,世嘉公司,1979 年)、《TI 入侵者》(TI Invaders,德州仪器公司,1981 年)等游戏都直接复制了它的成功模式。

《太空入侵者》的基本概念在日本的射击游戏中非常普遍,并且很快被升级修改为一种称作纵向垂直卷轴的游戏模式——"向上射击"。在南梦宫制作的游戏中,看到的增量迭代显示了这一进展:在《星空飞箭》(Galaxian,1979 年)中,敌人打破阵型,"俯冲轰炸"玩家;在《小蜜蜂》(Galaga,1981 年)中,玩家可以同时射击多次并升级他们的飞船;在《太空战记》(Xevious,1982 年)中,玩家可以向 4 个方向移动,在垂直滚动的景观上飞行,并与战斗级别的 Boss 对战。需要指出的是,这些游戏的想法并不一定源于此前的游戏,但它们说明,随着游戏玩法变得更快,屏幕上投射物的数量增加和类型更换以及玩家的生存机会减少,这一类型的游戏开始变得日益复杂。在游戏设计师与熟练玩家群体的博弈中,随着后来《1942》(1942,卡普空公司,1984 年)和《雷电》(Raiden,西武古川公司,1990 年)等动作射击游戏概念的发展,玩家想要玩好游戏，就需要记住越来越复杂的各种游戏模式。

虽然带有射击元素的游戏在街机游戏的黄金时代占据统治地位，但并非所有游戏都和《太空入侵者》类似。许多新一代的游戏设计师在大学的计算机实验室里玩过《太空大战！》，它仍然有很大的影响力。《太空战争》将1963年的决斗游戏转换成街机游戏，并且保留黑客式的能力，包括切换修改游戏的难度等控制因素。它也是第一款使用矢量图形显示方式的投币游戏。由莱尔·瑞恩斯（Lyle Rains）和艾德·罗格（Ed Logg）设计、雅达利出品的《小行星》也建立在这些概念的基础上，玩家可以对游戏空间进行放大，通过射击漂浮的矢量图形小行星来使它逐渐变成小的碎片。其他类似的游戏《戈夫》（Gorf，中途制造公司，1981年）也是结合了很多射击游戏的概念，该游戏还提供了5种不同的主题类型以供选择。

射手设计、输入和主题的其他方向

20世纪80年代的游戏创作者提出许多偏离现有概念的设计，他们不仅追求不同的设计方向，而且追求新颖的交互方法。例如，戴维·托伊雷尔（Dave Theurer）的《暴风雨》（Tempest，雅达利公司，1981年）开始尝试创建第一人称版本的《太空入侵者》。随着游戏的进展，它与《暴风雨》里出现的从洞中爬出来怪物的噩梦元素融合在一起。游戏最终呈现的是玩家在一个被挤压的多边形的轮廓处机动游走，并射击靠近自己的生物（见图4.2）。当这些生物到达边缘的时候，它们就翻转过来朝向玩家的方向并试图将玩家拖拽下去。《太空入侵者》、《太空战争》和《小行星》等游戏使用按钮发出包括向左或向右移动等的所有指令，《暴风雨》则使用类似《乓》的拨盘。这些设置减少了输入的数量，使玩家能够更直观地围绕游戏空间顺时针或逆时针移动。

在20世纪80年代，许多射击游戏的主题与当时的焦虑产生强烈的共鸣，为游戏提供了更深层的意义。尤金·贾维斯（Eugene Jarvis）的《机器人2084》（Robotron 2084，威廉姆斯电子公司，1982年）使用一个设计流畅的双操纵杆，允许玩家在一个方向上移动，同时在另一个方向上进行射击（见图4.3）。贾维斯的游戏概念主要是保护世界上最后一个人类家庭免受机器人暴动而造成的伤害，这种概念和他早期的横向卷轴射击游戏《捍卫者》（Defender，威廉姆斯电子公司，1981年）类似。在《机器人2084》中，每完成一关，玩家和逃离的家庭周围都会产生

图4.2 虽然彩色矢量图形技术已经被开发用于游戏空间决斗，但首先发布的是《暴风雨》

更大的波浪和更多的敌人。疯狂的游戏玩法一直持续到所有家庭成员死亡或玩家被敌人击败。像《太空入侵者》一样，比赛是无法获胜的。贾维斯的游戏引起许多工业化国家日益严重的技术恐惧，因为计算机已经引发了日常生活的革命。尽管"反叛造物主"这一概念在文学中是一个古老而熟悉的主题，但在那个时代的科幻小说中尤其突出，如《西部世界》（Westworld）、《银翼杀手》（Blade Runner）和《终结者》（The Terminator）。

游戏设计与时代背景之间联系最紧密的作品之一是戴维·托伊雷尔（Dave Theurer）的《导弹指挥部》（Missile Command，雅达利公司，1980年）。《导弹指挥部》采用一种让人想起早期机电导弹发射游戏的射击概念。玩家使用轨迹球而不是操纵杆，在行星表面上方的天空中操纵一根"十"字准线，试图拦截射向6个城市的敌方导弹。这款游戏就像70年代末和80年代初的大部分街机游戏一样，属于消耗型，是无法"赢"的游戏。每到下一关，敌人的导弹移动得更快、更多，直到玩家失去所有的城市。这款游戏同时也是该时期街机游戏的典型代表，技能娴熟的玩家通过获得一个奖励城市来取代一个被摧毁的城市，从而延长游戏时间。

图4.3 《机器人2084》
（图片来源：阿卡迪亚，麦克林，伊利诺伊州，www.vintagevideogames.com）

然而，《导弹指挥部》的主题和设计透露出一种纯粹的虚无主义意味：一旦导弹从天上坠落，就无法赢得胜利。冷战期间美国和苏联拥有大量的核武器，造成极其紧张的局面，两国都没有发射第一枚导弹，但都时刻准备进行报复。这一时政背景为游戏提供了基础，戴维·托伊雷尔不喜欢向对立城市发射导弹的想法，像西角友宏和尤金·贾维斯一样，他将游戏转向以防御行动为主。在游戏初期，游戏的城市以加州海岸城市命名。随着游戏发展，如果玩家用完了导弹或者他们的发射筒被毁坏，游戏也并不会结束，而是玩家被迫眼睁睁地看着城市毁灭。当最后一个城市消失后，游戏闪现出"游戏结束"的字样，衍生出不仅仅是游戏结束的深层含义。

街机游戏中更强的角色和叙事能力

在投币街机游戏的历史发展过程中，角色和叙事几乎没有什么特色。叙事的问题在于投币游戏只设计了大约90秒的游戏时间，情节和角色的发展通常需要更多的时间才能展开，而制造成本、时间限制和游戏玩法是会被优先考虑的部分。尽管如此，20世纪80年代的投币游戏设计师开始给他们的角色和叙事赋予更多的个性和特色。早期的方法包括扩大游戏的吸引模式，包括解释《机器人2084》里游戏冲突原因的文本，还有设计师使用简单的非交互式动画

图 4.4 南梦宫北美分销商中途制造公司的标志性吃豆人商场柜式街机
（图片来源：阿卡迪亚，麦克林，伊利诺伊州，www.vintagevideogames.com）

过渡。叙事的融入最终使设计师能够探索更多媒体的表现力，并摆脱早期投币式街机游戏的限制。

日本的投币游戏开发者在将角色和叙事融入游戏方面特别成功。岩谷彻（Toru Iwatani）设计的《吃豆人》是一个在迷宫中吃豆的游戏。它的特色在于这个吃豆人的角色，是一个黄色的圆圈带着楔形的嘴巴，被 4 个色彩鲜艳的鬼魂追踪（见图 4.4）。吃豆人并不是第一款躲避追逐同时积累点数的游戏，因为《对决》（Head On，世嘉/格莱美林公司，1979 年）和《太空追逐》（Space Chaser，日本太东公司，1979 年）以前也使用过这个概念。然而，《吃豆人》是一款更具有吸引力的游戏，通过对颜色、声音和有趣机制的巧妙运用来吸引玩家。

当玩家吞掉迷宫 4 个能量球中的一个，所有的鬼魂就变成亮蓝色，突然移动速度变慢，改变了运动模式。游戏状态的改变赋予吃豆人有了暂时吃鬼魂的能力，这种转变还伴随游戏声音效果的变化，形成一系列快速的"哔哔"声。每个鬼魂在能量消耗快结束时闪烁蓝白色，之后鬼魂的颜色和背景音效恢复到原来的状态。岩谷彻在《吃豆人》中使用颜色和声音，在向玩家传达游戏的状态变化方面发挥了至关重要的作用。

岩谷彻还将游戏中的 4 个鬼魂赋予不同的个性，每一个鬼魂有独特的颜色、名称和绰号。它还通过简单的编程来控制鬼魂的移动，彰显鬼魂独特的个性，让每个跟踪吃豆人的鬼魂在迷宫中的轨迹都不同。这也是第一个利用相互构建的剪辑场景来创造小故事的游戏。这些场景重点展现了吃豆人与名叫"布林奇"（Blinky）的红色鬼魂之间的对抗关系。每个剪辑场景都是从屏幕下的布林奇追逐吃豆人开始，就是为了让被追逐的失败者展现出某种幽默感。在第一部分场景中，布林奇将吃豆人逐出屏幕后，很快又以蓝色的形式重新出现，反而被变大的吃豆人追着跑。在另一幕场景中，布林奇在一根柱子上抓到红色的"床单"后撕掉它，而最后一个场景中布林奇用一张补过补丁的床单眨眼，把吃豆人从屏幕上追出去，结果又把红色的床单拖在后面、赤身裸体一般跑出来。

《吃豆人》之后出现了一些类似的"迷宫游戏"，如《迷宫追踪》（Lock "n" Chase，东方数据公司，1981 年）以及其他相似的游戏，其中大部分游戏并没有表现出此前游戏的精致程度或特征描述。由南梦宫的美国分销商中途制造公司设计的《吃豆女士》（Ms. Pac-Man，1982 年）则是个例外（见图 4.5）。《吃豆女士》最初作为名叫"疯狂奥图"（Crazy Otto，通用计算机公司，

1981年）的《吃豆人》机器的转换工具包，它添加了更多迷宫布局，提高了游戏的速度，改变了可供选择的鬼魂形象。然而，雅达利公司就《导弹指挥部》的转换套件提起诉讼，禁止通用计算机公司在未经原始创建者许可的情况下再制造任何套件。为了使用"疯狂奥图"这款游戏机，通用计算机公司将这款游戏展示给中途岛公司，中途岛将其重新命名为《吃豆女士》，这款游戏也成为黄金时代最成功的街机游戏之一。游戏遵循原来《吃豆人》的设定，讲述了"吃豆人"与"吃豆女士"相遇、坠入爱河并孕育了"小吃豆人"。中途制造公司进一步延续《小吃豆人》（Jr. Pac-Man，1983年）的风潮，利用此前的滚轴方式进入太空，讲述"小吃豆人"和红色鬼魂布林奇女儿的浪漫故事。

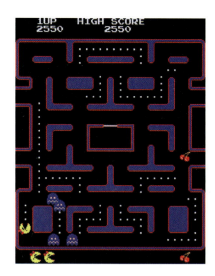

图 4.5 《吃豆女士》

游戏《吃豆人》中的动画片段与游戏分离，是作为完全独立的部分存在的。任天堂的宫本茂（Shigeru Miyamoto）在游戏《大金刚》（Donkey Kong，1981年）中找到将故事与游戏更加紧密结合的方法。与其他当代游戏设计师不同，宫本茂不是一名计算机程序员，他在工业设计方面接受过系统的培训，并能熟悉地从用户的角度来处理设计问题。虽然很多早期成功的游戏设计师能够直观地表述自己的这些想法，但宫本茂的方法展现了他作为艺术家的能力。这种艺术和设计的背景，加上他童年在日本农村探索空间的经历，最终形成充满异想天开人物和诙谐角色探索的标志性游戏风格。

宫本茂在任天堂的工作是从设计部门开始的，在那里他为两款专用主机设计外形和界面，并为多款游戏创作角色艺术品。他表现出的设计灵感和能力，体现在他为任天堂创造的一款名为"大金刚"的游戏（见图 4.6）。与其他游戏设计师不同的是，宫本茂首先开始构建自己的角色和故事，而不是按照预先定义的游戏格式。他从童话故事《美女与野兽》、电影《金刚》和动画片《大力水手》中汲取灵感。宫本茂创造了将角色和行为与独特的游戏设计融为一体的场景。在游戏机中投入 25 美分硬币后，会出现一个简短的开场动画：一只大猩猩抱着一位名叫"女士"（lady）（后来改名为"宝琳"）的女子上楼，背景中播放着不祥的音乐。一到楼顶，大猩猩就开始跺脚，踩扁各种建筑物的平台使之变形。宫本茂提供了一个名为"跳跃人"（Jumpman，后来称为"马里奥"）的角色，帮助玩家即时理解角色，以及学会如何操控建筑物以拯救"女士"——这是一种采用叙

图 4.6 《大金刚》
（图片来源：阿卡迪亚，麦克林，伊利诺伊州，www.vintagevideogames.com）

事方式指导游戏的玩法。

《大金刚》也代表了街机游戏内容的重大变化。以前的游戏通常是为玩家提供每个阶段的单一任务，这些任务在《太空入侵者》和《吃豆人》中都是变得越来越困难。由于《大金刚》是基于一系列叙事概念，宫本茂将游戏分为 4 个部分展开。在游戏的时间限制内，游戏机屏幕显示把"女士"举到最高的玩家会看到大猩猩抱起她并爬得更高。经过短暂的停顿并显示已经有 25 米的高度之后，游戏继续，并让玩家从完全不同的游戏关卡底部开始。这个系列重复 3 次，有效地创造了 4 个独立的游戏，每个游戏都有不同的主题以及独特的跳跃和攀爬挑战。玩家需要在第一阶段跳过桶，在第二阶段控制电梯，在第三阶段跳过传送带，并在游戏的最后阶段断开支撑平台的挂钩。在最后一段结束时，玩家看到一小段平台崩塌，而"跳跃人"和"女士"共享一段浪漫时刻，故事就此结束。这是投币式街机游戏的第一个故事结局。然后玩家再次通过关卡，每次都会因为行为模式和对手速度的微小变化而变得更加困难。《大金刚》在世界各地取得了成功，也标志着任天堂统治地位的开始，并展示了游戏中艺术和叙事这两个以前很少受到关注领域的重要性。

《大金刚》的续集《小金刚》（Donkey Kong Jr，任天堂公司，1982 年）将该角色传递给大金刚的儿子，目的是为了让他的父亲免受类似马里奥"跳跃人"的囚禁。就像它的前一款游戏一样，这场比赛的基础是跳跃、攀登，并避开从大金刚的家到马里奥的秘密藏身处等 4 个不同阶段的陷阱。游戏探索更广泛的情感，因为小金刚在他每次到达台阶顶部与他爸爸重聚时会表现得兴高采烈，马里奥将笼子从屏幕上推下来则令他感到悲伤。游戏的最后一关就是小金刚解锁他父亲的笼子，他们两个在马里奥的追逐下高兴地在屏幕上跳跃。在离开屏幕前，大金刚的大脚幽默地将马里奥踢向空中，帮助他逃跑。

《吃豆人》和《大金刚》引发了一系列的以角色为中心的攀登式或迷宫式街机游戏风潮：《跳方块》（Q bert，大卫·戈特利布公司，1982 年）、《打空气》（Dig Dug，南梦宫公司，1982 年）、《企鹅大冒险》（Pengo，世嘉公司，1982 年）、《汉堡时代》（Burgertime，百丽／中途制造公司，1982 年）、《马里奥兄弟》（Mario Bros，任天堂公司，1983 年）、《魔界村》（Ghosts'n Goblins，卡普空公司，1985 年）和《泡泡龙》（Bubble Bobble，日本太东公司，1986 年）等。在 20 世纪 80 年代末和 90 年代，诸如"击败他们"和"一对一格斗"游戏等新的街机类型继续追随这种趋势，因为他们也在游戏中创造了个性鲜明的角色（参见第 7 章）。

激光视盘，叙事和游戏

如《吃豆人》和《大金刚》所展现的那样，在游戏的关卡中间插入剪辑的动画，成为处理游戏叙事的主要方法。像《龙穴历险记》（Dragon's Lair，电影机械公司，1983 年）这样的投币游戏则代表把故事和游戏玩法结合起来的替代方法的暂时追求（见图 4.7）。与这一时期典型的栅格或矢量图形不同，《龙穴历险记》采用前迪士尼动画师唐·布鲁斯（Don Bluth）工作室手工绘制的动画视觉效果。这个游戏的故事以一位名叫"短剑德克"（Dirk the Daring）的骑士为中心，他需要努力地在一座充满危险和挑战的城堡中生存下来，从一头喷火龙的魔爪下拯救出达芙妮公主。插入剪辑的动画这样的方法和唐·布鲁斯工作室的完美演绎，使《龙穴历险记》中的角色成为数字游戏中最为成熟的人物形象。

图 4.7 《龙穴历险记》
（图片来源：数字娱乐公司）

在《龙穴历险记》中，玩家们观看动画片段，并在关键时刻使用游戏杆和动作按钮对屏幕上的闪烁片段做出反应。例如，游戏的开场白是"短剑德克"穿过吊桥，从一个危险的地方摔了下来。在"短剑德克"悬垂的脚下，一只有触角的怪物伸手去抓他，此时玩家需要按下"剑"的按钮来抵御怪物。没有以适当的方式作出反应或者反应速度太慢的玩家则会看到"短剑德克"以黑色喜剧的方式消失在屏幕上。而看到"短剑德克"的成功玩家，不管是靠技巧还是运气，则会通过游戏里细致入微的动作感受到个性化的角色。由于游戏玩法快速而激烈，在《龙穴历险记》的叙事中不时穿插着一系列威胁，这比动画电影更为典型。

《龙穴历险记》的设计采用最新的激光光碟技术塑造。激光光碟将信息存储在可以快速和非线性访问的片段中，而不是以线性格式的胶片为基础的媒介。这种设置允许玩家几乎可以立即看到每一个动作的后果，为玩家提供对动画角色的控制感。游戏玩法其实完全是线性的，玩家要么做出正确的选择、推进故事，要么做出错误的选择而死亡，但是，游戏角色本身的力量以及玩家期待看到故事后续的愿望足以让《龙穴历险记》成为一款成功的游戏。它也影响

第4章 街机的黄金时代

图 4.8 《电子世界争霸战》的游戏柜机采用电影中用于机柜艺术的黑色灯光和高质量图形
（图片来源：阿卡迪亚，麦克林，伊利诺伊州，www.vintagevideogames.com）

了黄金时代的街机游戏，如《太空高手》（Space Ace，电影机械公司，1984年）等"交互式电影"游戏受其影响并短暂流行。

激光光碟技术还与传统的栅格图形结合使用，为尝试具有真实感的游戏概念提供全新的视角。射击类游戏《银河战纪》（Astron Belt，世嘉公司，1983年）和《机器战》（MACH 3，我星电子公司，1983年）使用光栅图形的太空飞船和战斗机叠加在不同的环境中，以便玩家向敌人发出波浪式射击时提供一种无与伦比的空间移动感。另一个动作飞行游戏《火狐》（Firefox，雅达利公司，1984年）使用1982年克林特·伊斯特伍德（Clint Eastwood）拍摄的同名电影镜头。由于这种激光光碟播放器需要在合适的场景播放，而游戏又缺乏重玩的价值，这就限制了这些游戏的长期发展。

街机游戏设计的折衷方法

20世纪80年代早期的街机游戏面临来自家用游戏机和家用计算机日益激烈的竞争，因为这些平台能够提供更多种类的内容和更长时间的游戏（参见第5章和第6章）。几位经验丰富的投币式游戏设计师应对新需求的挑战，就有了短暂的"混合风格"的游戏实验。"混合风格"游戏将几种独特的游戏类型组合成一系列连续游戏，防止玩家在任何一种游戏模式中停留太久。

在1982—1983年间，街机游戏设计的折衷方法特别明显，影响了包括由迪士尼制作同名电影《电子世界争霸战》（Tron，百丽/中途制造公司，1982年）等游戏（见图4.8）。游戏给玩家提供了4种不同的游戏风格，这些游戏类型都受电影启发。4款游戏都使用一种现有的类型：类似于格莱美林公司早期街机游戏《封锁线》的轻循环战斗游戏，一种基于坦克和迷宫的游戏，让人想起凯游戏公司制作的《坦克》，还有两款类似于太东公司《西部枪战》的单人射击游戏。

雅达利公司的最后一个矢量图形游戏是欧文·卢宾（Owen Rubin）设计的《大浩劫》（Major Havoc，1983年）（见图4.9）。《大浩劫》主要结合了3种不同的游戏类型：一种是抵抗外星船上的机器人来保护空间站，第二种是空间站表面的着陆游戏，第三种是空间站内的低重力迷宫/平台游戏。所有这些关卡都通过简短的动画顺畅地连接在一起。每次玩家完成3个阶段关卡时，外星船机器人都变得更具攻击性，着陆空间变小，迷宫也变得更加危险。这一时期还有狂热的《动物园守护者》（Zoo

图 4.9 《大浩劫》独特的机柜风格体现了20世纪80年代电子产品的"高科技"美学；为《大浩劫》而定制的机柜风格也被用于雅达利那个时代的其他游戏上，如《火狐》《我，机器人》和《绝地归来》

Keeper，日本太东公司，1982 年）和《旅行》（Journey，百丽 / 中途制造公司，1983 年）等游戏。《旅行》是一款基于摇滚乐队之旅的游戏，该游戏以乐队成员的数字化面孔为特色。

戴夫·泰勒的《我，机器人》（I, Robot，雅达利公司，1983 年）代表了黄金时代投币游戏复杂性的新高度。它由 3 种游戏类型组成，并且包含一种纯粹的艺术模式，允许玩家使用游戏中的视觉元素创作艺术作品。此外，《我，机器人》是第一款利用计算机生成 3D 图像的街机游戏（见图 4.10）。这些元素促成超现实的、异常复杂的多类型游戏的诞生，在游戏中，玩家作为一个"界面机器人"与"老大哥"和他的"邪恶之眼"展开战斗。第一部分游戏是在类似迷宫的空间中跑步和跳跃，并将红色方格变成蓝色，同时避开飞鸟、鲨鱼、"嗡嗡"作响的锯和"邪恶之眼"的目光。游戏的第二部分则是一个卷轴的空间射击游戏，从玩家的角度出发向敌方部队和阵队进行射击。在此之后，玩家需要安全降落在平台上，并再次开始新一轮的游戏。戴夫·泰勒的《我，机器人》和卢宾的《大浩劫》都要求玩家学习更复杂的游戏模式，因为每个级别都采用新的敌对行为或移动模式。尽管仍然基于耗损而不是计时，但这提供了一种替代方法来提升游戏的难度，而不仅仅是通过让敌人加速来增加游戏的难度。

图 4.10 《我，机器人》

"混合风格"游戏的操作

"混合风格"游戏提出一个有趣的设计挑战：如何创建一个操作方案，保持有足够的直观性以避免玩家混淆，同时能够适用于每个游戏。此外，设计师需要确保每款游戏都采用所有的操作方式，因为对其中任何一种游戏类型的把控偏差都会让玩家产生迷惑。像《戈夫》这样的游戏更容易连接游戏和界面，因为每场比赛都是射击这种类型，只需要一个移动操纵杆和一个按钮即可射击。《电子世界争霸战》使用带有按钮和按键的游戏操作杆，但 4 种模式中的一种——"光循环战"仅需要使用游戏杆。不过，《大浩劫》发现了一种可以使用不同控制器类型在 3 种不同游戏模式之间进行通用输入操作的方法。游戏的设计师欧文·卢宾利用一个"动作"按钮和一个独特的可以向左右旋转的圆柱滚轴来控制。滚轴允许玩家在射击时左右移动飞船，进入下一段着陆位置，并指挥玩家角色向左或向右穿过迷宫/平台部分。

如前所述，《我，机器人》是第一个使用实体 3D 计算机生成图像的投币游戏。这避免了像《暴风雨》、《战争地带》（Battle Zone，雅达利公司，1980 年）

和《星际战争》(Star Wars，雅达利公司，1980 年)这类早期基于矢量的 3D 游戏中隐藏线的去除问题。《暴风雨》使用这种图像不仅仅是新颖性，而且是以影响游戏的方式将其整合。在《我，机器人》中，玩家可以随时循环观看游戏空间的不同透视图，每个透视图都位于距玩家角色不同的高度和距离。距离较远的视角为玩家提供更多信息，从而使游戏更容易进行。《暴风雨》对游戏进行编程，以减少玩家获得的点数。相反地，对游戏空间的近距离观察使游戏变得更加困难，但会获得更多的积分。硬件的 3D 功能也拓展到游戏之外的其他应用程序之中。玩家可以参与《我，机器人》中被称作 "ungame" 的所谓涂鸦城市，而不仅是玩游戏本身，玩家可以在 3 分钟内使用游戏的视觉元素 "绘制" 屏幕，创建的作品是超现实的，每个物体都留下油漆痕迹，并且可以从多个角度旋转。

然而，将多种类型的投币游戏推入新的实验性领域的创新尝试，在经济效益上既有收获也有损失。像《戈夫》和《电子世界争霸战》这样的游戏在属于它们的时代获得广泛的赞誉和成功，但《大浩劫》和《我，机器人》则被淘汰，因为它们的设计对于投币游戏玩家来说实在太过于深奥。这些游戏，几乎没有一个被制作出来，因此掩盖了它们的成就。例如，像《我，机器人》中的立体 3D 图形——直到 20 世纪 80 年代末才回到投币游戏世界。

街机游戏黄金时代的终结

街机游戏中的巨大利润潜能让许多人认为街机是无限盈利的源泉，然而这一想法很快就被证明是错误的。当 1983 年北美家用游戏机市场崩溃时（参见第 5 章），风波也蔓延到投币游戏中，这个市场被显著地削弱了。20 世纪 80 年代后期，家用游戏机市场恢复，家用计算机开始展现出更大的游戏潜力，标志着公共空间的游戏发生决定性的转变。家用游戏机和计算机游戏没有像街机一样需要有资金不断支持，可以随意使用更多种类的游戏设计概念吸引了更多的玩家。虽然基于街机的战斗游戏和 3D 赛车游戏对 20 世纪 80 年代后期和 90 年代初的其他游戏内容产生重大影响（参见第 7 章），但是，投币游戏再也无法重新获得以前的地位。因此，黄金时代同时也标志着 19 世纪末投币街机游戏时代的高度以及它的终结。尽管如此，与街机游戏黄金时代相关的理念对许多独立游戏设计人来说产生了巨大影响，他们也致力于恢复那些早已被世人遗忘的各种概念和构想（参见第 10 章）。

卡盒与家用游戏机
（1976—1984 年）

第二代家用游戏机

乒乓球游戏变体的机器主宰了第一代家用游戏机。这些机器的主要缺点是无法提供新的内容。一旦游戏的新鲜感消失,玩家将很快厌倦。正如第 3 章所讨论的那样,这些机器在 20 世纪 70 年代中后期完全占领在消费者市场,并导致 1977 年的市场崩溃。在这种趋势放缓之前,飞兆半导体(Fairchild Semiconductor)公司与雅达利各自探索了一种替代家用游戏机的方法(见图 5.1)。这种方法的灵感来自计算机,因为一个程序可以在游戏机的内存中进行切换,这就潜在地为无限游戏库提供了可能。其他公司后来也遵循这一设计理念,因为家用游戏机市场在 80 年代初迅速扩张,导致激烈的竞争。大约从 1976 年到 1983 年,这些第二代家用游戏机引入游戏概念和商业实践,开启该行业数十年的发展。

图 5.1 飞兆半导体公司于 1976 年发布了第一款真正基于卡盒的家用游戏机,主要部件由工程师杰瑞·劳森设计,包含许多内置游戏以及卡盒端口;该设备最显著的特点是其非常规的控制器,结合了一个按钮和旋转式方向控制器棒
(图片来源:埃文·阿莫斯,CC BY-SA 3.0)

与以前的专用游戏机一样,街机游戏也有助于推动第二代家用游戏机的普及。雅达利是全球最大的投币游戏开发商,尤其受益于将街机游戏热销产品移植到家用游戏机上,而科莱科公司则与街机游戏开发商一起推行独家代理许可。即使不是源自街机的游戏,也通常设计有街机游戏般的品质。尽管从街机游戏继承了设计理念的主导思想,但这段时期发展出一种更适合在家玩的游戏设计新方法。这些游戏利用更大、更复杂的游戏空间,集中在探索与发现未知上。因此,游戏玩法的长度以几十分钟为增量来衡量,在最极端的情况下也以小时为增量来衡量,与街机游戏设计师喜欢的 90 秒游戏玩法不同。

游戏设计的新概念,以及为家庭而重新设计的街机游戏,在 20 世纪 80 年代初加速了这个年轻行业的发展。到 1982 年,该行业达到前所未有的高度,之后才出现戏剧性的逆转:多次试图快速攫取利润而导致游戏设计不佳造成的不稳定,削弱了消费者的需求,导致 1983 年北美游戏行业的崩溃。像雅达利这样的公司剥离其相关部门,而其他许多公司(如科莱科和美泰)则完全退出电子游戏市场。这一空白让任天堂、世嘉和索尼等日本公司从 80 年代后期到今日的大部分时间都在家用游戏机市场占据主导地位。

雅达利和视频计算机系统

在家庭《乓》设备成功之后,雅达利于 1977 年发布了一款名为"视频计算机系统"(Video Computer System,VCS,后来以产品编号更名为"2600")

的卡盒式游戏机。像奥德赛和 F 频道游戏机，它们适用于家庭起居室，被设计成人造木质外壳，这与 20 世纪 70 年代的家用电子设备的外形趋势相匹配，这也是家用游戏机最具标志性的物理特征（见图 5.2）。雅达利的街机游戏背景在该装置两个主控制器设计中显而易见：一个是旋转拨杆，另一个是单键操纵杆。然而，操纵杆并不特别适合在家中操作，因为玩家需要一只手握住其基座，并用另一只手操纵拨杆，这种尴尬导致频繁的手部抽筋，但是，却让游戏设计者更容易将街机游戏的基本操作转换到家用游戏机的使用场景中。

图 5.2　雅达利视频计算机系统几款型号中的第一款被称为 "Heavy Sixer"，与雅达利的《乓》游戏机一样，西尔斯公司（Sears）也发布了视频计算机系统版本以及 "Telegames" 品牌下的众多卡盒
（图片来源：埃文·阿莫斯，CC BY-SA 3.0）

与当时的其他游戏机一样，视频计算机系统被作为一台能够提供许多应用程序的机器向公众发布。它发布的游戏从《基础数学》（Basic Math，雅达利公司，1977 年，一款以解决小学数学问题为中心的教育游戏）到模拟纸牌游戏《黑杰克》（Blackjack，雅达利公司，1977 年，中国人俗称的 "21" 点）。推出的大多数游戏包括直接从受欢迎的街机游戏移植过来或受其启发的游戏：《包围》（Surround，雅达利公司，1977 年）实际上是迷宫游戏《封锁线》的变体；《雪地赛车 500》（Indy 500，雅达利公司，1977 年）和雅达利《撞击得分》都是与《豪华赛道 10》相似的游戏；《对战》（Combat，雅达利公司，1977 年）是《坦克》和《飞机驾驶员》（Jet Fighter，1975 年）的变体；《奥林匹克》（Video Olympics，雅达利公司，1977 年）则展示了雅达利《乓》游戏的变体。视频计算机系统的首次亮相并未立即取得成功。制作质量方面的问题困扰着该系统，而专用游戏机过剩也减缓了家用视频游戏的销售。1980 年，视频计算机系统取得重大进展，逆转而上成为美国本土市场的领导者，并掩盖了 F 频道游戏机的光芒。

视频计算机系统的游戏设计

因为视频计算机系统游戏有严格的限制，该机器的大部分开发时间主要用于寻找显示游戏和实现程序员目标的方法上。从最早的概念来看，视频计算机系统被设计用来玩《乓》和《多人乒乓》等 "球" 类和 "拍" 类游戏，以及《坦克》和《飞机驾驶员》等决斗/射击游戏。因此，该装置的硬件被设计用于生成两个投射物——一个球和两个由玩家控制的小部件（用于独立地移动放置在背景上的物体）。此外，加载到设备中的卡盒最初仅保存 2～4 千字节的内存，而视频计算机系统最多只能保存 128 字节的数据。

尽管存在这些限制，但一旦掌握视频计算机系统的独特性，它就具有显著的灵活性，而且使用寿命也会超过预期。例如，《国际象棋》（Video Chess，雅达利公司，1979年）为这些限制提出一套特别聪明的解决方案。程序员拉里·瓦格纳（Larry Wagner）花了两年时间编写在视频计算机系统上下棋的算法，其中最困难的部分是在屏幕上显示这些棋子。一个标准的国际象棋游戏给每个棋手16个棋子，每列两行，每行8个点。将其转换为视频计算机系统意味着将8个点连续放置。虽然某些技术允许程序员在屏幕上放置更多控制点，但是，8个控制点彼此相邻放置超过了本机的能力。艾丁·瓦格纳（Aiding Wagner）是雅达利程序员鲍勃·怀特海德（Bob Whitehead）的同事，他开发了一种叫"威尼斯百叶窗"（Venetian Blinds）的图形技术，它将每个棋子都分成水平线和水平空间的部分。然后，其他每一块都相对于它的相邻部分进行偏移，从而在成排的小块之间形成一种轻微的波浪状图案。这种技术将每行的控制点从8个减少到4个，当与其他技术结合使用时，视频计算机系统就可以显示完整的国际象棋游戏。"威尼斯百叶窗"技术在其他几个游戏中得到应用，并且在视频计算机系统版本的《太空入侵者》的得分读数中也有所体现（见图5.3）。《国际象棋》对机器消耗很大，以至于没有足够的资源来计算对手的移动并同时显示这些棋子，这导致随机产生的颜色短暂地在屏幕之间闪烁。

图5.3　雅达利视频计算机系统的《太空入侵者》

《国际象棋》的发展使得程序员在视频计算机系统使用存储体。虽然《国际象棋》的最终版本没有使用，但存储体转换是一种解决方案，允许程序员使用一个双倍大小的8千字节卡盒。这腾出更多的空间，游戏可以拥有更多的游戏内容、更高质量的动画和更多种类的视觉效果。1981年视频计算机系统的《小行星》游戏首先使用这一技术。由于更高容量卡盒的价格变得更高效，雅达利及其竞争对手后来都采用了这种技术。

雅达利的变化

20世纪70年代中后期，雅达利发生一些变化。雅达利需要大量注资来生产视频计算机系统，于是，1976年将公司出售给华纳通信公司。凭借华纳通信公司的资金支持，雅达利的规模不断扩大，尤其是已经发展良好的国际业务规模进一步扩大。然而，此次收购最终导致华纳通信公司传统管理结构与雅达利宽松商业文化的冲突。此外，诺兰·布什内尔越来越被他的新业务"查克·奇斯的披萨时间剧院"（Chuck E. Cheese's Pizza Time Theatre）分散注意力，这迫使华纳通信公司开始变革。布什内尔于1979年从行政部门被撤职并离开雅达利。在布什内尔之后，公司原有管理层的其他几个人也离职了。在这些人离职之后，雅达利的新经理们重新调整了公司的重心，支持市场营销和广告，并将更多的注意力放在视频计算机系统上。因此，市场营销不仅决定制作哪款游戏，也决定游戏的发行时间，这导致在雅达利之外的一段激烈的街机授权争夺期。首先是任天堂的《太空入侵者》街机游戏改编为视频计算机系统。街机版的《太空入侵者》大受欢迎，但玩家购买新的视频计算机系统只是为了在家里玩游戏。这带来了惊人的短期利润，但也带来一些隐患，最终让公司陷入困境。

国内市场竞争

第三方开发者的出现

在第二代游戏机中，一个人负责游戏开发的所有部分（设计、编程、图形、声音等），都是很常见的。因此，个别特别有才华的人为公司带来巨大的利润。例如，大卫·克莱恩（David Crane）、鲍勃·怀特海德、艾伦·米勒（Alan Miller）和拉里·卡普兰（Larry Kaplan）开发的游戏的利润占雅达利1978年利润的一半以上。尽管公司当年业绩不错，高管们获得丰厚的奖金，但程序员们的薪酬没有变化，他们的工作也没有得到公众的认可。当克莱恩将他的担忧传达给公司管理层时，他们选择无视这些情况。此外，在一篇关于该公司的文章中，雅达利的新总裁将其视频计算机系统程序员称为"高度紧张的自大狂"，这只是作为故事访谈的一部分发表。心怀不满的克莱恩、怀特海德、米勒和卡普兰于1979年离开雅达利，并与前智能幻象公司（Intellivision）程序员一起创建了自己的游戏公司——动视公司（Activision）。1981年，雅达利程序员鲍勃·富洛普（Rob Fulop）、丹尼斯·科尔贝（Dennis Kolbe）、鲍勃·史密斯（Bob Smith）等人也在相同的情况下离职，创立了梦想公司（Imagic）。这些前雅达利员工的情绪被清晰地表达出来，因为动视公司和梦想公司游戏的指导手册都标注了程序员的名字。动视公司则更进一步，偶尔会在卡盒标签上加入程序员的名字，以及一张图片和一条明确表明作者身份的个人信息。

这些"第三方"软件开发商，如动视公司、梦想公司等，代表了游戏行业的一种新实践,即他们为自己并不拥有的硬件做游戏开发。因此,动视公司和梦想公司都成为雅达利的直接竞争对手,不仅为雅达利视频计算机系统,也为其他游戏平台(如智能幻象公司、科莱科公司和众多早期家用计算机)制作了许多具有创新性和原创性的游戏。在20世纪80年代初,在竞争的推动下,每家公司都取得了卓越的业绩,游戏创意的多样性带来了成功的销售,并帮助视频计算机系统维持了高需求。虽然雅达利对动视公司提起诉讼,但案件被拒绝受理。这为其他公司的软件产品开发提供了法律依据,导致其他初创企业大量涌入,这些企业也想为视频计算机系统生产游戏。虽然雅达利的管理层最终通过各种奖励,向视频计算机系统程序员授予利润分享,但它已经流失了一些有才华的设计师,并培养了一批强大的竞争对手。

动视公司和梦想公司为视频计算机系统生产的游戏在视觉上与雅达利的游戏有鲜明的区别。两家公司都为它们的游戏世界采用更明亮、更饱和的色彩,并为该平台提供一些最先进的动画。大卫·克莱恩的《国际汽车大奖赛》(Grand Prix,动视公司,1982年)超越了视频计算机系统提供的以往任何赛车游戏,因为它包括多种颜色的车辆,并配有模拟不同旋转速度的轮胎。与此同时,梦想公司成立了第一个艺术部门,并聘请艺术家迈克尔·贝克尔(Michael Becker)担任业内首位电子游戏艺术总监。这一举措是由许多第二代游戏的视觉质量状况所推动的,因为程序员往往没有艺术背景。有了专门的艺术部门,不仅视觉效果得到改善,而且创作过程也发生变化。在通常情况下,程序员会将图像放在绘图纸上,这样就可以将单个像素的坐标及其颜色编码到游戏中。但是这种劳动密集型的方法速度很慢,不利于改进游戏的视觉效果,鲍勃·史密斯和鲍勃·富洛普创建了一些工具,允许艺术家快速编辑像素艺术并将其转换为计算机代码。梦想公司的迈克尔·贝克尔首先使用这些工具为鲍勃·富洛普的《恶魔攻击》(Demon Attack,1982年)创造了恶魔角色,该游戏因其艺术、动画和游戏性而获得赞誉。不久之后,随着游戏越来越复杂,在制作游戏的程序员和艺术家之间分工现象变得越来越普遍。

游戏创作与游戏彩蛋

在整个第二代游戏设计中,许多程序员在他们的游戏中隐藏入他们的名字或首字母缩写。这些游戏彩蛋通常需要玩家花费很大时间和精力才能找到,这也成为程序员和玩家之间的一种小游戏。第一个已知的彩蛋出现在飞兆公司的"F.A频道"(Fairchild Channel F. A)游戏机的游戏之中。如果在游戏中按下某个机器按钮的组合结束按钮,被称为"Democart"(1977年)系统的演示程序就会显示程序员迈克尔·格拉斯(Michael Glass)的名字。如果玩家在开始新游戏之前执行一系列操作,《魔球》(Video Whizball Ⅰ)也会显示出其程序员的名字"Reid-Selth"。此后,这些彩蛋也开始变得越来越复杂。沃伦·罗宾尼特(Warren Robinett)的《冒险》(Adventure,雅达利公司,1975年)包含一个秘密房间,显示了他的名字,但只有当玩家发现隐藏在灰色墙壁上的一个像素的灰色框,然后用它穿过不可通行的边界时才能进入。虽然雅达利和其他公司的高管们最初并不知道他们的程序员隐藏了自己的名字,但是,雅达利认为彩蛋给游戏提供了理想的神秘感,也就批准了程序员的创作。

雅达利的霍华德·斯科特·沃肖创造了这个时代最复杂、最有趣的彩蛋。这些彩蛋不仅以他的名字的首字母命名,还暗示了他的游戏生涯:在沃肖开发的第三款游戏《E. T. 外星人》(E. T.：The Extra-Terrestrial, 1982)中,玩家一旦收集齐里斯(Reese)的 7 颗棋子,它就会变成"艾略特"(Elliot)。玩家还可以让凋谢的花朵再次开放,将其变成动画版的"亚尔"(Yar),这正是他开发的《亚尔的复仇》(Yar's Revenge, 1982)中的角色。当玩家第二次执行这个任务时,这朵花就变成了《夺宝奇兵》(Raiders of the Lost Ark, 1982)中的"印第"(Indy)。当玩家第三次执行任务时,得分区就会出现"HSW3"的首字母,表示《E. T. 外星人》是霍华德·斯科特·沃肖制作的第三款游戏。

创造者的名字或身份作为彩蛋的这一惯例,在延续到第二代游戏设计之后,几乎成为游戏的传统。《真人快打 2》(Mortal Kombat Ⅱ,中途制造公司,1993 年)包含一个隐藏的"Noob Saibot"秘密战斗任务,它是该游戏主要创作者埃德·博恩(Ed Boon)和约翰·托拜厄斯(John Tobias)的姓的反向拼写,而《毁灭 2：地狱之门》(Doom Ⅱ：Hell on Earth, ID 软件公司,1994 年)在游戏的最后一场 Boss 战中采用的隐藏目标,也就是创始人约翰·罗梅罗。

美泰和科莱科进入游戏机市场

从 1976 年开始,玩具公司美泰推出一系列基于各种运动主题的半导体掌上游戏机。次年,该公司开始开发智能幻象游戏机,这是一款家用电视游戏机,旨在与雅达利的视频计算机系统竞争。掌上游戏机的普及以及美泰不愿直接与雅达利正面竞争,导致智能幻象游戏机被推迟到 1980 年才发布。就像雅达利的视频计算机系统一样,最初的智能幻象游戏机游戏种类多样化,以体育游戏为特色,还有少数的赌博、棋盘和街机风格的游戏。美泰的营销策略是将智能幻象游戏机视为一个复杂的、教育性的和面向家庭的娱乐系统,定位为"智能游戏机"。该营销还热衷于使用体育游戏在智能幻象游戏机和视频计算机系统之间进行视觉对比。由于智能幻象游戏机可以更容易地展示更多操控点,因此,它更能展示足球和棒球等流行体育游戏。知名记者乔治·普林普顿(George Plimpton)还为其代言,进一步巩固了智能幻象游戏机的"身份"。

到了 1982 年,街机黄金时代的繁荣引导美泰追求更多以射击为导向的游戏。竞争对手科莱科的许多拥有代理许可的游戏系统终端,也在这个时候出现在系统上。智能幻象游戏机证明了它是视频计算机系统的强大竞争对手,并开启了家庭电子游戏中第一场"游戏机大战"。作为回应,雅达利取消了视频计算机系统的下一代产品——雅达利 5200 超级系统的生产,这个决定也伤害到公司。雅达利认识到街机游戏有助于帮助销售家用计算机，并使用其 400/800 系列家用计算机的精密硬件设计了 5200（参见第 6 章）。虽然功能更强大，但由于它缺乏独特的游戏产品，其设计不佳的控制器采用非中心操纵杆，游戏体验不佳，使得 5200 难以吸引玩家（见图 5.7）。此外，在科莱科于 1982 年发布其复杂的家庭系统——科莱科幻象游戏机之后，人们对雅达利 5200 的许多预期都被打消了。

科莱科从 1977 年的金融危机中脱颖而出。尽管由通用仪器 AY-3-8500 "Pong-on-a-chip" 驱动的"通讯星"（"Telstar"）游戏机系列获得成功，但被冲垮的市场造成了难以弥补的资金损失。科莱科的管理层并没有被吓倒，像美泰一样，在 20 世纪 70 年代后期制作了许多掌上体育游戏。20 世纪 80 年代早期街机游戏的流行，使得科莱科明智地获得许多日本游戏公司的独家许可，其中包括任天堂、南梦宫、科乐美和世嘉。科莱科公司使用这些许可生产了一系列微型游戏街机，并复制了街机游戏的外观和操纵杆（见图 5.4）。1982 年，科莱科看到与雅达利和美泰竞争的机会，于是使用独家许可推出基于卡盒的家用游戏机——科莱科幻象游戏机。在一次巧妙的营销中，他们将科莱科幻象游戏机与《大金刚》的游戏端口一起打包销售，在所有第二代游戏机中，它们最接近地复制了宫本茂原始街机游戏的图像和声音。科莱科拥有许多黄金时代家庭游戏版本的专有权利，也允许它为视频计算机系统和智能幻象公司生产街机游戏端口。这使得公司在所有的平台都获得巨大的销量，并提供了不断展示自身图形系统优势的机会。

图 5.4 科莱科的小型街机柜采用 VFD 技术，创造出其他小型 LED 和 LCD 设备无法复制的明亮色彩

尽管与其竞争对手相比动力不足，但视频计算机系统毕竟先占市场，雅达利街机部门有着发展良好的游戏库、几项独家许可协议和强大的第三方开发。这些情况使雅达利的视频计算机系统游戏机在 20 世纪 80 年代初依旧保持竞争力。美泰和科莱科都通过制作配件来获取巨大的利润，让它们的系统能够兼容雅达利的视频计算机系统上的游戏。1982 年用于科莱科幻象游戏机的"扩展模块 1"（expansion Module Ⅰ）和 1983 年用于智能幻象游戏机的"系统更换器"（System Changer）能够插入每个游戏机，并可以接受雅达利的卡盒。即使雅达利也发布了一个附加组件，允许 5200 游戏机玩非视频计算机系统的游戏，但是，有些型号需要首先在雅达利官方服务中心进行升级。这些插件的推出促成了众多的市场营销活动，在广泛的视频计算机系统目录的辅助下，每个系统都宣称自己能够玩最多种类的游戏。

超越街机

为家用游戏机添置内容

街机游戏对于第二代家用游戏机硬件和游戏设计师来说有着极大的影响力,尤其是在 1980 年以后。其中很大一部分原因是希望复制某些街机投币游戏的成熟设计。因此,家用游戏机的游戏,类似《K. C. 芒奇金》(K. C. Munchkin!,美国米罗华公司,1981 年)和《太空砸毁》(Astrosmash,美泰公司,1981 年),努力创造像《吃豆人》《太空入侵者》和《小行星》这些街机游戏的张力和操作。然而,街机游戏设计的经济性考虑与家庭游戏并不相同。由于无需在机器中投币,家庭视频游戏就失去玩家做出的最大选择——是否再次玩游戏。随着重玩机制的诞生,游戏就会玩得更频繁。快速的死亡和难度的快速增加,并不能证明那些购买游戏卡盒的玩家所付出的巨大成本是合理的。因此,设计师需要一种既能延长玩家互动时间又能让游戏变得有趣的方法。

最常见的延长游戏的解决方法是让玩家选择游戏的难度级别。这个设置通常控制玩家获得生命的数量、敌人的速度或者其他有助于或阻碍玩家表现的变量。例如,1982 年科莱科公司的《大金刚》提供了多种技能级别,可以将游戏的倒数计时器设置为较高或较低的值,而视频计算机系统版本的《扳道工》(Frogger,帕克兄弟公司出品,1982 年)的难度开关控制了游戏中敌人速度的快慢。

另一种典型的方法是"游戏选择"选项,可以通过改变规则来实质性地改变游戏的玩法。例如,受《太空入侵者》的启发,飞兆公司"F. A 频道"游戏机的《外星入侵》(Alien Invasion,飞兆半导体公司,1981 年)具有 10 个变种,允许控制玩家和外星人的射击次数。虽然这些变化看起来很小,但是,这些规则变化导致了不同的游戏体验。视频计算机系统的游戏因其灵活多变而特别引人注目。双人对战游戏《对战》有 27 种变化,分布在有不同规则和图形的 6 个不同游戏之间。其中更为古怪的是《简单迷宫》(Easy Maze)、《台球打击》(Billiard Hit)、《隐形坦克对战》(Invisible Tank Pong)的变化,游戏中的坦克只有在某些时候才可见,并且只能在射弹从迷宫壁弹回至少 1 次后才能得分。雅达利视频计算机系统版本的《太空入侵者》包含了惊人的 112 种变化,包括从隐形外星人到炮塔左右移动分开的合作模式。其他变体,如《奥林匹克》和《篮球》(Basketball,雅达利公司,1978 年)中提供了与人类或计算机控制的对手决斗的选项。通常这些变化是如此之多,以至于手册中将它们以图表的形式列出以便于玩家参考。因为程序员需要用到每个可能的字节来创建一个完整的游戏,这些小的操作是给玩家提供更多游戏玩法的经济解决方案。

改变家用游戏机的时间

游戏设计师除了创造小的游戏变化之外，还通过改变使用时间的方式来延长家庭游戏体验。这削弱了街机游戏设计的中心支柱，因为大多数战后的机电式街机游戏，如《击倒冠军》(见图 1.11)，以及许多早期的数字街机游戏，如《死亡竞赛》(见图 3.9)，给了玩家每枚硬币固定的时间。此外，游戏难度增加的相关比率也被重新考虑。正如第 3 章和第 4 章所讨论的，这些系统旨在限制玩家的游戏时间，使机器可以通过重玩或增加新客户获得更多资金。对街机游戏这一基本元素的修改降低了玩家的压力，并鼓励更具战略性或悠闲的游戏节奏。这些修改促使家用游戏机对新游戏形式的开发，游戏开始着重于对空间的探索和资源的战略管理。此外，叙事变得越来越重要。对它们的发展至关重要的是 20 世纪 60 年代和 70 年代由业余计算机程序员创建和修改的大型计算机游戏。尽管一些家用游戏机游戏与流行的迷宫和射击类街机游戏相似，但街机游戏和家用游戏机游戏之间仍然存在显著区别。

游戏机中的冒险和探险类游戏

尽管管理和营销部门推动程序员根据街机游戏惯例创建游戏，但游戏设计师仍有相当大的自由度开发自己的游戏。由雅达利程序员沃伦·罗宾尼特创作的《冒险》开创了第二代及以后基于图形的冒险游戏的先例。罗宾尼特希望重新创造唐·伍德（Don Woods）和威廉·克劳瑟（William Crowther）1978 年的文字冒险游戏《洞穴探险》(Colossal Cave Adventure)(参见第 6 章)。然而，在他遇到视频计算机系统的限制之后，罗宾尼特修改了这个概念，并提出了一个新的方式，专注于在龙居住的迷宫和火炬点燃的地下墓穴里寻找圣杯。他将玩家熟悉的文本冒险键盘命令"向北"(GO NORTH)、"捡起剑"(PICK UP SWORD)和"使用钥匙"(USE KEY)转译到雅达利的按钮游戏杆：这允许玩家通过移动来拾取物体，通过与其他物体接触来使用物体对象，并通过按下按钮来放置对象。因为没有比分、定时器或有限生命等街机元素，玩家可以自由地探索和跟随自己的步伐。

《洞穴探险》最新颖的部分是空间。为了创造一种玩家旅行的感觉，游戏增加了一系列屏幕场景，并将玩家带入不同的环境：迷宫、城堡和地下墓穴。尤其是地下墓穴在视觉上具有创新性，玩家的视角由一个小圆圈组成，周围是空白空间，代表火炬的行进路线。在整个旅程中，玩家需要多次重新访问某些空间以收集物品或杀死龙，这是一种非传统的空间使用方式，而传统街机游戏的关卡安排是线性的，玩家每次只能经过单一的关卡，不能回去。为了增加已经比较长的游戏时间，玩家可以选择一种游戏变体，将物体和龙放置在整个游戏世界的随机位置，从而实现较大程度的重玩。这些功能不仅让《洞穴

探险》成为视频计算机系统最成功的游戏,而且成为整个第二代游戏中成功的游戏之一。

中世纪的幻想主题被证明有助于通过探索来扩展游戏体验,因为工业化之前的场景会让人联想到潜在的危险和广阔的自然景观。由汤姆·洛夫里(Tom Loughry)为美泰智能幻象游戏机设计的1982年版《龙与地下城》,后来改名为《高级龙与地下城:多云山》(Advanced Dungeons & Dragons:Cloudy Mountain Cartridge),通过将游戏空间划分为两个层次来实现这一想法:一个地图式的超世界,代表多个地形和洞穴通道的地下迷宫。玩家的任务是在名为"多云山"的地方找到有两条翼龙守卫的王冠。为了到达多云山,玩家需要穿过一些充满怪物的地下通道,有时还需要通过回溯先前探索过的区域以找到关键物品(见图5.5)。

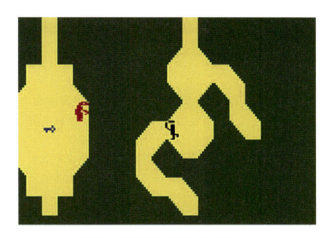

图 5.5 《高级龙与地下城:多云山》

洛夫里认为,玩家每次玩游戏时都需要有新的东西,这种惊喜和发现是一款令人愉快的游戏的关键属性。因此,随机化是《高级龙与地下城:多云山》设计的核心部分,每个游戏环节都会产生不同的地表景观和地下洞穴的配置。使用类似于计算机游戏《侠盗》(Rogue)的机制(参见第6章),只有通过探索才能发现《高级龙与地下城:多云山》中每个洞穴的空间:这会导致发现有用物品的惊喜或者看到怪物时的震惊。为了让探索行为更加充满紧张感,洛夫里通过从屏幕外发出的声音来表现怪物,以示它们的存在。

洛夫里为Intellivision开发的后续冒险游戏《高级龙与地下城:塔尔明的宝藏》(Advanced Dungeons & Dragons:Treasure of Tarmin Cartridge,1982年),被证明与街机游戏更为不同。受到洛夫里在计算机主机上玩的第一人称冒险游戏的启发,《高级龙与地下城:塔尔明的宝藏》提供了在家用游戏机上体验不到的沉浸感(见图5.6)。玩家再次肩负寻找宝藏的任务,在迷宫中越走越艰难的关卡，收集各种不同质量的武器和盔甲，准备与迷宫中的牛头怪进行最后的对决。随机化在游戏体验中再次扮演重要角色，因为每个关卡都是由不同的预演环节组装而成，包括通往宝藏的隐藏门。

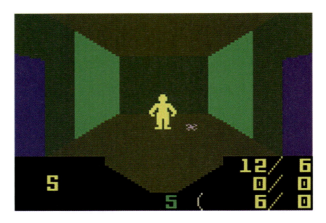

图 5.6 《高级龙与地下城：塔尔明的宝藏》

第二代游戏机中的覆盖面板

从智能幻象游戏机开始，许多游戏机都配备了类似于按键式电话的数字控制键（见图 5.7）。这使得游戏设计师能够规划更多的动作，从而给玩家更多的选择，这是一种在简单控制的街机游戏设计中避免使用的方法。游戏输入方式的改变更适用于家用游戏机。

这种类型的游戏机的设计问题是，任何一个游戏都可能使用不同的按钮配置，从而导致控制游戏的困难。为了避免混淆，游戏开发人员创建了覆盖面板，通过键盘滑入控制器。覆盖面板有助于引导玩家的注意力，因为未使用的按键会被屏蔽掉，活动的按键被标签和图形赋予了新意义。智能幻象游戏机、爱默生·阿卡狄亚 2001 游戏机、科莱科幻象游戏机和雅达利 5200 都使用这种方法。尽管覆盖面板被广泛使用，但其使用寿命很短。第三代和第四代游戏机不再使用带有键盘的遥控器，而是采用带有更简单按钮和方向键手柄（D-Pad）设置的游戏板。

图 5.7 雅达利 5200 为《太空入侵者》和《足球》提供了覆盖面板，并为每个游戏提供了不同的输入需求

洛夫里关于第一人称视角的主要担忧之一是玩家可能容易迷路。为了防止这种情况发生，他在界面中加入一个指南针，当玩家转动时，从屏幕的左边缘或右边缘指针就开始指示，最后，在最底层上的一组标记指示每层的外边缘。它还集成了一个有优雅设计的库存系统，由玩家管理，并由智能幻象游戏机独特的磁盘和键盘控制器操控。

智能幻象游戏机无法改变游戏的进度，《高级龙与地下城：塔尔明的宝藏》复杂的游戏玩法和角色发展过程需要玩家投入大量的时间。游戏的 4 个难度设置是根据达到最终宝藏所需的数量等级来衡量的，最简单的设置估计为 5 分钟，最困难的设置为 5 个小时。洛夫里的两款游戏所需的内存资源非常大，这就要求更大的卡盒。当时，4 千字节还是业界的标准。《高级龙与地下城：多云山》设计了一款 6 千字节的卡盒，《高级龙与地下城：塔尔明的宝藏》设计了一款 8 千字节的卡盒。

　　探索性游戏在 20 世纪 80 年代早期的许多家用游戏机中出现。《鬼屋》（Haunted House，雅达利公司，1982 年）把玩家放在闹鬼的豪宅里，寻找破碎的骨灰盒碎片。游戏没有设置倒计时，而是通过游戏的玩法，让玩家点燃火柴，照亮自己穿过黑暗的地方，鼓励玩家尽可能地节约火柴。物品的随机位置在游戏的重玩性中也起到重要作用。霍华德·斯科特·沃肖的《失落方舟攻略》（Raiders of the Lost Ark，雅达利公司，1982 年）为视频计算机系统重新制作了同名电影，并让玩家在进行多屏冒险中寻找方舟的位置。游戏复杂到需要一个库存系统，因为通常需要多个物品才能进入新的部分。由于视频计算机系统游戏杆的输入数量有限，游戏尝试使用两个游戏杆：一个用于控制角色，另一个用于从库存中选择物品。

　　大卫·克莱恩创作的令人难以置信的 255 屏幕游戏《陷阱》（Pitfall，动视公司，1982 年）采用一种不同的行动和探索方法。这款游戏要求玩家在搜索宝藏的多个空间之间移动，通常需要回溯以获取超出范围的物品（见图 5.8）。克莱恩设计的《陷阱》，无需诉诸难度设置或游戏变化，就可以让新手和有经验的玩家保持挑战性。这款游戏有一种独特的得分方式，因为收集宝物会增加分数，但某些危险，如滚圆木或掉进地下隧道，会侵占累积的分数。其他的危险，如鳄鱼、流沙和蝎子会导致生命的瞬间丧失。玩的时间越长，得分波动的机会就越大，这给经验丰富的玩家带来另一个挑战。此外，游戏还使用 20 分

图 5.8 《陷阱》

钟的定时器。这个特点让新的玩家可能不会追求更快的速度，让他们有机会探索更大的游戏空间，并看到游戏的巨大场景，而不必急于通关。一旦玩家掌握了游戏早期的挑战并且玩得更久，计时器就成为了一个重要的考虑因素，并创造了一个新的紧张源。独特的元素组合，再加上许多人认为无法在视频计算机系统显示的复杂图形，使《陷阱》成为受关注的第二代游戏之一。

家用游戏机上的资源管理模拟游戏

在1980年成为智能幻象公司程序员之前，唐·达格楼（Don Daglow）在20世纪70年代创建了很多大型主机游戏，如《星际迷航》等。此外，在作为一名中学教师时，他还设计了以社会研究为主题的教育游戏。当美泰的管理层要求开发一款与街机风格和体育游戏不同的智能幻象游戏机游戏时，唐·达格楼利用他的背景创造了《乌托邦》（Utopia，美泰公司，1981年）。《乌托邦》的主要游戏方式集中在通过建设基础设施和减轻自然灾害的影响来管理岛屿社区的幸福感。它结合了活跃的资源收集：在屏幕周围移动渔船，以及修改元素（如货币收益率、食物产量和人口增长）的长期战略规划建设结构。和许多第二代游戏一样，一个或两个玩家都可以玩这个游戏，每个玩家都管理着自己的岛屿。游戏的系统包括无法控制的天气模式，这些模式可能有助于推进或阻碍游戏进程。如果居民的生活质量下降得太低，就会造成叛乱。

《乌托邦》是最早的"上帝游戏"之一，因为它允许无所不知的玩家看到一切和指导一切。智能幻象游戏机的键盘控制器非常适合游戏玩法：每个按钮都允许玩家建立不同的结构，一种图形界面的交互方式也在后来的模拟和实时策略游戏中出现，如《模拟城市》（Sim City）和《命令与征服》（Command & Conquer）（参见第6章）。这种做法获得了立竿见影的成功，作为一种游戏类型，它增强了智能幻象游戏机作为更复杂"智能"游戏机的形象，并赢得了赞誉。

3年后科莱科公司设计了类似的管理型游戏《财富创造者》（Fortune Builder，1984年）（见图5.9）。一个或两个玩家在管理资金池的同时，通过建设基础设施、住宅区和商业空间来开发土地。玩家使用滚动窗口浏览游戏空间，允许他们遇到各种地形，如山脉、河流和海岸线。电视宣传片偶尔会向玩家通报恶劣天气，并为城市居民中流行的或不受欢迎的活动提供指导。《财富创造者》并不像《乌托邦》那么松散，玩家们努力在规定的时间内挣得2.5亿美元，或者在对手之前达到目标。然而，像《乌托邦》一样，它的设计完全适合在家玩，因为游戏相对平缓的难度和更长的游戏时间在商场的环境中是很难持续的。

这些游戏和第二代的其他游戏［如《战争室》（War Room，NAP消费类电子公司，1983年）］的地图式空间与智能幻象游戏机和科莱科幻象游戏机使用

图 5.9 《财富创造者》

像素平铺的功能很好地融合在一起。与绘制每个像素并记住它们各自的位置不同，基于像素的智能幻象游戏机和科莱科幻象游戏机系统从 8×8 像素组中创建屏幕。这减少了处理器跟踪所需的信息量，并创造了更流畅的游戏性能。此外，艺术家可以更快地创建游戏画面，因为像素点可以重复使用以快速覆盖区域。在《财富创造者》建筑师设计的景观中，平铺特别明显，因为河流中的山脉和弯道都是由同一组像素点创建的，代表景观改善的每个图标也都是由单一的像素点组成的。许多 2D 家庭游戏，如《吃豆人》、《大金刚》等，也采用了这种创建图形的方法，因此，像素平铺不仅仅适用于家用游戏机。它也出现在 20 世纪 80 年代和 90 年代初的 2D 家用游戏机中，如任天堂娱乐系统、世嘉创世纪等。

家用游戏机上的体育游戏

在从街机体育游戏到家用体育游戏转换中，玩法的时间也非常重要。例如，雅达利的投币式的《足球》（Football，1978 年）每次投币给予玩家高达 3 分钟的游戏时间。想要玩更长时间的玩家需要添加额外的硬币，这会打断游戏的进程，或者导致玩家采用风险较高的策略来快速得分。然而，鲍勃·怀特黑德为视频计算机系统设计的游戏《足球》，比赛时长从 5 分钟开始。《实况足球》（Realsports Football，雅达利公司，1982 年）模拟了一场 15 分钟的比赛，后期的游戏每场比赛增加了更多的时间。除了足球之外，设计师还通过增加运动的更多维度来更加细致地重现大部分主要运动项目，这成为了体育类游戏模拟真实运动的一个方向。

北美游戏机市场的崩溃

1982年，游戏产业高速增长并迅速扩张，当时预测该行业在这一年的某个时候将突破20亿美元。雅达利本身代表了该行业的大部分市场，包括游戏街机、家用游戏机和家用计算机（参见第6章）。雅达利的竞争对手看起来也很有活力，分析师预测这个数字可能会持续到1985年。然而，这些预测是基于对价值的严重夸大估算，雅达利的母公司华纳通信的股价是其收益的8倍，而智能幻象游戏机生产商美泰的收益是其4倍。除了对行业价值的错误判断之外，许多游戏公司的管理层不能尊重游戏的开发过程，导致形成了许多糟糕的商业决策。因此，1983年的北美市场大崩溃是一场完美的环境风暴，发生在一个随时可能破裂的泡沫中。

也许导致崩溃的主要因素是软件开发者试图通过生产大量不合格和衍生的游戏快速获利。大大小小的公司都试图在这个似乎只有一个向上发展方向的市场找到成功，其中有许多公司在数字游戏方面几乎没有或根本没有经验。但是，随着主要游戏机生产商对谁可以在自己的系统发布内容失去控制，消费者不得不费力地玩越来越多设计糟糕或缺乏想象力的游戏，被迫通过不断升级的设计寻找高质量的游戏。

雅达利高调发布了两个备受瞩目的版本，1982年春季的《吃豆人》以及随后在年假期间发行的《外星人》。《吃豆人》在1980年首次亮相，之后成为美国最受欢迎的街机游戏。它催生了大量的商品，包括多种周边产品、40首歌曲，甚至还有一部汉娜-芭芭拉（Hanna-Barbera）的动画系列。因此，当雅达利宣布1982年初春的视频计算机系统游戏机可以搭载这部游戏时，玩家的期望值很高。雅达利明白该游戏在创造利润能力方面的重要性，却未能采取必要措施生产出高质量的产品。

《吃豆人》的视频计算机系统的适应调试设计并没有被分配给一个经验丰富的程序员，而是员工自己选择，程序员托德·弗莱(Tod Frye)被选中，成为他的第一个项目。此外，雅达利管理层决定使用更便宜的4千字节磁盘而不是更高容量的8千字节磁盘，严重限制了游戏的范围。尽管如此，弗莱忠实地重现了《吃豆人》的规则和游戏机制，但没有游戏的感觉和令人心动的视觉效果，街机版的彩色幽灵被渲染成单一的颜色，还由于视频计算机系统的限制而不停闪烁。声音和动画是有限和不连贯的，也没有包含任何剪辑场景。多彩的奖励场景被替换为一个普通的方形像素集，它被称为"维生素"（见图5.10）。由于雅达利预计销售量会很可观，因此，公司订购了大约1 200万个卡盒，这个数字超过美国视频计算机系统游戏机数量的几百万个。这个决定是基于这样的假设：游戏本身会带动销售更多的游戏机，类似此前《太空入侵者》视频计算机系统终端发生的情况。

图 5.10 《吃豆人》的视频计算机系统版本

《外星人》同样也受到糟糕的商业决策的影响,这是雅达利母公司华纳通信公司最严重的错误。华纳试图说服史蒂文·斯皮尔伯格为华纳影业公司麾下的华纳影城指导拍摄电影,同意向斯皮尔伯格支付 2 100 万美元的巨额资金以获得《外星人》的版权。通过这笔交易,华纳公司向雅达利的高管们通报,不仅要有基于《外星人》的游戏被制作出来,而且它已经准备在 1982 年的节假日上线。程序员霍华德·斯科特·沃肖有过制作游戏的经验,包括广受好评的《亚尔的复仇》和《夺宝奇兵》,但他只被给予 5 周多的时间,要将游戏从概念设计到完成制作。尽管时间有限,但相当雄心勃勃:该游戏要成为一种探索游戏,收集随机分布在多个屏幕上的设备的零散部分,以便在避开科学家和 FBI 特工的同时呼叫救援。每个屏幕允许"外星人"执行一种不同的力量,帮助开启他的旅程。由于大多数第二代游戏的开发时间通常都需要花费几个月的时间,因此,游戏的质量测试被跳过,游戏的发行也处于一种未经润色的状态,这让玩家感到沮丧。特别是游戏玩法会让玩家迷失方向,因为从一个屏幕空间移动到另一个屏幕空间,可能会导致玩家不断陷入困境。更糟的是,雅达利需要销售大量的卡盒来收回 2 100 万美元的授权协议,并获得微薄的利润,这导致华纳通信公司生产了 500 万个卡盒。

1982 年是高速增长的一年,而 1983 年尤其是 1984 年是快速收缩的一年。虽然《吃豆人》和《外星人》最初做出非常好的销售成绩,特别是《外星人》激发了大量的消费者。然而零售商却发现,几乎所有游戏机游戏的需求都消失了,只能将未售出的且通常是未开封的商品归还给雅达利。生产的近 500 万个《外星人》游戏卡盒,大约有 350 万美元最终被分销商归还给公司。其他游戏也是同样被退回。雅达利积压了零售商无法出售的多个产品,在加利福尼亚州桑尼维尔的垃圾填埋场处理了大部分积压产品。一小部分被送到了新墨西哥州阿拉莫戈多的垃圾填埋场倾倒,在当地报纸和国家媒体引起轰动,并随着时间的推移规模逐渐增加。最终的结果令人叹息，阿拉莫戈多垃圾填埋场收到350万份不需要的《外星人》卡盒副本，而这款游戏直接造成整个行业的崩溃。

其他因素

《吃豆人》和《外星人》的开发和营销失败虽然对雅达利造成极大的损害，但它本身并不足以导致市场崩溃。像1982年康懋达64这样经济实惠的家用计算机一经推出，说服了许多消费者购买一款应用程序而不是游戏机（参见第6章）。由于许多公司的过高承诺和交付不足，消费者的信心也逐渐受到打击。美泰在1982年发布了第二代智能幻象游戏机（Intellivision II），尽管它的名字与智能幻象游戏机相同，但是，除了一些降低成本的元素之外，它们降低了产品的质量，允许通过系统转换器插件玩视频计算机系统游戏。美泰和科莱科都生产了附加组件，这些附件将它们的游戏机变成功能齐全的家用计算机。然而美泰公司直到为时已晚才实现愿景，而科莱科的"亚当"（Adam）计算机转换套件也销售不佳。此外，科莱科公司还匆忙将其1983年的亚当计算机投入生产，以满足承诺的发货日期，但其中一半因为有缺陷而被退回。

崩溃的余波

随着家用游戏机和卡盒销售的下降，许多大小游戏生产商被迫关闭。科莱科于1985年完全退出市场，美泰于1984年关闭其电子部门，但是，由于投资者购买了该机器的版权专利，只得在1990年之前继续发布游戏和设备。在此后即将到来的红白机/任天堂娱乐系统时代，智能幻象游戏机将被视为次要的角色（见第6章）。华纳通信于1984年出售雅达利的家用游戏机和计算机部门，以帮助为该公司的价值下跌融资，1985年投币街机部门也被出售。整个20世纪80和90年代，雅达利公司的部分业务在全球各公司之间出现反弹。到90年代中期，与捷豹（Jaguar）公司一起继续生产家用视频游戏机，但该品牌再未恢复早期的地位。家用游戏机首先受到冲击，美国的游戏商场也遭受损失，据估计在1983年有1/5的门店关门，只有保龄球馆和电影院等较小的场地在20世纪80和90年代还保留了一些街机游戏机。

但是要知道，1983年的崩盘主要局限于北美。20世纪80年代初，游戏机行业在世界其他地区并不发达，有时几乎没有迹象表明会出现任何可以被解读为"崩溃"的情况。这在很大程度上是由于家用计算机在欧洲和其他地区的普及，因为它们代表一个不同的市场，迎合了更广泛的游戏偏好。尽管如此，这一后果也造成了一个真空，使得任天堂、世嘉和索尼等日本公司重新进入北美家用游戏机市场，并在当代背景下继续引领行业发展。

家用计算机
（1977—1995 年）

微型计算机革命

1974 年，计算机梦想家泰德·尼尔森（Ted Nelson）写下《计算机解放/梦想机》（Computer lib/Dream Machines）[①]一书，该书以"你现在可以而且必须理解计算机"为口号，是一本针对普通人群反主流文化的计算机和计算机概念导读。尼尔森的写作动机源于公众对计算机不良反应误解的关注，他认为政府和企业实体对计算机应用有狭隘的看法。尼尔森认为计算机在 1974 年之前已经改造了社会，并将继续以越来越快的速度发展。他把它们看作能够赋予人类力量和培养人类无限创造力的机器。他在书中反对限制或强制人们使用计算机，抑或是利用计算机来实施欺诈。

尼尔森的这本书是 20 世纪 70 年代中后期第一部微型计算机问世时出版的。与像 PDP-1（见第 2 章）这样的小型计算机连接的分时终端系统不同，微型计算机供个人使用。科技公司苹果（Apple）、康懋达（Commodore）和坦迪（Tandy）［属于瑞斯欧·沙克公司（Radio Shack）］于 1977 年发布了第一套预组装、批量生产的微型计算机，分别是苹果 II、康懋达 PET 和 TRS-80。1979 年，投币街机和家用游戏机制造商雅达利很快就发布了雅达利 400 和雅达利 800 计算机。在英国，发明家克莱夫·辛克莱（Clive Sinclair）推出了价格合理的 ZX80 和 ZX81 计算机，而橡子计算机公司（Acorn Computers）则推出了一系列计算机，其中包括 1981 年的英国广播公司微型计算机（BBC Micro）。20 世纪 80 年代初，随着计算机部件价格的暴跌，英国 ZX 频谱（ZX spectrum）和北美康懋达 64 等计算机的性能得到提高，价格更加亲民，使得在随后的 10 年里计算机走入了寻常百姓家。

伴随新型微型计算机向企业和个人的销售，计算机知识对于未来的政治、经济和文化发展显得至关重要。大学和小学开始通过教育软件、文字处理器甚至编程语言教授学生如何使用计算机。计算机制造商和学校之间的合作是出现了像 French TO 7 这样的计算机，这是法国教育计划的一部分，名为"10 000 台微型计算机"。英国广播公司发起了 BBC 计算机识字项目。英国广播公司在 80 年代每周都播出关于微型计算机的电视节目，如计算机程序（computer programme），还在教育不列颠群岛的人群如何使用计算机。尽管尼尔森有先见之明，在他的《计算机解放/梦想机》中预测了当时"理解计算机"的必要性，但他是以小型计算机（minicomputer）为中心，并没有真正地预料到微型计算机（microcomputer，以下简称"计算机"，以防止混乱）的革命将会出现。

---

① Nelson, T. 1974. Computer Lib: You Can and Must Understand Computers Now. Chicago: Nelson.

20世纪70年代末到80年代初的计算机游戏

第一批消费型计算机主要针对开发文本应用程序的用户，其功能涵盖消费型编程、整理工资数据、学习数学和跟踪库存。图形功能强大的苹果Ⅱ计算机发布了首个计算机电子表格程序VisiCalc（远视公司，1979年），这奠定了它在行业内的地位。游戏开发被营销机构看作是这些机器的次要功能。尽管如此，苹果Ⅱ、ZX频谱、康懋达64和雅达利400/800计算机在游戏开发中特别受欢迎，因为它们能够显示更复杂的图形和拥有更优越的声效。

早期的计算机游戏探索了各种游戏设计方法，包括开发黄金时代街机游戏的复制品或衍生品，模拟卡片游戏、棋盘游戏以及改编微型计算机的游戏。与大型计算机相比，微型计算机在内存和处理能力方面受到限制，尤其是处理复杂图形时，程序员必须采用节省内存的技巧。因此，使用汇编语言（Assembly Language）编程是一种较常用的方法。程序员通过缩写词和数字来指导处理器的各个操作，这常常导致命令串不可理解。这与高级语言（如BASIC）形成对比，后者自动将清晰的文字命令翻译成计算机可以理解的多种操作。例如，一个显示文本"hello world"的程序在BASIC语言中使用一行代码，而汇编语言中的相同程序则需要使用12行代码。节省几个字节可能会有利于开发出更有吸引力的视觉效果或者更多的功能，就像《精英》（Elite，1984年）的后台程序语言一样（见下文）。汇编语言虽然冗长，但是，它最显著的优点是处理速度更快：在汇编语言中编写的游戏比以BASIC语言编写的游戏有更大的优势，从而导致质量上的显著差异。

与在成熟的连锁店销售专业包装的家用游戏机不同，早期计算机游戏市场营销是非正式的。在美国，游戏盘通常被包装在可转售的塑料袋中，里面附有简短的影印手册，并在当地商店出售。这种小规模运行和本地发行意味着早期消费电子游戏很难被全国用户所知晓。在英国，直到20世纪80年代中期，游戏零售分销才成为一种选择：程序员们通过邮件订单（通常从他们的家庭地址发送）来分销游戏。尽管如此，70年代末和80年代初，商业计算机游戏发展了3种独特的类型：冒险游戏、角色扮演游戏和模拟游戏，所有这些都与70年代黑客为微型计算机制作的游戏有关（见第2章）。

计算机和第二代游戏主机

早期的家用计算机与第二代游戏主机有很多相似之处。两者都包含相同或类似的8位处理器，都使用家用电视进行显示，甚至都可以使用一些相同的游戏控制器（见图6.1）。这两种机器都有类似的功能，它们都不能存储内部硬盘上的信息。启动游戏需要加载到计算机的随机内存（RAM）中，在机器运行时，内存暂时保存信息。诸如TI-99、雅达利400、雅达利800和康懋达64等，也使用卡盒作为加

图 6.1 挑战者涡轮豪华版操纵杆控制器（左图）与非传统的旋转穹顶和运动敏感的操纵杆（右图），两者都插入 DE-9 连接端口，其中包括雅达利 VCS、康懋达 64、雅达利 400、雅达利 800 和许多 MSXspec 计算机

载程序的标准方法。容量更大的 5.25 英寸软盘驱动器最初并不常见，因为其价格昂贵，通常是单独出售。最后，大多数早期的计算机，如家用游戏主机，都采用了不允许升级的封闭式架构设计，唯一例外的是允许用户添加更多内存。

从文本到图形的冒险游戏

最早的商业化计算机游戏类型是交互式小说。交互式小说游戏使用的是描述性的文本块（block of text），而不是用图像来传达游戏世界中的设置和动作。玩家通过键盘输入单词发出指令。虽然游戏有多种类型，包括回合制战斗，但主要还是集中在探索和解谜类型上。

第一批交互式小说游戏《冒险》也被称为《巨大的洞穴探险》（Colossal Cave Adventure），由威尔·克罗塞（Will Crowther）于 1975 年在大学的小型计算机主机上创建，1976 年由唐·伍兹（Don Woods）修改。克罗塞的游戏模拟了肯塔基州猛犸洞穴的探险。该游戏将洞穴探险的故事背景与幻想元素相融合，创建了一个桌面版本的《龙与地下城》（见第 2 章）。《冒险》游戏的特色以拼图为主，另外还有战斗系统和分数系统：玩家下降进入洞穴后，通过探索、收集宝藏和将宝藏带回到地面而获得积分。受到克罗塞使用的 Fortran 计算机语言限制，最初的游戏只允许两个单词的命令，如"进入"或"开门"。

《冒险》也不同于早期的游戏，如《太空大战！》。在游戏过程中，它主要是通过连接到无监视器的中央小型计算机电传终端（teletype teminal）播放。玩家将命令输入键盘，等待远程计算机处理，然后通过终端打印机的长纸将结果发回。这款游戏在 20 世纪 70 年代后期开始流行于小型计算机的主机上，并通过阿帕网和其他的共享形式传播。微软最终获得了克劳塞和伍兹的许可，制作了一款名为《微软冒险》（Microsoft Adventure，1980 年）的游戏，该版本被吹捧为"完整版的原创"。

《冒险》的设计理念对许多其他交互式小说游戏有启发，其中《魔域》（Zork，信息网站公司，1980 年）最为著名。《魔域》在麻省理工学院开发完成，开发者的初衷是创建一款超越《冒险》的游戏。该游戏是由蒂姆·安德森（Tim Anderson）、马克·布兰克（Marc Blank）、布鲁斯·丹尼尔斯（Bruce Daniels）和戴夫·莱布林（Dave Lebling）等程序员组建的动态建模小组（Dynamic Modelling Group）开发的。正如在第 2 章中所提到的，他们共同开发了一种基于阿帕网可玩版本（ARPA net-playable）的《迷宫战争》。对于《魔域》，该小组使用丰富的描述性文本块来创建一整套场景、谜题和生物。就像《龙与地下城》一样，游戏角色也需要得分，使用不同的盔甲类型，与巨魔或其他幻想生物战斗。游戏中最著名的元素之一是"格鲁"（Grue），这是一种看不见的生物，如果玩家在黑暗的区域逗留太久，就会被杀死。这一设置增加了紧张的气氛，因为玩家必须考虑是否使用有限的灯油，或者冒着黑暗的危险继续前进。

《魔域》对《冒险》最重要的改进是设计了一个文本解析器，它允许计算机理解相同命令的变体。例如，"向北出发"和"朝北面走"产生角色移动的相同结果。这为游戏提供了更大范围的可访问用语，因为它不再需要寻找唯一正确的命令来完成此操作。此外，命令的范围可能比两个单词更复杂，允许游戏有各种各样的交互和谜题，对象还可以与环境交互，通过诸如"把绳子系在栏杆上"这样的短语，进一步扩展沉浸式功能。

开发《魔域》的成员在1979年成立了信息网站公司（Infocom），最初致力于计算机软件开发。与此同时，《魔域》通过阿帕网传播，并成为小型计算机主机上最受欢迎的一款游戏，就像《冒险》一样，它是通过终端和打印输出来玩的。信息网站公司的成员在计算机游戏中看到商机，努力将《魔域》带入商业环境。商业化最主要的障碍是游戏的大小，它有1兆字节或大约1 000千字节那么大，远远超过了最高性能苹果Ⅱ的最大内存48千字节。面对这个问题的解决方案，包括使用更有效的压缩方法以及从原始游戏中削减大量资源。《魔域》在1980年首次商业发行，紧接着是《魔域2》（Zork Ⅱ，信息网站公司，1981年）和《魔域3》（Zork Ⅲ，信息网站公司，1982年），每个版本都包含从原始版本中提取的元素。

信息网站公司最初是使用发行商来发布自己生产的游戏，但在出现一系列问题之后，决定自行发布软件。尽管计算机游戏行业越来越重视图形技术，但该公司在其交互式小说游戏上赢得声誉，在整个80年代发布了超过20款类似的游戏。20世纪80年代中期，信息网站公司发起了一场激进的反图形运动，详细阐述了使用想象力而不是依靠计算机显示器来显示图形的优点和深度。该公司还因将"多感觉艺术品"（feelies），即一种与游戏相关小物品的加入而出名。例如，信息网站公司的《银河系漫游指南》（The Hitchhiker's Guide to Galaxy，信息网站公司，1984年）中的多感觉艺术品，包括代表"你的家园和星球的毁灭指令"的文件、代表"微型空间舰队"的一个空袋子、一个"不要恐慌"按钮以及其他物品。

尽管信息网站公司反对图形化，但其他冒险游戏公司都把图形作为游戏的核心部分，认为纯文本游戏是浪费资源，并没有充分利用计算机的功能。由肯和罗伯塔·威廉姆斯夫妇（Ken and Roberta Williams）共同创立的在线系统公司（On-line Systems）开启了《高分辨冒险》（Hi Res Adventure）游戏系列。受

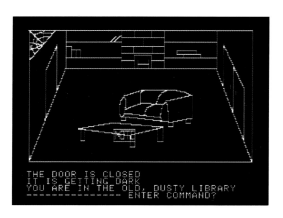

图6.2 高分辨冒险游戏系列的《神秘屋》

克罗塞和伍兹的《冒险》的启发，罗伯塔·威廉姆斯设计的《神秘屋》（Mystery House，在线系统公司，1980年）是一款遵循《冒险》设计惯例的游戏：玩家阅读场景的文本描述，并使用两个单词的命令来解开一个谋杀之谜。然而，罗伯塔·威廉姆斯的游戏与交互式小说游戏的表现形式有很大不同：它使用简单的线条图来直观地代表玩家对游戏空间的认知（见图6.2）。这种文字和图像的结合弥补了每一种表现方式的缺点：通过图像减少了对冗长文本描述的需求，通过文本能够清晰地识别房间里视觉模糊的物体。视觉效果也为解决谜题提供了线索，而不是通过文本来明确地交流。随着基于图形的冒险游戏中视觉效果的提高，玩家对微妙线索也变得更敏感。

第二部《高分辨冒险》游戏《巫师和公主》（The Wizard and the Princess，在线系统公司，1980年）结合文本输入和图像，但使用全彩图形，这是1983年后《高分辨冒险》系列游戏中使用的一种设置。早期家用计算机的彩色功能仅限于特定的调色板：游戏艺术家通过使用光学色彩混合（一种依靠人眼的能力将不同的颜色紧密地融合在一起的技术）创造出更大的视觉效果，从而弥补了这一缺点。在白色的区域上叠加一种红色的常规图案，创造了粉红色，蓝色区域中的黑色像素叠加创造了深蓝色。20世纪80年代早期各种类型的计算机游戏都使用这种方法，特别是那些以屏幕上大图像为特色的游戏。

1982年，在线系统公司改名为"西拉在线"（Sierra Online），罗伯塔·威廉姆斯依据童话灵感开发了《国王密使》（King's Quest，西拉在线公司，1984年），这款游戏成为冒险游戏类型快速发展的主要转折点。该游戏是IBM和西拉在线合作的成果，旨在帮助展示市场表现不佳的IBM家用计算机Jr型号的彩色图形功能。每一款游戏的80个单屏幕空间都是用多个生动的纯色块来表示，而不是其他冒险游戏中经常使用的混合颜色。然而，《国王密使》令人印象深刻的图形需要有意识地使用计算机资源，因为存储游戏的80个游戏空间中每一个都要占用太多的磁盘空间。游戏依赖于向量来绘制物体的轮廓，然后进行填充。每当玩家移动到一个新的空间时，就会看到轮廓，然后是填充的效果。虽然用这种方式绘制图形的速度比较慢，但它允许游戏运行更多的数据，从而加载一个更大的世界。

《国王密使》的玩法也值得注意，玩家通过使用手柄摇杆或方向键来引导角色化身通过各种各样的动画场景。这赋予了一种深度感，因为游戏的主角格雷厄姆爵士（Sir Grahame）可以在游戏空间中垂直和水平移动，在石头、树木和墙壁等物体的前面或后面行走。《国王密使》保留了打开门和拾取物品的文本命令。这提供了一种完全不同的体验，因为角色在屏幕上的位置成为执行操作考虑的重要因素。例如，玩家需要将格雷厄姆爵士移动到门前才能输入"开门"的命令。在续集中，控制角色和使用打字输入命令的组合一直保持一致，直到《国王密使5：离别让心远行！》（King's Quest: Absence Makes the Heart Go Yonder!，西拉在线公司，1990年）采用了图标驱动的点击式交互界面。

早期的计算机角色扮演游戏

20世纪70年代末和80年代初，计算机角色扮演游戏（CRPG）开始商业化。计算机角色扮演游戏是80年代中后期计算机游戏的主要流派。与复制桌面游戏《龙与地下城》故事情节的文本冒险不同，计算机角色扮演游戏使用复杂的系统来模拟与怪物或其他敌人的战斗。这也导致与受20世纪70年代《龙与地下城》启发的帕拉图网络游戏（Plato network）相同的"砍和杀"（hack-and-slash）的游戏风格（见第2章）。虽然早期计算机角色扮演游戏有更激烈的战斗，但以有条不紊的节奏移动，更类似于棋盘游戏，而不像街机游戏那样具有相对超高速的运动模式。

桌面角色扮演游戏的玩法遵循规定的顺序：创建一个人物或一群角色，购买装备和补给，进入地牢，与怪物战斗。在通常情况下，游戏会将第一人称视角与代表矩形走廊的简单图形结合起来。由于当时计算机资源有限，玩家们只能在绘图纸上缓慢地探索地图。这种游戏形式是如此普遍，以至于计算机角色扮演游戏成为了"地牢爬行"的代名词。游戏玩法常常在与龙、邪恶的巫师或其他强大敌人的战斗中达到高潮，这是很久以前在帕拉图网络游戏中建立起来的模式。早在20世纪80年代就有两款成功且有影响力的游戏——《巫术：疯狂领主的试验场》（Wizardry: Proving Grounds of the Mad Overlord，SRI科技公司，1981年）和理查德·加略特（Richard Garriott）的《创世纪》（Ultima，1982年）。

《巫术：疯狂领主的试验场》是由罗伯特·伍德海德（Robert Woodhead）和安德鲁·格林伯格（Andrew Greenberg）为苹果Ⅱ计算机设计的。该游戏试图复制帕拉图网络多人游戏基于组队的玩法模式，如《奥布里特》，但它是以单人玩家模式展开的。与早期计算机角色扮演游戏不同，《巫术：疯狂领主的试验场》使玩家可以管理一个由6个角色组成的队伍，而不是单一角色，他们的任务是从10级地牢中取回一个护身符。像桌面版《龙与地下城》的角色表与许多地牢类型的帕拉图网络游戏一样，初始版本给玩家一次性显示大量的信息：各种关键行动的命令、激活法术的命令、每个队员的姓名和身份，以及一条带有透视角度的线条（简单渲染后代表地牢走廊）。这款游戏变成受欢迎的计算机角色扮演游戏之一，尽管它图形简单又极端难玩，但还是在整个20世纪 80 年代产生了一个完整的系列并且保证了强劲的势头。它在日本尤其具有影响力，是日本角色扮演游戏（JRPG）发展成型的基础之一。

20 世纪 70 年代末，高中生理查德·加略特以托尔金（Tolkien）的《指环王》（Lord of the Rings）小说和桌面角色扮演游戏为灵感，通过制作游戏自学了计算机编程。在精通编程和游戏设计之后，当时还在上高中的加略特随后发布了他的一款测试游戏——《阿卡拉贝斯：末日世界》（Akalabeth：World of Doom，1980 年）。该游戏在当地的计算机商店中销售，引起软件发行商"加州太平洋"（California Pacific）的注意，该公司迅速在全国范围内授权并发行了《阿卡拉贝斯：末日世界》。

加略特走上职业化道路后的第一个游戏是《创世纪》，其中包含他早期非商业性游戏中许多精炼的概念。《创世纪》的故事是一种后现代的混搭，将中世纪的幻想与科幻小说融合在一起，玩家们使用时间机器从皮革盔甲和斧头升级到真空套装和爆炸装置，以对抗和打败游戏最后的邪恶巫师。游戏世界有各种各样的环境——辽阔的自然景观、城镇和地牢，鼓励玩家探索整个游戏世界。

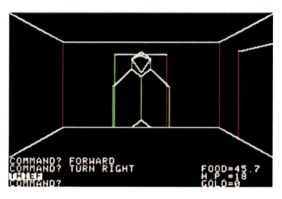

图 6.3 《创世纪》

《创世纪》使用了一个类似于地图的主世界，在不断变化的视角下用图标来代表不同的城市和地下城（见图 6.3），这与第二年汤姆·洛克里（Tom Loughry）为智能幻象游戏机开发的《高级龙与地下城：多云山》中使用的元素类似（见第 5 章）。玩家从基于回合制主地图上移动的城市图标突然转变进入一个巨大的游戏空间，玩家可以在那里购买补给或与某些居民交谈。与此同时，玩家可以在主地图的地牢图标上行走，切换成第一人称视角的迷宫游戏。玩家们也可以寻找宝藏和秘密之门，就像《巫术：疯狂领主的试验场》和帕拉图网络上的地牢类游戏一样。玩家与其他的敌人（如蝙蝠、亡灵巫师、兽人和骑士）战斗，像其他游戏一样，该游戏遵循回合制的玩法。类似于当代互动小说一般的文本冒险，环境的背景信息、战斗的结果和角色之间的对话通过文本框进行交流。加略特停止与发行商和西拉在线短暂合作后，在 1983 年成立了起源系统公司（Origin Systems）。有了这个公司，加略特能够创造性地开展他的工作。

从加略特的第一个游戏《创世纪 3：出埃及行》（Ultima Ⅲ：Exodus）以来，他一直是公司唯一的程序员、设计师和艺术家。然而，随着《创世纪》系列变得越来越流行，他不仅需要扩大游戏开发团队，还需要探索新的叙事和游戏主题。《创世纪4：圣者传奇》（Ultima Ⅳ：Quest of the Avatar，起源系统公司，1985年）抛弃了典型的在计算机角色扮演游戏中常见的"砍和杀""地牢爬行"等游戏模式，故事背景置于一个邪恶势力已经被征服的世界。游戏则是围绕在游戏中发展的8个角色的各自特长，游戏玩法的主要矛盾来自内部。尽管与小怪的战斗仍然是游戏的一个部分，但令人讨厌的玩家行为会侵蚀游戏世界的社会结构，如说谎、偷窃或欺骗其他角色等限制一个人体现特长的能力，这种形式提供了一种创新成果。当玩家通过帮助他人这样有道德的行为发展他们的角色时，玩家冒险进入地狱深渊，寻找终极智慧的宝典，并将其带回地面。

计算机角色扮演游戏的其他方向

第一人称地牢爬行游戏并不是从早期小型计算机游戏中诞生的唯一一种计算机角色扮演游戏。《侠盗》（Rouge）是由迈克尔·托怡（Michael Toy）、格伦·威奇曼（Glen Wichman）和肯·阿诺德（Ken Arnold）在20世纪80年代早期开发的一款以回合制为基础的小型计算机游戏。在《冒险》的启发下，《侠盗》保留了后者使用文本来描述房间内容以及玩家行为的模式。然而，这款游戏的特色并不是解谜，而是强调对怪物"砍和杀"的玩法。游戏空间由ASCⅡ字符组成，玩家用"@"来表示，而游戏中的26个怪物则对应不同的英文字母。就像在许多计算机游戏中受到《龙与地下城》的启发一样，《侠盗》的玩家收集金子获得等级和强大的道具，并与越来越危险的怪物作战。游戏最独特的元素是它随机生成每个地牢布局的能力。这一特性是为了解决像《冒险》和《魔域》这样的文本冒险有限的可重玩性而创建的，因为谜题的解决方案和迷宫布局在后续的游戏中仍然是一样的。

1984年《侠盗》最终被作为IBM个人计算机的商业游戏发布，保留了其标志性基于文本的视觉效果。20世纪80年代后期该版本被移植到其他计算机平台，出现了更多的代表性图形。由于它随机生成的地牢布局，《侠盗》成为一款很受欢迎的计算机游戏，并衍生出《侠盗》游戏的一种子类型。由于软件盗版猖獗，导致开发商破产，使得该公司在商业上的首次亮相并不成功。这个问题困扰了当时的许多计算机游戏生产商，

图6.4 类似于《星际策略》（Star Control，鲍伯玩具公司，1990年），计算机游戏在启动时请求一个由3层代码轮生成的特殊短语

导致 20 世纪 80 年代末和 90 年代早期开发者使用基于密码的拷贝保护措施，如游戏手册印有特殊的黑色和红色的参考卡，这些都很难复制，也很难进行编码（见图 6.4）。

飞行和车辆驾驶模拟计算机游戏

《飞行模拟器》（Flight Simulator，子逻辑公司，1979 年）是 1975 年布鲁斯·阿特维克（Bruce Artwick）在伊利诺伊大学香槟分校的一个论文项目。阿特维克以早期帕拉图版本的《飞行模拟器》、《飞行竞速》（Airace）和《空战》（Airfight）为基础，试图证明消费级别的计算机也能够实时计算模拟飞行。阿特维克将他的论文项目与商业环境相结合。阿特维克在 1978 年与斯图·莫蒙特（Stu Moment）创建了子逻辑公司，并最终为苹果 II 和 TRS-80 制作了一个游戏版本。这款游戏由 36 平方英里的虚拟空间构成，呈现线框构建的视觉效果，玩家可以在机场、桥梁和山脉间自由飞行（见图 6.5）。《飞行模拟器》包括一种"英国王牌"的游戏模式，允许用户与计算机控制的敌人进行第一次世界大战模式下的战斗机缠斗，对敌人的空军基地和燃料库进行轰炸。玩家凭借击落敌方战机以及对燃料库造成的伤害来获得点数。

图 6.5 《飞行模拟器》

《飞行模拟器》的商业发布非常成功，这引起了微软的注意，在获得游戏授权后，微软在 1982 年开始生产一系列的《微软模拟飞行》（Microsoft Flight Simulator）游戏。随后每一个版本都提高了图形现实感，并且扩大了游戏世界的虚拟空间。该系列以单独出售附加城市和飞机而闻名，在当时的时代背景下，这些城市和飞机也因为游戏提供的可下载内容（DLC）而火爆流行。

虽然后来版本的《飞行模拟器》没有包含原始的战斗元素，但其他几款早期的计算机游戏把飞行和战斗玩法作为游戏的核心部分。雅达利公司为雅达利 400/800 计算机开发的《星球奇兵》（Star Raiders，雅达利公司，1979 年）的灵感来自星际大战系列：玩家在黑暗空间里飞过一个简单的星场，与敌人的宇宙飞船战斗，并通过超空间在星系各个部分之间跳跃。除了动作游戏的玩法之外，游戏还包含决定银河中哪些区域为防御战略元素。入侵的部队摧毁了星球基地，严重损害了玩家对超空间跳跃的修复和补给能力，从而使游戏的玩法更加复杂。像许多专注于战斗的飞行模拟游戏一样，《星球奇兵》的流行也从计算机扩展到家用游戏主机，因此，游戏最终在 1982 年被移植到雅达利 VCS 和

5200 主机上。

飞行和车辆驾驶模拟器软件为卢卡斯影业游戏（Lucasfilm Games，后来更名为"Lucas Arts"）在作为"计算机游戏技术和设计的创新者"的声誉方面发挥了重要作用。作为卢卡斯影业公司（Lucasfilm Ltd.）的一个分支，该电影工作室由《星球大战》（Star Wars）的导演乔治·卢卡斯（George Lucas）领导，并在电影特效计算机部门的影响下发展起来。影子游戏团队成立于 1982 年，由经验丰富的程序员和游戏设计师彼得·兰斯顿（Peter Langston）领导，他们曾在哈佛大学创建了一个基于回合制的小型计算机游戏《帝国》。①

在与雅达利的初步合作下，新工作室在 1984 年为雅达利 400/800 计算机推出了第一款游戏——《滚球大战》（Ballblazer）和《破碎救援！》（Rescue on Fractalus!）。《滚球大战》将球和球拍的元素与第一人称车辆驾驶模拟游戏相结合，要求玩家通过移动的目标杆进行传球和发射得分。由于对运动和竞争元素的强调，游戏的视觉需要清晰地传达透视的错觉和运动的感觉，但又需要节省内存空间。因此，《滚球大战》将游戏空间描述为一个简单交替颜色的棋盘格图案（见图 6.6）。为了更好地传达运动的顺畅感觉，它采用了抗锯齿技术，减少了棋盘上坚硬的锯齿状边缘外观。此外，远处的物体会出现在地平线下方或上方，这意味着整个游戏场景是一个弯曲的表面。《滚球大战》也因其在程序上生成的配乐而闻名，在每次比赛的时候，它将一些较短的"即兴"节拍组合成不同的音乐作品。

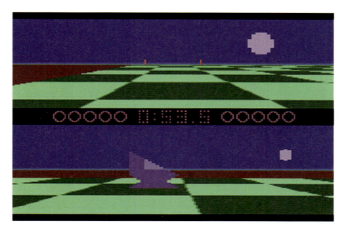

图 6.6 《滚球大战》
（图片来源：卢卡斯影业游戏公司）

卢卡斯影业游戏公司的另一款游戏是《破碎救援！》，这是一个专注于战斗的飞行模拟器，它涉及击落太空飞行员和摧毁敌人的激光炮和舰船（见

---

① 不要把 1973 年基于帕拉图网络的约翰·达莱斯克（John Daleske）的星球大战主题和《帝国》混淆（见第 2 章）。

图 6.7）。与线框图形或外层空间设置不同，《破碎救援！》的场景设置在一个复杂的山区环境中，这是基于卢卡斯影业计算机部门罗兰·卡彭特（Loren Carpenter）的作品。之前，卡彭特在电影《星际迷航 2：可汗之怒》（Star Trek II: The Wrath of Khan，1982 年）中使用分形几何，创作了计算机生成的地形，用于"起源效应"系列。

图 6.7 《破碎救援！》
（图片来源：卢卡斯影业游戏公司）

分形几何允许计算机创作出比手工创作更自然的地形。它可以由简单、重复且规则的模式构成，有效地使用计算机资源来生成地图。卢卡斯影业游戏公司的大卫·福克斯（David Fox）向卡彭特提出这款游戏的想法之后，卡彭特运用分形技术大大缩短了生成地形的过程，以此让游戏可以在家用计算机上运行。随后，福克斯围绕地形精心制作了游戏的剩下部分。《破碎救援！》复制了飞行模拟器类型游戏的许多元素，包括它的控制方案、调整推力、着陆、关闭船舶系统、打开气闸和激活推进器返回母舰的控制方案。该工作室为《破碎救援！》开发的分形技术在其他游戏中也有使用，如《幻影》（The Eidolon，1985 年）和《异星裂痕》（Koronis Rift，1985 年），这两款游戏都是以第一人称视角来展示游戏空间的。

与此同时在英国，基于太空的飞行模拟器游戏《精英》的创新，使英国计算机游戏产业一跃成为国际著名的游戏制造国。剑桥大学耶稣学院的大卫·巴本（David Braben）和伊恩·贝尔（Ian Bell）在英国广播公司的微型计算机部门为了展示 3D 图形开始研发《精英》。在技术方面细化后，这两个人致力于开发一款复制《星际迷航》和《星球大战》的虚拟世界游戏。游戏还借鉴了 1969 年斯坦利·库布利克（Stanley Kubrick）的电影《2001：太空漫游》（2001: A Space Odyssey）中空间站对接序列等元素。完成可玩版本的游戏演示后，两人通过英国广播公司微型计算机软件开发部门橡子软件公司（Acornsoft）获得了《精英》的出版许可（见图 6.8）。

图 6.8 《精英》

《精英》的游戏世界比当时任何一个平台创造的都要大：拥有 2 500 个外星种族的行星散布在 8 个星系中。游戏鼓励玩家通过在遥远的陌生市场买卖商品来探索浩瀚的游戏空间。那些寻找快速赚钱的人可以交易非法货物。他们需要冒着与政府派冲突的危险，稍有不慎便会成为被通缉的罪犯。除了管理和货物运输，玩家还可以收集太空海盗的赏金并攻击其他货船（这也是一种重罪），也可以通过太空中的 3D 空战缠斗提供动作游戏的元素。《精英》游戏的可玩时长远远超出当时许多经典的街机类计算机游戏。这款游戏可以持续数周，玩家试图通过累积超过 6 000 杀的数据来达到"精英"地位，最终屈服于海盗派、政府派或是两者兼有。

《精英》游戏世界的规模、复杂性和非线性特征，以及从英雄到恶棍的各种游戏功能，使它成为开放沙盒游戏最早的商业实例之一。这些特点除了能够定制玩家飞船的功能之外，更让人印象深刻的是在英国广播公司的微型计算机上，《精英》在当时只用到 18 千字节的可用内存。这个看似无穷无尽的神奇游戏背后是巴本和贝尔精通汇编语言的成果，这种编程语言节省了计算机内存空间，提高了展示 3D 物体的计算机性能。

视觉和动作冒险计算机游戏

随着更大容量的 5.25 英寸软盘和具有更好视觉功能的新型计算机，如康懋达 64、ZX 频谱和更强大的苹果 II 版本的上市，展示细节的图形技术成为计算机游戏日益重要的一部分。这一点在所有游戏类型中都能看得到，我们可以在《高分辨冒险》和《国王密使》之间的差异中发现出来。视觉上的丰富性也出现在一些最初的动作冒险游戏中，这些游戏结合了解谜游戏和更快的玩法，会让人联想到街机游戏。例如，塞拉斯·华纳公司（Silas Warner）的第二次世界大战间谍游戏《超越德军总部》（Beyond Castle Wolfenstein，缪斯公司，1984年），其以德国风格军事装备的游戏角色为特色，这与华纳之前《逃离德军总部》（Escape from Castle Wolfenstein，缪斯软件公司，1981年）中的人物形象形成鲜明对比。在20世纪80年代中期，英国开发者制作了《最终的游戏》（Ultimate Play the Game），后来被称为"Rare"，通过其等距飞美逊游戏引擎，并凭借其流畅的动画、图形的细节和及时响应控制为作品赢得声誉，在蒂姆（Tim）和克里斯·斯坦伯（Chris Stamper）的《魔域之狼》（Knight Lore，1984年）中首次亮相。

在20世纪80年代中期，随着视觉细节成为游戏的一个更大卖点，程序员们往往难以制作出吸引眼球的艺术效果和流畅的动画。然而有些人，如程序员乔丹·麦希纳（Jordan Mechner）能够通过使用创新技术来克服缺陷。遮罩动画（Rotoscoping）是由麦克斯·费雷歇尔（Max Fleischer）在1910年年中开发出的一种动画制作方法，可以在纸上把单个视频逐帧描绘出来。这使得一个动画师可以制作出栩栩如生的连续动画，而不需要计算出每一个单独的帧。20世纪80年代初，麦希纳在耶鲁大学的电影历史课上受到启发，在两款动作冒险类计算机游戏《空手道》（Karateka，1984年）和《波斯王子》（Prince of Persia，1989年）中运用了这一技术。这两款游戏都采用了经典电影的叙事结构形式。

麦希纳的《空手道》取材于日本导演黑泽明（Akira Kurosawa）的武士史诗，在日本的封建时代上演一场动作游戏。在游戏视觉效果的设计中，他拍摄了自己的家人和空手道教练的电影片段，将其追踪到图形文件中，然后逐像素将其编码到游戏里。游戏的情节集中在营救主角，拯救一个被邪恶军阀绑架的女友。《空手道》以一个介绍性的叙事片段开始，在不使用文字的情况下揭示游戏故事。它显示了军阀的残酷、女友处于困境中的痛苦以及英雄的登场。每个角色都伴随不同的音乐主题，有助于表达每个角色的个性。随着关卡的推进，游戏需要难度越来越高的武术动作，玩家在一个稍微有点起伏的侧滑空间上对单个敌人进行不同的攻击和反击（见图6.9）。

《波斯王子》在游戏设计上更具野心，也使用了遮罩动画和无对话的过场动画来叙述故事。以《天方夜谭》为主题，讲述了苏丹顾问贾菲（Jaffar）发动政变后，玩家扮演的角色被不公正监禁的故事。当贾菲对苏丹国王女儿的追求被拒绝时，他给了她1个小时的决定时间，除非嫁给他才能免于死亡。这种叙事元素将游戏安排成1个小时的玩法，让玩家来逃离迷宫般的地牢、跌落的平台、尖刺陷阱和挥舞着剑的敌人。叙事元素也延伸到游戏的动作设计，其中包括1938年的电影《罗宾汉历险记》（The Adventure of Robin Hood），由演员埃罗尔·弗林（Errol Flynn）和巴兹尔·拉斯伯恩（Basil Rathbone）饰演的角色使用剑打斗的戏剧动作被遮罩画法记录下来。麦希纳的电影式游戏创作方法也

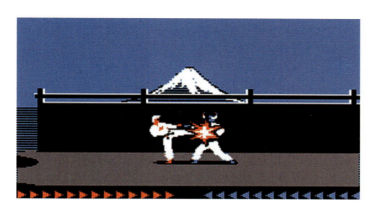

图 6.9 《空手道》

扩展到了界面设计,因为一开始它实际上是不存在的,唯一可见的元素是屏幕底部的一组简单、不显眼的代表生命值的三角形。

20 世纪 80 代末到 90 年代鼠标操控的计算机游戏

20 世纪 80 年代中后期,新一代的 16 位和 32 位计算机具有更强大的多媒体功能。加速图形设计、视频制作、动画和其他创意领域的革命,从根本上改变了计算机的专业实践。尽管像苹果 II、ZX 频谱和康懋达 64 这样的计算机在过去 10 年的游戏制作和游戏平台中一直很受欢迎,但是,开发者们还是争相利用苹果麦金托什计算机、雅达利 ST 计算机和康懋达阿米加计算机的更高分辨率和新交互形式,来体现游戏制作的优势。由于新计算机能够提供更高的屏幕分辨率,特别设计的计算机显示器变得至关重要,计算机显示器逐步淘汰了客厅电视。随着家用计算机计算能力的增强,对更大存储容量的需求也在增长,程序和文件的大小使得硬盘也成为另一个重要的组成部分。相对于软盘,硬盘驱动器可以更快地访问信息,并且避免在游戏中需要更换磁盘。

对计算机和游戏设计最重要的改变来自苹果的麦金托什计算机。通过借鉴乔治·奥威尔(George Orwell)的小说《1984》,麦金托什计算机发布了一个标志性的商业广告,由于其他公司的计算机限制,麦金托什计算机被视为一种自由的工具。为更广泛人群而设计的麦金托什计算机,其鼠标和图形用户界面(GUI)会更容易操作。使用鼠标发布指令,将空间维度引入计算机交互中,免去记住大量文本命令的需求。用户可以通过命令来直观地处理信息,如按主题分组,或者通过图标和按钮将熟悉的办公项目与计算机功能配对。麦金托什计算机并不是第一个图形用户界面和鼠标组合的商业实例,如 1981 年的施乐之星(Xerox Star)和 1983 年的维希视觉化系统都有这样的应用,但它成为一个分水岭,标志图形用户界面开始普及。1985 年,微软推出其第一个版本的 Windows,图形用户界面也出现在雅达利 ST 计算机和康懋达阿米加计算机上。

对于游戏来说，鼠标驱动的交互和图标成为许多新设计理念的核心，这些新设计理念改变了当时的框架，并帮助创建了新的游戏类型。

下一阶段的角色扮演游戏

由于大多数计算机角色扮演游戏都采用大量的系统来跟踪攻击点、经验点、武器伤害、法术、库存和食物等，因此，这些游戏往往具有信息密集的界面，分散在多个不同的屏幕上。玩家通常会通过键盘快捷键来切换这些界面，这些快捷键会添加到大量的常规键盘命令中。《地下城主》(Dungeon Master, FTL游戏公司, 1987年) 是第一个使用鼠标在不同信息屏幕之间移动的计算机角色扮演游戏。玩家可以在地牢中以第一人称视角使用带有人物名称和图标的盒子，通过鼠标点击查看物品清单、人物属性、武器装备和改变小队成员的行进命令、移动、施法、武器攻击，甚至从地面捡起物品也可以用鼠标来执行，从而创造出一个更加无缝的互动方式。

这款游戏也很重要，因为它离开了曾经塑造计算机角色扮演游戏类型的桌面游戏《龙与地下城》的系统。《地下城主》是实时游戏，而不是以回合制为基础的运动和战斗，这意味着仔细考虑和棋盘游戏式的策略被替换为需要迅速作出反应和决定的玩法。在《地下城主》游戏的施法过程中，玩家需要从法力点池中获得能量来累积产生符咒，而不是像《龙与地下城》的限制每级、每天施法的系统。另一个值得注意的地方是，就像早期基于帕拉图网络的《莫里亚》一样，《地下城主》的玩家们可以通过训练提高他们的技能。这使得角色可以根据每个玩家的个人游戏风格而不是一个固定的提升等级来发展。这些元素，加上游戏的大窗口和第一人称的视角，使《地下城主》拥有一种身临其境的体验，获得了多个奖项，并为后来的一些计算机角色扮演游戏提供了灵感。

到20世纪90年代早期，几乎所有的计算机角色扮演游戏都是为鼠标输入而设计的。基于图标的交互模式，特别有利于计算机角色扮演游戏，有助于简化基于文本控制的复杂方案。战略模拟公司（Strategic Simulation Inc.）发布了基于康懋达Amiga和雅达利ST版本的几款游戏，如《幽灵战士》(Phantasie, 1987年)、《恶魔的冬天》(Demon's Winter, 1988年)、《魔眼杀机》(Eye of the Beholder, 韦斯特伍德公司, 1990年)、《巫术6：宇宙熔炉之灾》(Wizardry Ⅵ: Bane of the Cosmic Forge, 西瑞科技公司, 1990年) 和理查德·家略特的《创世纪6：假先知》(Ultima Ⅵ: the False Prophet, 起源系统公司, 1990年)，这些游戏都采用了重新设计的界面，促进了对游戏信息的有效管理。计算机角色扮演游戏基于鼠标的交互形式仍然是20世纪90年代和21世纪初交互模式的基础，尽管在这段时间内设计和游戏的玩法有了多样化发展。

点击类冒险游戏的发展

在 20 世纪 80 年代中后期，卢卡斯影业游戏公司以《迷宫：计算机游戏》（Labyrinth：The Computer Game，1986 年）为基础开始探索图形冒险类游戏。这款游戏改编自 1986 年的魔幻电影《迷宫》（Labyrinth）。玩家位于迷宫中心的一座城堡里，有 13 个小时的时间来击败游戏中的对手（Jareth，基于大卫·鲍伊的电影角色）。按照交互式小说和图形冒险游戏的惯例，玩家收集物品并使用它们来解决谜题以取得进展。与《魔域》和《国王密使》的任务不同的是，《迷宫：计算机游戏》没有使用输入文本命令，而是使用两个盒子，一个包含动词的列表，如"开"或"说"，另一个是名词，如"门"或"小妖"。预先设置好的文本界面设计，避免了"我不懂"这一经常让人沮丧的信息回馈，因为玩家常常会打错字或是输入的单词不在冒险游戏设定的词库内。

《迷宫：计算机游戏》中文字菜单的互动，随后在卢卡斯影业游戏公司的《疯狂豪宅》（Maniac Mansion，1987 年）中被进一步完善，主题是对 B 级恐怖电影的恶搞。在 6 名青少年中，玩家可以选择一对同伴，以帮助他从一个疯狂科学家的豪宅中救出主角的女友。卢卡斯影业游戏公司独具幽默感的玩法和过场动画，玩家通过收集和操纵游戏空间中的物体来解决谜题。有些谜题只能通过某些特定角色来解决，这丰富了游戏的多样性，让玩家根据角色的选择体验不同的游戏过程。

游戏界面最初是为康懋达 64 上单个按钮操纵杆设计的，允许玩家选择游戏空间中的对象对一组动词进行配对（见图 6.10）。例如，选择"打开"，然后将鼠标移动到门的图形上，指示玩家的角色打开一扇门。这种交互方式决定了玩家的行为，让玩家通过与人交谈的类似方式来检查物体。1988 年，游戏被移植到 IBM 个人计算机上，允许玩家使用键盘方向键或鼠标，允许点击、交互。虽然当时的鼠标不是标准的配置，但点击玩法对冒险类游戏来说是革命性的。

图 6.10　最初的康懋达 64 位版本的《疯狂豪宅》
（图片来源：卢卡斯影业游戏公司）

为了加速游戏的开发，并提供一种有效的方式来解释这些命令，程序员奇普·莫宁斯塔（Chip Morningstar）帮助设计师罗恩·基尔伯特（Ron Gilbert）开发了《疯狂豪宅》的脚本工具管理器（SCUMM）。对于卢卡斯影业游戏公司来说，脚本工具管理器引擎是通用的。它和许多修正版本为备受赞誉的游戏开发提供了动力，如《异星入侵者》（Zak McKracken）和《异形大进击》（Alien

Mindbenders，1988 年）、海盗冒险游戏《猴岛的秘密》(The Secret of Monkey Island，1990 年）以及后来的摩托车冒险游戏《极速天龙》(Full Throttle，1995 年）。

随着鼠标变得越来越普及，冒险游戏的界面也逐渐远离文本，开始完全依赖于图标。布莱恩·莫里亚蒂（Brian Moriarty）开发的《织布机》(Loom，1990 年）是卢卡斯影业游戏公司中最独特的点击类冒险游戏。该游戏描述了一个梦幻世界，在这个世界中玩家们操控一个神秘的手工艺行会，引导年轻的织布工伯冰·斯瑞德贝尔（Bobbin Threadbare）踏上一段保护世界免受混乱的旅程。这款游戏的基本设置和动机与许多经典的冒险游戏类似，但是界面和游戏设计却不一样。与《织布机》和《疯狂豪宅》中的一大堆文本命令不同，也区别于这一时期卢卡斯影业游戏公司的其他作品，它使用了一个音符界面，通过点击一系列的音符来施放法术（见图 6.11）。法术效果范围包括打开门的简单命令以及把稻草变成黄金的能力。在整个故事中，玩家们可以学习越来越多的法术和多种多样的方法来应用它们，包括回放音符以达到返回上一个界面的效果。为了沉浸在莫里亚蒂省略或修改的叙事中，许多人期待着"游戏式"的元素从《织布机》中消失。这些变化包括消除玩家死亡的可能性、在不同地点收集和组合物品的需要以及减少那些阻碍前进的谜题。只有这样，《织布机》的设计才算彻底完整。

图 6.11 《织布机》
（图片来源：卢卡斯影业游戏公司）

《织布机》的成功代表了一个日益要求多样化但又不满足于现状的玩家群体，他们对以街机类、基于挑战的游戏在大众市场占据主导地位不太感兴趣。《织布机》更注重为休闲的设计提供替代方法，那时的游戏如《神秘岛》(Myst)（见第 8 章）都在探索这种方法，并通过类似于《模拟人生》(Sims)（见第 9 章）以及后来基于叙事探索的独立游戏继续发展下去（见第 10 章）。

信息网站公司和西拉在线公司也开发了用于鼠标交互的冒险游戏。早期使用鼠标交互的作品《超出魔域帝国》(Beyond Zork：The Coconut of Quendor，信息网站公司，1987 年)，是布莱恩·莫里亚蒂在加入卢卡斯影业游戏公司之前创建的。这种冒险和角色扮演组合的游戏虽然完全基于文本，但在玩家探索游戏空间时，绘制了简单的线条和矩形的地图。在某些计算机平台上，玩家可以用鼠标点击地图来上升或下降到新的空间。史蒂夫·马瑞扎克（Steve Meretzky）设计了基于文本的《魔域帝国零号》(Zork Zero，信息网站公司，1988 年)，它的特色是通过鼠标在有颜色和图形谜题的界面上进行导航选项。到 1993 年《重返魔域》(Return to Zork，动视公司)完全采用基于鼠标和图标的模式，像地牢爬行类的计算机角色扮演游戏一样，都使用沉浸式的第一人称视角。

在西拉在线公司，罗伯塔·威廉姆斯开发的第三人称游戏《国王密使 5：离别让心远行！》(1990 年)完全放弃文本的使用，只专注于通过鼠标来控制角色的移动，并与游戏世界互动。在随后的游戏中，三大冒险游戏制造商以及其他公司生产的游戏都在 20 世纪 90 年代持续发展，许多人开始从像素艺术转向电影和计算机生成的 3D 图像（见第 8 章）。

IBM 兼容个人计算机的崛起和统治地位

尽管在 80 年代后期出现一大批新型计算机，但 20 世纪 90 年代初的个人计算机市场主要还是围绕苹果的麦金托什系列计算机和 IBM 个人计算机。苹果的计算机有很长一段时间被用来支持计算机游戏的创作和运行，IBM 个人计算机在很大程度上仍被视为一种商务用途的机器，因为最初的机型几乎没有多媒体功能。然而，IBM 个人计算机采用了开放式架构设计，让用户不仅可以升级内存，还可以与其他计算机兼容升级硬件的各个组件，如处理器和主板。在 20 世纪 80 和 90 年代，康柏（Compaq）、捷威（Gateway）、戴尔（Dell）和惠普（Hewlett-Packard）等公司销售的"IBM 兼容式"计算机复制了这一设计。

IBM 计算机的开放式体系结构设计、在商业领域的巨大市场渗透以及大众对 IBM 兼容个人计算机的熟悉，为 IBM 在游戏领域的扩展提供了机遇。20 世纪 80 年代末，一些科技公司，如创意科技有限公司（Creative Technology Limited）和 ATI 技术公司（ATI Technologies），开始开发强大的声卡和图形显卡，使个人计算机具有更好的多媒体功能。随着第三方硬件的发展，个人计算机迅速崛起，超越竞争对手的设备，成为计算机游戏的标准设备，至今在很大程度上仍然没有受到挑战（见图 6.12）。

图 6.12 从 20 世纪 90 年代中期开始，IBM 兼容个人计算机的内部显示开放式的架构概念

20世纪80年代末到90年代初的管理和策略类游戏

1981年唐·达格洛（Don Daglow）为美泰公司开发的《乌托邦》（见第5章）是第一个"上帝游戏"，其中扮演上帝的玩家通过键盘上的12个按钮来操作游戏，在游戏中开发一个岛屿国家并管理它的居民。在20世纪80年代后期，家用计算机上的一些策略和管理游戏不仅扩展了游戏玩法的早期概念，而且通过鼠标驱动下拉菜单，以图形用户界面的形式，用键盘为主的方式，来实现游戏操控。

1984年，游戏设计师和建模师威尔·莱特（Will Wright）创作了他的第一款商业游戏《袭击海湾》（Raid on Bungeling Bay）。游戏中有一种自上而下的街机游戏类型射击玩法，玩家击落敌机并且用直升机轰炸敌人的工厂。虽然游戏很成功，并获得一个移植到Famicom/NES和日本MSX-spec计算机上的机会，但莱特发现在游戏层级编辑器中安排建筑物、道路和其他功能的位置更有乐趣。这项活动促使莱特研究了与市政工程和城市规划有关的系统，以及1970年英国数学家约翰·康威（John Conway）和他的生命系统动力学模拟项目的工作。在此期间，莱特与杰夫·布劳恩（Jeff Braun）共同创立了马克西斯（Maxis）游戏公司，1989年他们创作了《模拟城市》。

在《模拟城市》中，玩家获得的资源形式包括税收、建筑空间和从住宅到机场的多种建筑选择（见图6.13）。然而，很少有人把玩家引向特定类型的游戏，因为《模拟城市》的设计并没有最终目标。玩家可以建立各种各样的城市，因为他们可以与游戏的许多系统互动，包括税收、犯罪、污染、交通和人口。游戏互动围绕鼠标交互，它的特色是基于一个图标的交互界面，这样的灵感来自苹果Macintosh计算机上MacPaint艺术程序的图形用户界面。

除了《模拟城市》之外，席德·梅尔（Sid Meier）的《文明》（Civilization，

图6.13 最初DOS版本的《模拟城市》
（图片来源：美国艺电公司）

微散文公司，1991年）代表了这一时期管理类游戏设计的另一个重大创新。席德·梅尔和比尔·史泰利（Bill Stealey）于1982年共同创建了微散文公司（MicroProse），在以现实、军事为题材的飞行模拟器类型游戏方面赢得了不错的口碑，如《F-15地面神鹰》（F-15 Strike Eagle，1984年）和《F-19隐形飞机》（F-19 Stealth Fighter，1987年），后者使用简单的3D多边形模型。到19世纪末20世纪初，梅尔想探索其他的游戏理念。在与前阿瓦隆山公司（Avalon Hill）的棋盘游戏设计师布鲁斯·雪莱（Bruce Shelley）合作之后，两人共同创建了商业模拟游戏《铁路大亨》（Railroad Tycoon，微散文公司，1990年），它借鉴了由弗朗西斯·特雷姆（Francis Tresham）在1974年开发的名为"1829"的铁路建筑棋盘游戏。

《铁路大亨》的成功推动了梅尔和雪莱继续开发超越军事飞行模拟类型的战略管理游戏。游戏灵感来自关于城市建筑的游戏玩法，就像威尔·莱特的《模拟城市》、棋盘游戏《风险》（Risk）、《铁路大亨》和其他作品。最终，这些灵感汇集产生的结果是《文明》，这款游戏让玩家在几千年的时间里培育一个新生国家，从史前发展到太空时代。这个回合制游戏允许玩家设置建筑项目、建立城市、设置政府类型、产生贸易以及与邻国开战。虽然游戏的结构比《模拟城市》更有条理，但游戏却允许玩家自由发挥，并以建设、征服和生存为核心设置3个独特的胜利条件。

该游戏最重要的设计特征之一是技术树（technology tree），它是一系列分支技术的开发说明，允许玩家从陶器制造发展到太空飞行，从而推进文明的进程。随着每一个新发现的技术，玩家可以创造新的建筑类型和单位以及其他类型的进步。通过技术树选择不同的路径，以及在每一款新游戏开始时随机生成地图，游戏具备了高度的重复可玩性。

即时战略游戏的合成与开发

《模拟城市》和《文明》这种休闲游戏极受欢迎，但不是所有的游戏开发者都满足于《模拟城市》的开放式目标和《文明》有条不紊的回合制玩法。韦斯特伍德公司（Westwood Studios）将自己的经验应用于实时动作类游戏和游戏界面的简化，这就是在其早期计算机角色扮演游戏《魔眼杀机》中所看到的战略元素，就像是《沙丘2：王朝的建立》（Dune II：The Building of a Dynasty，韦斯特伍德公司，1992年）。《沙丘2：王朝的建立》是基于弗兰克·赫伯特（Frank·Herbert）1965年的科幻小说《沙丘》和1984年的电影改编的，它描述了一个虚拟世界中各国王朝为了控制阿莱克斯沙漠星球（Arrakis）的香料作为生产资料，从而使得各个王朝在虚构的沙丘宇宙中相互对抗的故事。

《沙丘2：王朝的建立》的核心玩法设计让人联想到威尔·莱特的《模拟城

市》和席德·梅尔的《文明》。玩家在游戏空间中放置个体结构建筑，同时指挥军事单位的移动。就像《文明》的技术树一样，某些建筑的创造赋予玩家生产新单位和新附加结构建筑的能力。游戏界面也有一个窗口，游戏世界被一个按钮和鼠标驱动的图标包围。然而《沙丘 2：王朝的建立》与这些早期的策略游戏不同，它给玩家施加压力，让玩家同时做出资源管理、建筑建造、单位角色生产和实时对抗敌人的决策。这种加速的、基于策略的游戏被称为实时策略游戏 (RTS)。虽然早期的游戏如《古代兵法》(The Ancient Art of War，全装备公司，1984 年)、《航母指挥官》(Carrier Command，实时游戏软件有限公司，1988 年)、《离子战机》(Herzog Zwi，科技软件公司，1988 年) 和《上帝也疯狂》(Populous，牛蛙公司，1989 年) 包含其中的几个元素，但是，韦斯特伍德公司的游戏创造了大多数人会遵循的设计准则。

韦斯特伍德公司紧随《沙丘 2：王朝的建立》之后开发的《命令与征服》也获得成功，这是一个半未来主义风格的即时战略游戏，混合了现实生活中的军事单位与科幻元素（见图 6.14）。与《沙丘 2：王朝的建立》相比，《命令和征服》的军队表现出更大的不对称性：单位在成本、健康、范围、速度和损害方面都有差异，这些因素在游戏的小冲突中需要玩家不断进行评估。《命令与征服》还改进了界面，进一步简化了交互，提高了游戏玩法的速度和流畅程度。移动和攻击命令可以通过简单的鼠标点击在游戏空间内选择无限的单位，而不需要点击动作图标。此外，玩家可以通过在屏幕边缘定位鼠标，在 8 个方向轻松地浏览地图。该游戏利用光盘只读存储器的更大存储能力，通过全动态视频片段，将真人演员与计算机生成的 3D 背景结合在一起，这是在 20 世纪 90 年代初其他游戏中使用的一种动画场景（见第 8 章）。

图 6.14 《命令与征服》
（图片来源：美国艺电公司）

虽然韦斯特伍德公司的即时战略游戏通过科幻小说的感觉来增强现实感，但是，暴雪娱乐公司（Blizzard Entertainment，以前是 Silicon & Synapse）的早期即时战略游戏借鉴了中世纪的奇幻主题，特别是桌面战争游戏《战锤：奇幻之战》（Warhammer: The Game of Fantasy Battles，游戏工作坊，1983 年）。暴雪的首个即时战略游戏《魔兽：兽人与人类》（Warcraft：Orcs and Humans，1994 年）在《沙丘 2：王朝的建立》的基础设计中加入竞争性的多人游戏元素。

如同《沙丘 2：王朝的建立》，在《魔兽：兽人与人类》中，玩家建造基地、收集资源、指挥作战单位，每个作战都有不同的优势和弱点。游戏不同于《沙丘 2：王朝的建立》的构建/扩展/战斗设置，而是通过在任务中引入更多的多样性，将游戏的原始神话融入游戏玩法中。例如，关于兽人战役的任务，"死矿"并没有提供打造基地建筑的游戏玩法，而是给玩家一个数量有限的单位，通过一个类似地牢的环境来寻找兽人战争首领的女儿。游戏的续集《魔兽争霸 2：黑潮》（Warcraft Ⅱ：Tides of Darkness，暴雪娱乐公司，1995 年）就像《命令与征服》一样，采用不对称的方式来处理每一方的单位，并为任务类型增加了更多的样式。

继韦斯特伍德公司和暴雪娱乐公司之后，其他工作室也提供独特的形式和不断发展变化的即时战略游戏。《Z》（Z，位图兄弟公司，1996 年）消除基地建筑的组成部分，只集中精力生产有大量枪支和喝啤酒的机器人军队，专注于占领敌人的领土。《横扫千军》（Total Annihilation，穴居动物娱乐公司，1997 年）使用精心设计的人工智能和在三维空间中渲染的专业单位。《帝国时代》（Age of Empire，合唱曲公司，1997 年）将一种类似于《文明》的历史玩法引入即时战略游戏，玩家可以随着时代的变化进阶升级。

韦斯特伍德公司继续在《命令与征服》系列中发布新的游戏名称和资料片，另一个历史主题是《命令和征服：红色警戒》（Command & Conquer: Red Alert，韦斯特伍德公司，1996 年），这使得基于互联网的多人游戏成为一个中心功能。然而，暴雪的《星际争霸》（Star Craft，1998 年）被证明是这一流派中的佼佼者，因为它的非对称设计非常适合竞争性的多人游戏（见图 6.15）。游戏中有 3 个不同的派别，每个阵营都有不同的建筑和系统，而每一个单位的功能都被对手的功能所抵消。用户界面通过浮动覆盖界面显示资源和单位的血量，使相关的信息一目了然。游戏空间也有不同的功能，通过使用等距视角，允许使用战术增加视野和武器射程。这些因素创造了一场具有潜在动态角力的战争，精心安排的反击可能会突然改变战斗的势头。这样的特质有助于建立职业电子竞技联盟。

《星际争霸》在视觉上也比它的即时战略游戏前辈们更加复杂。用户界面的主要部分从屏幕两侧的传统位置移动到底部，将游戏空间的比例从正方形变为矩形，给人一种看电影的感觉。与像素艺术不同的是，这些单元由 3D 模

图 6.15 《星际争霸》

型制作，然后用预渲染的图标代替。同样的技术用于开发《杀手本能》(Killer Instinct，瑞尔公司，1994 年)、《超级大金刚》(Donkey Kong Country，瑞尔公司，1994 年) 以及暴雪娱乐公司自己的探索类游戏《暗黑破坏神》(Diablo，1996 年)。

2D 和 3D 元素的结合影响了《星际争霸》和这一时期其他游戏的视觉效果和游戏性，这与 20 世纪 90 年代关于向 3D 游戏风格过渡的大讨论有关。正如第 8 章所讨论的，在不同类型中，2D 和 3D 之间偶尔会出现尴尬的混合，这是由于对视觉和空间现实主义的渴望，因为开发者需要最先进的 3D 角色和场景，而不会失去传统像素艺术所提供的视觉逼真度。与此同时，第 9 章讨论了在 20 世纪 90 年代后期和当代游戏设计中成功实现全 3D 视觉和空间的问题。

日本 2D 游戏设计和游戏机的重生

（1983—1995 年）

20世纪80年代早期的日本游戏和游戏公司

相对于北美市场的萎缩，日本的街机和游戏机制造商在20世纪80年代经历了飞速的增长。在20世纪80年代，随着日本城市化的发展，人口向大城市集中，使得游戏中心得到持续发展，街机的需求也得到持续增长。由于对火车站的过度依赖，创造了大量人口的等待空间，这是街机游戏的理想场所。日本的街机制造商陆续推出了新的游戏概念和技术，定义了"后黄金时代"的街机理念以塑造游戏机市场。直到1983年任天堂和世嘉的第一批基于卡盒的设备同步发行后，日本的家用游戏机市场才开始发展。随着日本游戏制造商之间主导权的战争在国际层面爆发，这种侵略性扩张在20世纪80年代末和90年代初达到狂热的程度，几乎空白的美国市场成为高利润的主战场。这场斗争推动了对高质量游戏的持续需求，这些游戏是由日本和美国的许多第三方开发商生产的。这一局面重新点燃北美游戏机行业的热情，并确立了日本在家庭视频游戏领域的主导地位，而这种模式在今天依然存在。

后黄金时代街机游戏的2D设计趋势

到20世纪80年代中期，街机游戏不再仅仅依靠新奇性来获得成功。第二代家用游戏机和家用计算机尽管形式并不完美，但还是给大众带来许多黄金时代的冲击。此外，随着越来越多的游戏为家庭制造，游戏规则和互动更为复杂，游戏也需要新的方式来保持吸引力。由于街机游戏依赖视觉和声音来吸引顾客走到柜机旁，因此，人们的注意力集中在审美特征上。

16位处理器的广泛采用各种模式，使其变得更加复杂：静态简短的叙事片段、小的动画图像和文本，在游戏演示、高分榜和大型彩色标题图形之间闪现。游戏世界从代表外层空间或其他抽象位置的黑色背景过渡到更加多彩和可识别的地方，如城市、森林和建筑内部。游戏中的叙事片段引入了角色，并为不同阶段之间的动作提供了背景。游戏中包含了更广泛的声音，包括数字化的声音、可识别的声音以及游戏音乐，这些音乐组成了80年代合成音乐和电子音乐的音乐流派。即使是一些次要的元素，如确认硬币存款的音效，也会随着声音和音乐的叮当声而增强。

游戏中的伪3D

街机游戏的设计者们想要模拟在高速空间中运动的感觉，在20世纪80年代中后期越来越多地依赖伪3D视觉。伪3D游戏依赖使用深度线索，如在一个点的视角下创建的图像以及物体尺度的变化，从而创造出三维空间的错觉。这一技术早在1975年由西角友宏（Tomohiro Nishikado）指导的赛车游戏《夜行车手》和《极点位置》（Pole Position，南梦宫公司，1982年）中出现，由于

16 位处理器可以顺利操纵游戏精灵的大小，在后黄金时代的街机游戏中被广泛使用。

世嘉的铃木裕（Yu Suzuki）是该行业最多产的游戏设计师之一，在这一时期的伪 3D 硬件和游戏设计方面取得最显著的进步。铃木裕的第一个主要项目是《挂》（Hang On，世嘉公司，1985 年），这是一款摩托车赛车游戏，有详细的图片和流畅的动作感。他的出色表现是基于铃木裕团队"超级标量"（super scaler）的发展。超级标量由先进的硬件技术组成，能够快速、平稳地改变每秒数千个 2D 精灵的大小，产生运动的感觉。这一发展成为 20 世纪 80 年代世嘉最受欢迎的模拟游戏的核心，铃木裕在这款游戏中创造了《太空鹞》（Space Harrier，1985 年）、《逃脱》（Outrun，1986 年）和《加力燃烧室》（Afterburner，1987 年）。游戏本身在很大程度上是基于游戏设计的惯例。更重要的是，它们带领铃木裕走上一条在街机游戏中探索 3D 游戏世界的道路（参见第 8 章），并于 20 世纪 90 年代在家用游戏机上作了改进（参见第 9 章）。

横向卷轴动作游戏和"快打游戏"

20 世纪 80 年代中期出现的一款新型游戏将角色驱动、片面视角（如《金刚》和《汉堡时代》）与滚动拍摄（如《扎克森》和《卫士》）的概念结合在一起。这些横向卷轴动作游戏，诸如《凯奇传奇》（The Kage，日本太东公司，1984 年）、《滚雷》（Rolling Thunder，南梦宫公司，1986 年）和《超级忍》（Shinobi，世嘉公司，1987 年）都是大型的精灵，它们代表五颜六色或阴森环境中的人类角色。这些游戏的核心玩法是用拳打、脚踢、挥布、舞剑，甚至是偶尔的"忍者魔法"来对付一大群弱小的敌人。就像黄金时代的射击游戏一样，游戏采用"一击死亡"的游戏规则，玩家和敌人都可以使用，使得游戏持续紧张。游戏中还包含各种不同类型的敌人，每种类型都有不同的行为模式，这使得设计者们通过修改敌人的数量、类型和敌人的组合来调整难度。这些元素再加上 20 世纪 80 年代高概念动作电影的直观影响，使得横向卷轴动作游戏更适合于投币式街机。

一个更明确的动作游戏被称为"快打游戏"（Beat' em up），从这个松散的游戏概念中脱颖而出。第一个完全开发的是《热血硬派》（Nekketsu Kouha Kunio-kun，日本科技公司，1986 年）。《热血硬派》由设计师岸本善久（Kishimoto）设计，重点在一个滚动的舞台上，用脚踢和拳头打击多个对手。虽然滚动动作已经在早期的动作游戏中出现，但最著名的是《功夫大师》（Kung Fu Master，艾勒姆公司，1984 年）。《热血硬派》力图给玩家和敌人最大的健康体验，正如岸本善久在李小龙的电影《龙争虎斗》（Enter the Dragon，1973 年）中看到的热血青春一样，健康系统允许玩家以"一败涂地"（knock-down-drag-out）的方式来战斗，创造了一场以"一败涂地"为中心的游戏。玩家需要多次打击敌人，"Beat' em up"，以打败他们。《热血硬派》的战斗系统相对于其他的卷轴游戏来说是高度发展的，因为玩家可以在地上击、踢、抓、冲、扔以击败敌人。这为多种策略的发挥创造了机会，一旦该区域敌人被清除，一个更强大的 Boss 角色就会加入战斗，要求玩家采取新的策略以进入下一阶段。

岸本善久想要达成的游戏玩法可能会导致玩家被敌人包围。尽管《机器人2084》中也有玩家们被敌对机器人包围起来的情况，但它却是以一种令人尴尬的混合视角来表现的，其中人物角色形象以轮廓表现出来，通过在屏幕上的上下移动，就好像在俯视他们一样。而《热血硬派》坚持以 3/4 视角呈现一个以精灵为主题的等距游戏空间，使用这个透视图和单独的按钮进行击打和踢腿，需要一个额外的按钮来"跳跃"，于是采用三键控制方案。这一方案也很快被其他人使用在 20 世纪 80 年代末和 90 年代初的横向卷轴动作游戏中。

岸本善久的后续游戏建立在《热血硬派》的战斗系统之上，并以长而横向的滚动层次替代了短而有界的竞技场。最显著的变化是两名玩家能够同时进行比赛，这是适合公共场所街机游戏的特色。《双截龙》(Double Dragon，日本科技公司，1987 年）这款游戏源于两个玩家同时游戏，它的灵感来自电影《龙争虎斗》(见图 7.1）。虽然岸本善久之前的游戏已然取得成功，但《双截龙》及其续集更是轰动世界，激发了如《战斧》(Golden Axe，世嘉公司，1989 年）和《快打旋风》(Final Fight，卡普空公司，1989 年）等其他"快打游戏"的成功。

图 7.1 《双截龙》

在 20 世纪 80 年代后期和 90 年代，根据《双截龙》会议的规定，通过扩大可玩角色池和游戏杆数量，增加玩家击败通关和同时在线的数量。日本公司卡普空和科乐美基于动画和漫画书人物的版权许可，也创造出很棒的街机游戏，如《忍者神龟》（Teenage Mutant Ninja Turtles，科乐美公司，1989年）、《神秘的X战警》（Uncanny X-Men，科乐美公司，1992年）和《异形战场》（Alien vs. Predator，卡普空公司，1994年）（见图7.2）。在20世纪90年代中期，世嘉在将《终极警探》（Die Hard Arcade，1996年）从2D改造成全面3D方面取得一定的成功。尽管如此，在20世纪90年代末，随着家用游戏机提供更多新颖的游戏形式，该类型全面重复的拳打脚踢的玩法与玩家数量一起日渐"消瘦"，最终在20世纪90年代末期消失。

图7.2 街机游戏《辛普森一家》（The Simpsons Arcade Game，科乐美公司，1991年）拥有4套控制系统，让玩家可以扮演整个辛普森家族
（图片来源：阿卡迪亚，麦克林，伊利诺伊州，www.vintagevideogames.com）

"一对一"格斗游戏

20世纪80年代"一对一"格斗游戏的出现，标志着19世纪末开始的街机比赛和观众观赛的高潮。1984年，娱乐电子媒体创新公司的游戏设计师西山隆志（Takashi Nishiyama）创造了横向卷轴动作游戏《功夫大师》，玩家可以对敌方对手和Boss进行拳打脚踢。这款游戏与众不同的是，它使用横条方框代表玩家血量以及Boss角色的血量，后来这成为战斗游戏设计中的一个特色。尽管游戏取得成功，但西山隆志离开娱乐电子媒体创新公司并加入卡普空，在那里他负责制作可以与他自己的《功夫大师》相竞争的横向卷轴动作游戏。西山隆志的《街头霸王》（Street Fighter，卡普空公司，1987年）和早期的《功夫小子》（Yie Ar Kung-Fu，科乐美公司，1985年）不同，它并不是一个以攻击多个对手为基础的游戏，而是在一个非常小巧的游戏空间，有效地包含一系列10个难度不断增加的Boss战斗。这种游戏形式赋予戏剧性的起伏和战斗流动，因为玩家操纵的战士之间交换多次拳击和踢腿，每个战士都试图耗尽对方的血量。作为一款具有竞争力的街机游戏，得分在评价玩家表现方面发挥了关键作用。每一次击球、踢腿和其他技巧都会增加玩家的总得分。获胜的玩家获得比赛时间和血量剩余的积分，鼓励快速且谨慎的战斗，而基于打破记录和其他示范技巧的小游戏在几轮回合之间获得奖励积分。

《街头霸王》以多种方式脱颖而出，为后来的格斗游戏奠定了基础。由于后黄金时代街机硬件功能的增强，游戏画面大而多彩。角色更具个性，提供背景故事和其他传记细节。设计本身更为复杂：攻击不仅是通过拳击和踢腿（如《功夫小子》），还有力量的区分、战略形式的发挥。任何攻击都可能或多或少地取决于对手及其动作，这些都有效地使游戏成为更复杂的博弈。

这款游戏的设计理念得到前所未有的六按钮布局的支持，它使得玩家能够精确地控制他们的战斗机的动作。[1]此外，玩家能够执行物理对抗的超级动作，造成大量伤害，并能迅速消灭对手。虽然这些动作在一场能够与机器和其他玩家竞争的游戏中非常不平衡，但这种游戏机制只能由按钮和操纵杆动作的秘密组合触发，只有最优秀的"街头战士"才知道这种特权形式。

其他"一对一"格斗游戏，如《暴力格斗》（Violence Fight，日本太东公司，1989年）和《角斗士》（Pit-Fighter，雅达利公司，1990年）也类似于《街头霸王》。这些游戏为20世纪80年代后期和90年代初期的其他格斗游戏提供了强大的游戏玩法，但很少有能够与《街头霸王2：世界勇士》（Street Fighter II：The World Warrior，卡普空公司，1991年）的流行性相提并论（见图7.3）。《街头霸王2》比其前身更具竞争力，是专为"快打游戏"的格斗游戏而设计的。这个功能像"快打游戏"一样，支持越来越多的玩家同步在线，通过提供一种新颖的竞争性游戏形式和家用游戏机完全无法复制的观众体验，充分利用街机游戏的社交功能优势。《街头霸王2：世界勇士》中有大量的可玩角色，每个角色在速度、力量、延伸范围和特殊能力方面有着显著的差异，创造出令人兴奋和多样的游戏玩法，并在粉丝之间引发激烈的争论，讨论哪一个角色具有最大的整体优势。超级动作成为常规比赛中不可或缺的一部分，在第一局比赛中，由于特殊能力造成的不平衡伤害相对于前一场比赛已经减弱。娴熟的玩家能够将各种攻击组合在一起，从而能够快速"解决"一个不知情的对手。虽然最初这是一个原本被认为是玩家无法开发的编程缺陷，但它却成为一种广泛使用的方法，在后来特许经营的游戏中逐渐成为主要的设计特征。

图7.3 北美版本的《街头霸王2：冠军版》（Street Fighter II：Champion Edition，卡普空公司，1991年）与原始版本不同，它允许玩家与游戏的BOSS角色同台竞技（图片来源：阿卡迪亚，麦克林，伊利诺伊州，www.vintagevideogames.com）

西方对"一对一"格斗游戏的反应

许多日本游戏开发商十分关注《街头霸王2：世界勇士》的设计和像素艺术审美，如《饿狼传说》（Fatal Fury）、《龙虎之拳》（Art of Fighting）和《拳皇》（King of Fighters）系列游戏作品都与之密切相关。[2]美国游戏开发商中途制造公司和英国游戏开发商瑞尔公司作品虽少，却都试图以最具视觉特色、更直观的方式来表现这一类型。由埃德·博恩（Ed Boon）和约翰·托巴斯（John

---

[1] 豪华套装的创建包含两个压力敏感控制器，但是，这样的设计最后被弃用，是因为玩家太过用力容易损坏机器，也容易伤到自己。
[2] 其中许多游戏都是由西山隆志离开卡普空公司后为其竞争对手SNK公司监制的。

Tobais）设计的《真人快打》（Mortal Kombat，中途制造公司，1992 年）包含战斗类型的基本元素：鲜明的角色、秘密的特殊动作、奖励机制和多按钮布局。游戏最独特的方面是它的主题和视觉效果：犯罪黑社会、好莱坞的名声、魔法咒语、日本神和忍者的后现代拼凑。这些内容都特别强调对暴力的描绘，角色在被击中时会鲜血四溅，而独特的游戏机制允许胜利者以特别残酷的方式杀死失败的角色。例如，绝对零度（Sub Zero）这个角色，将对手的头部与脊柱分离，并将其举起来展示。由于游戏中使用真实演员的数字化图像而非像素艺术，使得行为变得更加激烈。

《宿命》（Fatality）的游戏机制诠释了社会竞赛和游戏观众的终极形式，并在玩家中创造了一种持久的神秘感。它随即被用于之后的"一对一"格斗游戏，如《时空杀手》（Time Killers，不可思议科技公司，1992 年）和《永恒冠军》（Eternal Champions，世嘉公司，1993 年）。然而，《真人快打》通过隐藏的剧情使玩家获得大量信息，其中包括特殊动作和死亡以及与隐藏角色的特殊格斗，还包括对游戏隐藏内容的范围进行疯狂但毫无根据的猜测。

英国游戏开发商瑞尔以《杀手本能》加入格斗游戏热潮，这也继承了该流派快速发展的惯例，如特殊角色、多按钮布局、血液和在比赛结束时完成动作。《杀手本能》的角色不是使用像素艺术或数字化的演员，而是通过预渲染过程创建的。预渲染是平衡高质量 3D 图像需求与消费者计算能力局限性的常用方法。在预渲染中，艺术家构建高度详细的 3D 模型，变成一系列动画 2D。这允许视觉效果保持 3D 外观，同时需要一部分处理能力来制作各帧的动画。它曾出现在瑞尔的超级任天堂（Super Nintendo）的平台游戏中，如《大金刚》以及整个 90 年代的许多其他游戏，如《奇异世界：阿比逃亡记》（Oddworld：Abe's Oddysee，奇异世界居民公司，1997 年）、暴雪娱乐的《暗黑破坏神》以及《星际争霸》。尤其是对于《杀手本能》来说，它允许游戏对用户输入做出快速响应，这对于竞技格斗游戏来说是必不可少的。

《杀手本能》设计的独特之处在于将各种特殊攻击结合起来形成组合链。这种设计理念需要采用不同的控制方法，因为强制玩家在每次特殊攻击中使用一套复杂的命令是不可行的，尤其是因为组合可能会产生超过 50 次单独的攻击。相反，《杀手本能》允许玩家执行多种技术的简单组合以及几个按钮和游戏杆输入，随后可以通过播放器的进一步输入来扩展组合。为了在越来越依赖于将对手困在看似永无止境的组合序列中的玩家之间创造一种平衡感，《杀手本能》以"组合破坏者"为特色。这个机制如果时间适当，可以打断对手的连锁攻击，并且可以创造出机会来对抗自己的超级组合。因此，玩家组合在一起的时间越长，他们给对手反击的机会就越大，并有可能扭转比赛的势头。在整个 20 世纪 90 年代，3D 格斗游戏（参见第 8 章）越来越流行，并且能够在越来越复杂的家用游戏机上玩 3D 格斗游戏（参见第 9 章），就像动作游戏"快打游戏"一样，这导致北美 2D 格斗游戏的衰落，专用街机游戏也随之消失。

日本公司向国内转型

自 20 世纪 70 年代末以来，任天堂已经制作了各种彩色电视专用游戏机（参见第 3 章）的家用视频游戏，然而它想要一个更复杂的单元，可以玩其热门的街机游戏。从 1981 年开始，任天堂的工程师上村雅之开始尝试使用一种能够复制《大金刚》的卡盒型游戏机，同时任天堂考虑为科莱科模拟器（科莱科幻象游戏机）授权和生产软件。科莱科模拟器公司提出的收费标准让任天堂止步不前，改为完全支持上村雅之的工程设计。任天堂的这一决定很幸运，因为 1983 年的大崩盘袭击了北美，导致科莱科模拟器放弃了主机市场。

基于上村雅之理念而出现的游戏机被称为家用计算机或红白机（Famicom）（见图 7.4）。虽然红白机是专为《大金刚》设计的，但它超越了街机游戏的技术能力，包括流畅地从一个屏幕滚动到下一个屏幕的能力。这种罕见但具有前瞻性的家用游戏机技术特性成为红白机最重要的资产之一。[①] 与游戏机和几款街机游戏一样，红白机基于 n64 平台、8×8 像素的小块显示

图 7.4 任天堂公司的红白机和游戏机手柄

图形。早期红白机的游戏通过尽可能频繁地重复砖块来节省内存资源，并且普遍使用砖和砌块的模式构建游戏世界。

红白机的重要性在某种程度上与它设计良好的控制器有关。这款标志性的长形触控板，即方向键手柄，是基于任天堂的《大金刚》游戏和手表液晶显示器（watch LCD）掌上计算机控制的。在《大金刚》游戏和手表液晶显示器之前，手持设备使用简单的一个或两个按钮输入。由于《大金刚》被设计成一系列水平和垂直的运动，这些能力被转化为高效的、加上形状的控制板，以某种形式出现在几乎所有的游戏机控制器上。这个控制方案非常适合 2D 游戏的设计，因为它可以从上到下或者从侧面角度通过空间的方式，让玩家直观地移动。与此同时，"A"和"B"按钮与大多数双按钮的街机游戏保持一致。

控制器还有人体工程学的优点。它被使用者舒适地握在手中，因为两个食指均以平衡方式支撑它，而拇指键则用拇指固定。控制器的设计充分利用了手指的精细动作技巧，而不是视频计算机系统操纵杆所需的更大、更不精确的手

---

① 早期雅达利 8 位游戏机、康懋达 64 位计算机和科尔科维森游戏机也有内置的滚动功能。另外，宫本茂也希望在《大金刚》游戏中植入滚动关卡的转换，由于在 1981 年当时硬件的限制，这些转换没有成功实施。

腕动作。与智能幻象模块（智能幻象游戏机）、科莱科模拟器和雅达利 5200 一样，从有 12 个按钮的数字键盘上移动，使得与游戏的交互更加直观，并减少了找到正确按钮所需的时间，玩家的视线几乎可以完全集中在屏幕上。在这一独特的硬件和控制器组合的帮助下，红白机鼓励快速响应的 2D 游戏制作，成功地抓住家庭街机游戏的实质。

虽然最初的一批处理器被证明是错误的，导致机组的重新运行，但在日本红白机在 1983 年和 1984 年的发布中都取得了巨大的成功。然而，任天堂的目标是美国。在与雅达利公司达成协议后，任天堂决定直接向美国市场推广该系统，这一举措需要对红白机进行一些调整。它采用了由工业设计师兰斯·巴尔（Lance Barr）创造的全新美式风格，与当代家用电子产品趋势相适应。它也被重新命名为"NES"，配有光枪和玩具机器人。但是，任天堂打入美国市场的主要问题是，在 1977 年至 1983 年期间，9 款主要游戏机的发行量推动市场大涨后，如何说服零售商购买另一款视频游戏机。任天堂通过保证任何未售出的游戏机能获得全额退款，最终才赢得美国零售商的支持。在 1985 年和 1986 年初推出一系列平庸但鼓舞人心的测试后发布市场，NES 于 1986 年秋天在全美范围推出。

稳定和控制游戏机市场

从一开始任天堂就很明确，打算通过与第三方开发商协作设置严格的程序，对家用游戏机市场进行全面控制。一家为任天堂游戏机生产游戏的公司每年最多只能有 5 个游戏。此外，任天堂坚持排他性，并收取高额的许可费。为保护公司的形象，任天堂的控制还扩展到能够覆盖或审查游戏内容中发现任何令人反感的东西，尤其是它的美国分支机构（美国任天堂）。NES 在美国上市，第一年就售出了 300 万台，之后一年又有 600 万台游戏机在一个被认为是"死掉"的市场上售出，开发商们都渴望为这个系统开发游戏。

为了消除盗版或未授权游戏的威胁，美国和欧洲版的 NES 设计了锁定芯片，这是一种防止系统启动的保护措施，在未经授权的控制器未通过系统认证时启动。竞争对手最终找到一种规避这种早期数字版权管理（DRM）的方法，但随着任天堂的许可政策，它允许任天堂更轻松地管理其形象并在高质量游戏上建立声誉。这些行动让任天堂在 20 世纪 80 年代后期实现家用游戏机市场的垄断，可以估测在日本和美国市场的份额都超过了 90%。

建立任天堂的特许经营权

1983 年红白机的发行版和早期的产品在很大程度上向街机倾斜，包括《大金刚》《小金刚》和《大力水手》（Popeye）以及随后的《马里奥兄弟》《小蜜蜂》《吃豆人》《铁板阵》《太空入侵者》等众多其他日本黄金时代诞生的街机游戏。在 20 世纪 80 年代中期，任天堂及其设计师开始从以街机为中心的思维模式，转变为专注于开发更适合家庭中延长游戏时间的游戏，其中大部分是通过寻找和采用不同的关卡设计方法来实现的。

引领任天堂转型的是工业设计师兼游戏设计师宫本茂（Shigeru Miyamoto）和新人手冢卓志（Takashi Tezuka），手冢卓志也是一位受过传统教育的设计师。宫本茂和手冢卓志在家用游戏机的主要成就集中在改进熟悉的投币游戏元素和创造新颖的关卡设计，这是在以前的游戏机上很少看到的游戏深度。他们不断发展的设计理念以及对红白机的一系列技术改进，让该团队创造了一些任天堂游戏产品以及一些在整个游戏行业备受赞誉的游戏。

宫本茂和手冢卓志的第一个红白机游戏是《魔鬼世界》（Devil World，任天堂公司，1984 年），这款游戏集吃点玩法、火球射击和迷宫游戏于一体，还包括只在日本和欧洲发布的恶魔、十字架和圣经，美国任天堂反对公然使用宗教象征。《魔鬼世界》从街机游戏中分离出来，因为游戏无休止地重复两个迷宫和一个奖励阶段，直到玩家死亡。尽管如此，它利用了红白机在游戏空间中的滚动功能。在《魔鬼世界》发行的几个月里，宫本茂设计了特技摩托车赛车游戏《越野机车》（Excitebike，1984 年），其特色是能够更流畅地在各个屏幕之间滚动，从而达到赛车游戏的水平。从左到右的高速运动对比赛的主题至关重要。除了能让玩家创造和发挥定制关卡的赛道编辑器之外，《越野机车》还是一款有效的短时间的街机赛车游戏。

《超级马里奥兄弟》

宫本茂和手冢卓志设计的控制器游戏的转折点是他们的下一个项目《超级马里奥兄弟》（Super Mario Bros.，任天堂公司，1985 年）（见图 7.5），时至今

图 7.5 《超级马里奥兄弟》

日，这个游戏仍然对游戏产业有着不可估量的影响。《超级马里奥兄弟》是一个以马里奥追求自由、从鲍泽（Bowser）带领的一群无情的乌龟生物家族的魔爪中，释放被绑架的蘑菇王国的公主的故事。

虽然在《超级马里奥兄弟》之前也存在跑步和跳跃的元素，但游戏巩固了一些独特的概念，在快速街机类动作和适合家庭的较长游戏时间之间达成平衡。它还有助于重新点燃北美游戏机市场，并成为新一代玩家的第一个游戏体验，这些首批游戏体验者中有些成长为游戏设计师。

《超级马里奥兄弟》最初的设计理念涉及控制太空中的大型角色。许多街机游戏，如《大金刚》在一个屏幕中包含许多动作，为了最大限度地发挥游戏空间的作用，也需要小角色。然而，角色规模的增加（通过将多个小块拼装在一起而成为可能）需要比可以显示的游戏空间更大的屏幕。这使得游戏形成了标志性的广阔世界，表现为丰富多彩的环境设计，有陆地、海洋和空气。为了让游戏感觉在大空间中持续不断，《超级马里奥兄弟》利用了为《越野机车》开发的快速滚动游戏引擎。它让马里奥平稳地加速跑，就像早前的《大金刚》和《马里奥兄弟》。其结果是一个 32 级的全方位体验，紧密结合奖金和挑战、多策略 Boss 战斗、隐藏的对象和秘密区域。这些元素鼓励玩家尝试、发现并探索游戏空间中的更多范围，这是宫本设计哲学的一个标志性方面。

除了纯粹的规模之外，《超级马里奥兄弟》还在其个人机制、敌人行为和关卡设计之间精心设计了互动，创造出直观而又有效的游戏玩法。作为游戏核心的加速机制，增加了玩家在游戏世界的能力。尽管当时许多游戏包括强力升级，但《超级马里奥兄弟》给予玩家更大的范围，并有能力破除障碍、投掷火焰或者暂时变得无敌。这些在游戏过程中获得和失去的技巧创造了一个动态的起伏，需要玩家不断调整和改变战略。原则上在游戏机制中很重要的一点是跳跃，它与陷阱的直线垂直或预设弧线有很大的偏差，就像《小精灵世界》（Pac-Land），甚至宫本茂早期的街机游戏。玩家可以在半空中稍微向左或向右调整自己的位置，以便进行细微而精确的重定向。此外，玩家还可以根据直观的概念控制跳跃的高度，即玩家按下跳跃按钮的时间越长，马里奥跳跃得就越高。在之前一款游戏中，《敲冰块》（Ice Climber，任天堂公司，1985 年）为家用游戏机对玩家的空中跳跃稍作左右改动，但没有《超级马里奥兄弟》那样成熟。

通过对马里奥运动极高的控制度，游戏需要在增加挑战之前教导玩家掌握微妙的技术。例如，在第一级初期，玩家遇到一套 3 根绿色管道，每根绿色管道逐渐变高，并且包含零、一个和两个板栗仔（Goomba）敌人。这一系列的障碍需要在玩家进步之前掌握跳跃技巧。通过快速点击按钮创建的标准跳跃，针对第一根管子而不是第二根或第三根管子，这需要更长时间的按压。管道之间的板栗仔们是移动目标，需要玩家调整跳跃的轨迹才能登陆或避开它们。在任何一个动作中失败的玩家都会死亡，但是因为这是在比赛开始时发生的，玩家可以很快再次尝试而不会失分。阿拉特等级（Alater level）、世界 6-1（World 6-1）具有不同配置的楼梯状结构，导致了无底洞。虽然这些结构需要花费时间仔细研究和提升跳跃的准确性，但玩家可能已经能够轻松地通过它们。一个腾云驾雾的敌人拉基图（Lakitu）却将这个任务复杂化，因为它不断地将一个不受惩罚的、有刺的"刺"（Spiny）角色丢进游戏空间，降低了玩家的可操控性。

《塞尔达传说》

在宫本茂和手冢卓志设计《超级马里奥兄弟》时，该团队还创作了《塞尔达传说》（The Legend of Zelda，任天堂公司，1986），该游戏于 1986 年发布（见图 7.6）。《塞尔达传说》使用与《超级马里奥兄弟》类似的叙述形式，围绕一个孤独的英雄林克（Link），试图将不同的智慧魔法碎片整合起来，从邪恶的加农（Ganon）手上营救塞尔达公主。虽然宫本茂和手冢卓志借鉴了《创世纪 2 号》（CRPGs Ultima II）和《黑色魔境》（The Black Onyx）的日本本土化元素，但《塞尔达传说》没有展示角色扮演类游戏的标志性体验点或人物属性。玩家们转而探索陌生的环境，寻找能让他们进入封闭区域甚至能完成游戏目标的物品。例如，一艘木筏可以让玩家进入岛屿，一个能量手环可以移动大岩石并进入新的空间。这种打开游戏空间元素的体验也可以在侧滑式射击平台《银河战士》（Metroid，任天堂公司，1986 年）中找到，它使用新的武器力量打开曾经遇到的关卡。

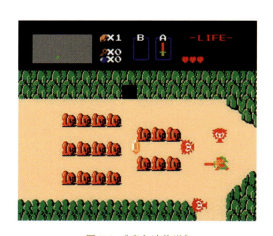

图 7.6 《塞尔达传说》

与《超级马里奥兄弟》那样对游戏玩法进行入门介绍不同，《塞尔达传说》的玩家被放置在 128 个大屏幕大小的世界里，没有攻击的手段。那些冒险进入 3 条可用起始路径之一的人将面对他们无法战斗的敌人，导致快速而无助的死亡。此外，当玩家意识到他们需要寻找三角力量（Triforce）时，并没有被指示从何处开始，因为大量的开放世界游戏空间没有提供任何特定的路径。虽然这些是基于计算机冒险类游戏和角色扮演类游戏之间的共同元素，这些共同元素对于游戏机来说是不寻常的。这促使任天堂在游戏手册中囊括了如何获得宝剑和怎么到达前两个地牢的说明。

《超级马里奥兄弟》和《塞尔达传说》的续集与其前身有很大差异。《超级马里奥兄弟 2》（Super Mario Bros. 2，任天堂公司，1986 年）利用游戏机制和关卡设计，往往故意误导玩家，这与宫本茂对平台游戏的鼓励方式背道而驰。例如，在初级阶段的早期，玩家遇到一种毒蘑菇，与奖励用的强力蘑菇非常相似，但是当被触摸时会立即击杀玩家。虽然这款游戏的目的是为那些成为超级马里奥的玩家制造更大的挑战，但任天堂认为这款游戏在国际上发布太困难了。相反，北美版的《超级马里奥兄弟 2》（1988 年）使用阿拉伯之夜主题《梦工厂：心跳恐慌》（Yume Koujou Doki Doki Panic，任天堂公司，1987 年）的设置和机制，并将角色与超级马里奥[①]的灵感融合。

《塞尔达传说 2：冒险链接》（The Legend of Zelda Ⅱ：The Adventure of Link，任天堂公司）是 1987 年的冒险游戏，因为上下角度被横向卷轴动作游戏所取代，该游戏利用了经验值、随机遭遇还有类似于《勇者斗恶龙》（Dragon Quest）和其他日本 RPG 游戏的世界地图（参见下文）。

从卡盒到磁盘，再到卡盒

《超级马里奥兄弟》最初是红白机的最后一款基于卡盒式的游戏，因为任天堂计划转为设计基于软盘在红白机磁盘系统（FDS）插件上播放的游戏。磁盘系统增加了红白机可用的内存、音效功能，并为游戏提供了更大的存储空间——这对于游戏设计师来说非常具有吸引力，因为任天堂早期卡盒的局限性越来越大。磁盘系统帮助日本设计师摆脱街机游戏的惯例，极大地鼓励创建更雄心勃勃的游戏关卡，使得游戏内容长达几个小时。《塞尔达传说》和《银河战士》以这样的内容来说明这一点，即玩家不可能一次就完成。由于磁盘系统有能力像个人计算机那样编写数据，这些大型游戏允许玩家将游戏进度保存在游戏盘上。

磁盘系统带来的增加容量和增强功能对于开发商进入新领域提供了宝贵的帮助，但它从未在日本以外的地区发布；无法控制盗版和伪造的问题对附加组件增加了困扰，使得世界范围的版本不受欢迎。这也给国际版本的《塞尔达传说》和《银河战士》带来问题，因为玩家需要一种方式来继续他们的进步。任天堂的最初解决方案是给玩家一个死亡密码，可以启动一些新游戏——某些项目是 1987 年北美发行的《银河战士》中使用的解决方案。然而这并不令人满意，因为玩家需要在每次死亡后通过方向键手柄输入 24 个字符的代码。《塞尔达传说》北美版本的不同之处在于它包含一个电池供电的内存芯片，可以模拟磁盘系统的数据写入功能。此后的电池备份保存游戏被用于众多北美游戏发布，包括《龙战士》（Dragon Warrior）和《最终幻想》（Final Fantasy，史克威尔公司，1987 年）。任天堂最终完全放弃对磁盘系统的支持，并选择使用更多内存和交换功能来升级磁盘的内容（参见第 5 章）。在家用游戏机的黄金时代，早期的家用游戏机与后期生产的游戏主机相比，在视觉效果和游戏内容方面存在显著的区别。

虽然这两部续集在商业上都很成功，但任天堂对这些关键系列的后续游戏采取了更保守的态度。《超级马里奥兄弟 3》（Super Mario Bros. 3，任天堂公司，

[①] 最初的日本版《超级马里奥兄弟 2》最终走出了日本，被命名为《超级马里奥兄弟：失落的关卡》（Super Mario Bros.: The Lost Levels），它是红白机和超级任天堂娱乐系统（SNES）的 4 款游戏合集《超级马里奥全明星》（Super Mario All-Star，任天堂公司，1993 年）中的一部分。

1988年)在充满互动的游戏世界中拥有超过90个关卡和空间,它展示了新的电源UPS、一个库存系统、几款迷你游戏,以及如棋盘游戏一样放置在地图上的流浪迷你怪。它允许玩家选择体验游戏世界提供的一切,或者通过最短路径与7位酷帕灵怪("Koopaling Boss")中的一个进行最后的对决。尽管拥有无与伦比的盛大体验,游戏还是回归到原创的本质和感受。它使得玩家更快地掌握了游戏要领,通过水平设计,帮助玩家学习游戏的新技巧,并在游戏开始时更频繁地安排额外的生命。任天堂的"下一代"超级家用游戏机(下文讨论)上的《塞尔达传说:与过去的联系》(The Legend of Zelda: A Link to the Past,任天堂公司,1991年)也同样回到它的最初模式。总之,这一经历有助于巩固任天堂在2D时代的设计理念,并为其在20世纪90年代中期第一次3D游戏的诞生奠定了基础(参见第9章)。

计算机游戏和红白机上的日式角色扮演游戏

正如第6章所讨论的那样,家用计算机行业在整个20世纪80年代迅速扩张,并产生了一系列独特的游戏和游戏界面。许多计算机游戏开发商都意识到家用游戏机的大众吸引力,并为家用游戏机开发了游戏。这使得任天堂的游戏玩家可以接触到更广泛的游戏类型。虽然家用游戏机不像阿米加计算机(Amiga)这样的家用计算机技术强大,但它却具有点击类冒险游戏《疯狂豪宅》和《国王密使》、汽车模拟游戏《潜艇部队》(Silent Service)和《F-15地面神鹰》,以及角色扮演游戏《巫术:狂妄霸主和黑玛瑙的证据》(Wizardry: Proving Grounds of the Mad Overlord and the Black Onyx),这些终端在NES之前的红白机上经常被发布。除了适应特定的计算机游戏外,通用设计概念还从计算机游戏流传到任天堂的游戏机上。例如,《七宝奇谋2》(The Goonies Ⅱ,科乐美公司,1987年)和《13号星期五》(Friday the 13th,视频包装公司,1989年),后者结合了基于第一人称探索平台冒险游戏的动作。就像《塞尔达传说》和计算机冒险游戏一样,这两款游戏都依赖于玩家的意愿去探索游戏世界的边界及其各种互动来获得进展。

在计算机与家用游戏机之间的相互影响中,值得一提的是《勇者斗恶龙》(Dragon Quest,楚恩软件公司,1986年)中的概念,这个游戏为后续的日式角色扮演游戏创建了框架。直到20世纪80年代中期,日本几乎没有计算机角色扮演游戏,甚至在那个时候,《黑色魔境》由于计算机游戏特许经营的本地化,它们只被日本的一小部分博彩人群所欣赏。与软件出版商思尼克斯有关的开发商堀雄二(Yuji Hori)是西方RPG游戏的狂热粉丝,但是,他觉得这个流派不适应日本玩家的游戏机制和数字管理为他们沉浸入游戏带来重大障碍。因此,堀雄二和程序员中村晃一(Koichi Nakamura)一起创建了一个在其系统中更简化的RPG形式,最终促成红白机游戏版《勇者斗恶龙》的诞生。

在《勇者斗恶龙》（也可称为《美国龙战士》）中，玩家用代表城镇、洞穴和地下城的图标在自然景观的地图上漫游。与计算机游戏一样，一旦玩家移动到地图的一个图标上，这个视角就会突然转变成一个完整的空间，包括非玩家角色（NPC）、商店和宝箱。在地图上，玩家在回合制的随机对战中与敌人作战、收集金币并获得经验值——这是早期角色扮演类游戏的主要元素。然而，堀雄二的《勇者斗恶龙》的设计简化了标准的 RPG 公式：它将角色的属性降低为力量和敏捷，将无数的职业压缩为单个角色，以简单的数字提供大多数经验点，用法术施放中的魔法点替换掉法术等级。进阶提升了所有角色的数据和属性，并提供角色进展的清晰脉络，而不是西方 RPG 中常见的命中点和数字修改器的变化。

游戏最独特的元素之一就是它的交互方式。《勇者斗恶龙》采用来自堀雄二的早期红白机图形冒险类游戏《葡萄牙系列谋杀案》（The Portopia Serial Murder Case，楚恩软件公司，1985 年）的界面，该界面包括使用红白机的方向键从一系列菜单中选择预定命令。RPG 游戏模式的改变得益于漫画杂志上解释游戏玩法概念的文章，以及著名漫画家鸟山明（Akira Toriyama）的人物角色作品，这些有助于《勇者斗恶龙》在日本红白机游戏中获得成功。

《勇者斗恶龙》的受欢迎程度使得其他日本开发人员也开始创造 RPG 游戏。《最终幻想》使用与《勇者斗恶龙》相同的基本系统、世界地图和红白机友好界面，同时增加了更具有战术性的元素，玩家使用一组由多个等级和能力组成的角色来对抗敌人的混战。除了探索和完成主要任务之外，玩家在战斗中的选择也成为游戏的核心要素。恩克尼斯和史克威尔公司的日式角色扮演游戏产生了一系列续集，激励了其他开发商和游戏公司。这些最初的日式角色扮演游戏和其他北美本土化造就了少量、但忠实的粉丝基础，在 1997 年北美发布《最终幻想 7》（Final Fantasy VII，史克威尔公司）和 1998 年 Game Boy 游戏机上发布的《神奇宝贝》（Pokémon，游戏自由股份有限公司，1996 年）后，这个粉丝基础变得强大起来。

世嘉加入游戏机市场

任天堂为日本的家用游戏机市场增添了动力，并重振了北美零售商的希望，然而家用游戏机并不是当时唯一的 8 位制日本游戏机。世嘉公司的 SG-1000 与红白机在同一天发布，但相对表现不佳，如射击游戏《超时空世纪》（Orguss，世嘉公司，1984 年）和《神奇小子》（Wonder Boy，世嘉公司，1986 年）。在这不久之后，该游戏机的更新版本 SG-1000 Mark II 于 1984 年发布。

尽管在日本市场并不成功，但世嘉并没有被吓倒，反而决定通过设计一款超过红白机功能的系统来与任天堂正面竞争。与大多数以前的游戏机一样，被称为"主控系统"的 SG-1000 Mark III，其设计的目的是复制家用游戏机的性能。该系统能够平滑地滚动屏幕和缩放角色尺寸,这样世嘉就能够移植伪 3D 和动作平台街机游戏,以帮助推动游戏机的销售。随着铃木裕的《摩托车大赛》(Hang-On)的发布,SG-1000 Mark Ⅲ / Master 系统的其他世嘉游戏的端口,如《加力燃烧室》、《兽王记》(Altered Beast)、《逃脱》和《太空鹞》的系统性能好于前身,但由于在不同地区情况不同,导致第三方支持不温不火。这款游戏机被任天堂的独家授权协议和几年的首发所垄断,在日本和北美被锁定。尽管如此,世嘉还是能够为其游戏机制作一些成功的原创游戏,如日式角色扮演游戏《梦幻之星》(Phantasy Star,世嘉公司,1987年)。在欧洲,由于任天堂无法像在日本和美国那样控制市场,世嘉的主系统更受欢迎。主系统在巴西没有任何竞争,并且借着后来的"Mega Drive"(在北美又称"Genesis")占领市场,并且该类游戏在 20 世纪 90 年代仍然有需求。

16 位游戏机的市场营销和游戏设计

任天堂在 8 位游戏机的霸主地位,使得它之前的竞争对手几乎不可能胜出。然而,家用游戏机的巨大成功使得任天堂在一个越来越依赖技术进步的行业中接受变革步伐缓慢。20 世纪 80 年代后期,16 位处理器价格上涨,使得新一代游戏机在生产时不得不考虑它们的价格因素,这也使任天堂的竞争对手超越了 8 位家用游戏机。世嘉、任天堂和新晋日电(NEC)都在积极抢占市场份额,日本游戏公司之间展开一系列新的"游戏机大战"。

激烈竞争的框架推动了许多潜在的游戏设计决策,因为流行类型游戏的"下一代"版本可能会保留玩家的忠诚度,也可以从竞争对手那里吸引他们。这对于任天堂的超级家用游戏机来说尤其如此,因为它允许在各种特许经营中都声称拥有"超级"版本开发商之间的独家合作关系,包括诸如《冒险岛》(Adventure Island)、《炸弹人》(Bomberman)、《恶魔城》(Castlevania)、《双截龙》、《洛克人》(Mega Man)和《银河战士》等,其中许多游戏评论家对它们的改进非常赞赏。在这些案例以及其他案例中,游戏图形受到广泛关注,因为市场营销依赖玩家根据其视觉细节、公平抑或不公平地即时判断游戏。生动的色彩赋予人物和物体生命,而由多层视差背景组成的环境促成这一时期独特而又备受喜爱的视觉效果,从而为像素艺术创造了一个黄金时代。

新的竞争者

1987 年,计算机制造商日电和软件开发商哈德逊软件公司(Hudson Soft)在日本发布了 PC 引擎(PC engine),开创了第四代家用游戏机。虽然它的核心是一个 8 位处理器,但它具备 16 位视觉效果,为家庭带来了高保真的街机游戏端口。这些先进的视觉功能是游戏机广告服务的核心功能,在 1989 年该

游戏机在北美发布时更名为"Turbo Grafix-16"。不过,由于世嘉新推出的 16 位游戏机迅速占领了下一代市场的相当大一部分,PC 引擎暂时推翻了任天堂在日本的霸主地位,而它在美国的表现却是糟糕透顶。

世嘉的 16 位 Mega Drive / Genesis 游戏机的外形与红白机玩具式的外观形成鲜明对比。它的通风孔、按钮和开关的不对称布局与高端音频混

图 7.7　日本发行的世嘉 Mega Drive 游戏机,在美国以 Genesis 游戏机销售

音设备非常相似,而"16 位"(16-BIT)字符则明显地用金色压印在控制台顶部(见图 7.7),给人以成熟和高科技未来主义的总体印象。世嘉继续寻求基于其 16 位街机主板上开发的 Mega Drive / Genesis 游戏机,利用其街机目录,用于《超级忍》、《兽王记》和《战斧》等。后黄金时代街机游戏和游戏机游戏之间的差距明显缩小,使游戏机能够比 PC 引擎 / Turbo Grafix-16 更准确地再现流行的街机游戏,Mega Drive / Genesis 游戏机的控制器设计也深受世嘉的街机游戏的影响:它的 8 方向键游戏板操纵杆遵循游戏机标准,而其 3 个按钮允许游戏机重现典型的"攻击 / 跳跃 / 特殊武器"控制方案,如《兽王记》、《ESWAT 网络警察》(ESWAT Cyber Police)、《超级忍》和《战斧》等世嘉街机游戏。此外,与任天堂的矩形游戏手柄相比,两端的圆形边缘和游戏机末端的小突起部分提供了更高程度的人体工学的舒适设计。

新型游戏机的新平台和激烈竞争

复制街机的性能是新游戏机一个引人注目的特点,但仅仅有街机游戏的端口还不足以满足游戏市场迅速从街机过渡到新领域的需求。特别是世嘉最初未经修改的街机端口系列被批评为对内容的轻描淡写。日电和世嘉都有类似街机游戏的动作平台,包含具有射击或其他以战斗为中心的机制,但这两个系统最初都没有一个可行的马里奥风格的平台游戏、引人注目的游戏设计和一个能够吸引任天堂粉丝的吉祥物。

《超级马里奥兄弟》的第一个直接挑战是 PC 引擎 /Turbo Grafix-16 处理器的《邦克大冒险》(Bonk's Adventure,红色公司 / 阿特鲁斯公司,1989 年)。《邦克大冒险》是一个以史前为主题的色彩鲜艳、轻松愉快的游戏,一个孩子般的穴居人"邦克"作为主角,拥有可以"击溃"敌人的巨大头颅。游戏使用来自《超级马里奥兄弟》的许多设计元素——平滑的滚动游戏空间、高潮的起伏、隐藏的房间、Boss 战斗和高度可控的跳跃机制。游戏跨越了不同的环境,并创造了踏上旅程的感觉。虽然它在多个游戏平台(包括家用游戏机)上发布,并创造了许多续集,但它着实无法显著地影响游戏市场,因为任天堂已经生产了更多精致的游戏,如《超级马里奥兄弟 3》。

索尼克团队（Sonic Team）的《刺猬索尼克》（Sonic the Hedgehog，1991年）更为成功。游戏和角色索尼克都旨在通过专注于速度来提升世嘉的"大硬盘/智能"游戏机的技术实力（见图7.8）。这个游戏的概念是基于一个平台游戏类型特殊的设计问题：玩家需要穿过一个线性水平序列才能取得进步。这种结构继承了街机游戏的特点，在每一个层面都逐渐变得困难起来（如下所讨论的《超级马里奥兄弟》）。然而玩家需要通过初始级别来玩游戏，以便挑战后面更困难的关卡。

图 7.8 《刺猬索尼克》

任天堂的宫本茂通过在《超级马里奥兄弟》中创造了水平跳跃式的变形区来解决这个问题。然而，世嘉程序员纳吉（Yuji Naka）希望创造一个游戏，让快速移动的对象变成一种有趣的体验，让玩家在极短的时间内完成早期阶段，然后进入游戏的后续内容。这个概念得到了大岛本郎（Naoto Oshima）的设计强化，他设计了一只活跃的拟人化的蓝色刺猬，它的发型很尖，穿着鲜艳的红色跑鞋。在最后一场比赛中，索尼克穿越了过山车的环道，滚成一个球，并以几乎令人晕眩的高速度穿过蛇形的管道。这款游戏色彩鲜艳的区域以高度生动的物体和视差化的背景为特色，使索尼克的世界成为一个不断运动的世界。尽管仍然是从左到右的线性体验，但是刺猬索尼克的关卡设计更加开放，每个阶段通常都有多个途径来达到最终目标。由于游戏的计时器是向上而不是向下计数的，玩家可以尽可能快地通过关卡游戏，或者仔细探索整个游戏空间，寻找可爱的金戒指。

《刺猬索尼克》的热销将世嘉推向了第一大家用游戏机生产商的位置，尤其是这款游戏绑定了新系统之后，对任天堂在北美市场的地位构成了一次真正的威胁，特别是这款游戏与新系统捆绑在一起之后。世嘉还发起了一场对抗性的北美市场营销活动，以流行语"创世纪做了任天堂不做的事"，对任天堂的垄断进行攻击。"创世纪"包括的游戏不仅推动了代表暴力的界限，如未删节版的《真人快打》和战斗游戏《永恒冠军》，还有90年代初的游戏名人、体育名人比赛，如蒙塔纳（Joe Montana）、阿诺·帕玛（Arnold Palmer）和帕特·赖利（Pat Reily），还有"流行音乐之王"迈克尔·杰克逊（Michael Jackson）。

与此同时，任天堂于1990年在日本推出其16位超级家用游戏机，以及由宫本茂制作并由手冢卓志指导的新款平台游戏《超级马里奥世界》（Super Mario World，任天堂公司，1990年）。《超级马里奥世界》就像它的前身《超级马里奥兄弟3》（Super Mario Bros. 3，任天堂公司，1988年），本质上是对最初的《超级马里奥兄弟》的重演，其中增加了一些机械装置，如电源、敌人和环境物体。和《超级马里奥兄弟》一样，它的设计目的是为了在玩家挑选内容之前巧妙地教授游戏的基本行为。作为备份，它还包括解释游戏机制的可选文本框，在任天堂随后的马里奥游戏中都有这个功能。一个显著的特点是它打破了线性的感觉，因为在一个关卡中激活一个开关或对象通常要求玩家重新访问已经完成的关卡，以便进入新的或秘密的区域。这种类似《塞尔达传说》的设计特点，鼓励玩家对游戏空间进行全面研究，并在其他熟悉的层面提供新的目标，从而有效地增加游戏的内容，这是后来全3D《超级马里奥64》（Super Mario 64，任天堂公司，1996年）的核心概念。

任天堂作为优质平台游戏设计的制作公司，其声誉得到进一步提升，其后在超级家用游戏机的生命周期中又创建了两款游戏——《超级大金刚》和《超级马里奥世界2：耀西岛》（Super Mario World 2: Yoshi's Island，任天堂公司，1995年）。每场比赛都模仿早期《超级马里奥世界》的形式，但是，当基于3D的游戏玩法变得越来越普遍时，这个比赛标志着2D平台游戏设计的成熟。每个游戏还设置了16位图像时代的像素艺术风格，与精细的渲染画面形成明显的视觉差异，因为《超级大金刚》利用预渲染的视觉效果，而《超级马里奥世界2：耀西岛》精选的图形类似于一系列手绘2D图层，这是宫本茂针对游戏中的视觉现实主义的蓄意对抗（见第8章）。

虽然2D平台游戏是任天堂的代名词，但超级家用游戏机的设计能力预示着即将到来的3D游戏潮流。关键是模式背景层的图形设置，背景层可以旋转和缩放，从而在伪3D透视视角中产生平滑地穿过空间的效果。这个效果被用来创作《零式赛车》（F-Zero，任天堂公司，1990年）、《飞行俱乐部》（Pilotwings，任天堂公司，1990年）、《超级马里奥卡丁车》（Super Mario Kart，任天堂公司，1992年）（见图7.9）、《疯狂汽车秀》（Top Gear，精灵图像公司，1992年）和《超级星球大战》（Super Star Wars，雕刻软件/卢卡斯艺术公司，1992年）。

任天堂、世嘉和日电之间的竞争发生在数字游戏和数字文化转变的复杂时期。基于光盘的游戏和超媒体应用程序将图像、声音、文本和视频与非线性访

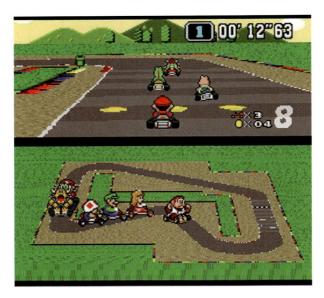

图 7.9 《超级马里奥卡丁车》

问相结合,在市场上爆发式地推广,为消费者带来了全新的媒体体验。与家用计算机上的简单线框相比,3D 图形以更复杂的形式出现。接着,虚拟现实的首次公开亮相,激发了公众的想象力,提高了人们对未来想象的期望。在 20 世纪 80 年代末和 90 年代初,任天堂、世嘉和日电都希望在瞬息万变的环境中提高其产品的性能,所有这些都给竞争激烈的家用游戏机市场留下了深刻的印象。这一系列主题及其对整个游戏行业的影响将在第 8 章中进一步深入探讨,因为在 20 世纪 90 年代初期至中期,一种新的视觉和空间现实主义风格开始主导数字游戏的设计。

早期 3D 和多媒体热潮

（1989—1996 年）

现实主义的两条路径：多媒体图像和实时 3D

在 20 世纪 80 年代末和 90 年代中期掀起一场多媒体革命。计算机行业对廉价、大容量的只读光盘（CD-ROM）格式制定了标准化，引起了应用程序开发商的极大兴趣。康普顿多媒体百科全书（1989 年）和新大英百科全书（1992 年）等程序通过将文本、图像、声音和视频融合在一起，从而实现了呈现、访问和理解信息的新方式。《终结者 2：审判日》(1991 年)、《侏罗纪公园》(1993 年)和《玩具总动员》(1995 年)等电影代表了 3D 计算机生成图像的重要里程碑。最后，虚拟现实在大众的期待中首次公开亮相。

这一时期的许多游戏都利用了上述技术，给游戏带来了更强烈的视觉现实感。这种现实感通常会用两种方法表达。第一种方法重点是照片现实性，通过使用数字化图像、全动态视频和预渲染的 3D 图像得以实现。这一点在冒险游戏以及一些互动电影中尤为突出，这些电影比黄金时代街机游戏的激光光碟还要复杂（见第 4 章）。第二种方法专注于空间真实性，通过实时计算 3D 填充多边形来实现，这是对早期 3D 线框的视觉改进。然而，20 世纪 80 年代末和 90 年代初的实时 3D 图形计算量很大且缺乏细节。这导致在那个时期所见到的许多计算机游戏对 2D 图像的极大依赖，以补充 3D 形式的不足。

对更高视觉保真度的强调也引起了争议，因为新一代游戏设计师试图通过暴力图像的明确表达来创作颠覆既定游戏惯例的作品，这一趋势与一些漫画和动画中的风格和设计相似并吻合。突然出现的更逼真的暴力表现形式，以及针对年长玩家的更黑暗、更激烈的视觉效果，让公众感到惊讶。这种争议最终导致游戏评分系统的创建，就像今天电影产业仍然存在评分系统一样。

只读光盘和写实照片

交互式电影与游戏

20 世纪 80 年代末和 90 年代多媒体技术的迅速发展，重新激起了人们对激光光碟游戏机的兴趣，为家用只读光盘交互式电影游戏开辟了市场。虽然这些游戏很少有设计上的创新，但它们提供了当时最逼真的图像，因为它们像电影一样被拍摄，并经常使用第一人称视角。开发商美国激光游戏公司的创始人罗伯特·格拉布（Robert Grabe）设计了警察训练模拟器，创造了多个真人枪战游戏，如狂野西部主题的《疯狗麦基利》（Mad Dog McCree，1990 年）和警察动作剧《犯罪巡逻》（Crime Patrol，1993 年）。虽然这些游戏的设计与其他枪战游戏一样，玩家们使用激光枪射击屏幕上的角色，抓住转瞬即逝的反击机会，避免自己被屏幕内的角色击杀，但他们强调的叙事方式超过了 20 世纪 80 年代的许多枪战游戏（见图 8.1）。街机经典激光光盘《龙之巢穴》（Dragon's Lair

的续集最终在 1991 年以《龙的巢穴 2：时间扭曲》（Dragon's Lair II：Time Warp，利兰公司，1991 年）发布，延续了大胆德克（Dirk the Daring）的故事，并且与其 1983 年的前作几乎一模一样。世嘉的街机部门比竞争对手走得更远，制造出一系列以全息图为基础的座舱，这些座舱使用凹面镜来创造——看似漂浮在太空中。这个视觉上的创新概念被用在两款游戏中：一款是《时间旅行者》（Time Traveler，世嘉公司，1991 年），其特征在于一名穿越时间的牛仔通过适当的定时按钮和操纵杆移动来躲避危险；另一款《全息游戏》（Holosseum，世嘉公司，1992 年），这是一款 2D 像素的格斗游戏，旨在与《街头霸王 2》竞争。

图 8.1　1993 年国际移动通信卫星系统（IBMPCs）DOS 版《疯狗麦基利》的视频被高度压缩，导致当时只读光盘游戏中常见的像素化外观
（图片来源：数字休闲公司）

在 20 世纪 80 年代后期到 90 年代初，市场上还出现了基于只读光盘的游戏主机，这让许多玩家将街机光盘也找了出来，当时的许多游戏主机开始支持多种媒介的游戏元素。与任天堂和世嘉主导的盒式磁带家用游戏机市场不同，早期的只读光盘游戏机市场高度分散。"游戏主机大战"中的 3 个主要日本公司都为它们的 16 位系统开发了基于 CD 的附加模块，但是，由于任天堂与其 CD 开发合作伙伴索尼之间的矛盾，只有 1989 年的 Turbo Grafx CD 和 1991 年的 Sega CD 发布了商业版本。来自西方的竞争对手迅速进入了原本属于 1991 年飞利浦以 CD-i 占据的市场和 1993 年松下以音频、视频、三维频（Audio、Video 3D-O）占据的市场，所有这些都是在只读光盘成为家用计算机的标准功能时发生的。由于基于 CD 的游戏主机和游戏种类繁多，第三方软件通常在多个平台上发布。

游戏开发商有时会努力将现有的游戏类型适应新的视频演示模式。任天堂为其角色马里奥（Mario）和林克（Link）颁发了一系列 CD-i 成熟游戏，其中包括《马里奥旅馆》（Hotel Mario，菲利浦幻想工厂，1994 年）、《林克：恶魔之脸》（Link：The Faces of Evil，动画魔术公司，1993 年）以及《塞尔达：卡梅隆之杖》（Zelda：The Wand Gamelon，动画魔术公司，1993 年）。尽管视觉效果与任天堂的图像相一致，但游戏的播放速度相对较慢，因为 CD-i 的设计不是为了复制任天堂相同街机游戏硬件的性能、规格和响应能力。此外，有限的序列帧数让游戏动画的质量极其低下，影响了玩家整体的体验效果。

其他游戏则以不同的方式尝试使用 CD 媒介。《超级勇士》（Supreme Warrior，数字图片公司，1994 年）试图融合电影《功夫》中的打斗，通过让玩家对敌人进行攻击和拦截，体验游戏第一人称的沉浸感，并在格斗游戏中感受打斗的玩法。斯科蒂·皮蓬（Scottie Pippen）的《满贯城市》（Slam City，数字图片公司，1994 年）也是如此，强调玩家的快速反应，但将其应用到一系列 "一对一" 街道篮球比赛中。尽管这些尝试都是为了强化游戏类型和创造独特的沉浸体验方式，但早期只读光盘的速度相对较慢，加上视频剪辑的分段结构，在游戏中出现了明显的停滞和跳转。对于这一点，除了开发人员几乎很少有玩游戏的经验之外，使得很多类型最初不适用基于 CD 的游戏。

多媒体时代的益智游戏

益智主题类型的游戏简单易懂，却具有较慢的游戏速度，并且通常要求玩家解决谜题。1993 年首次出现在 CD-i 上的《偷窥》（Voyeur，菲利普 POV 娱乐集团，1993 年），遵循了点击类冒险游戏的基本设计格式，静态图像充满了 "谜团"。正如游戏标题所暗示的，《偷窥》包含了一些性感场景的成人主题，这增加了吸引力，但也带来了关于其内容的警告标签。这款游戏的概念与阿尔弗雷德·希区柯克 1954 年制作的《后视窗》（Rear Window）类似，玩家在街对面的一个建筑物中观看腐败商人的豪宅的各个房间。目的是收集犯罪证据，毁掉商人成为美国总统的机会。游戏的重点集中在豪宅外观的大型静态图像上，玩家可以通过点击不同的窗口来查看计算机生成空间中的物体或通过观看 "录像" 来观察豪宅里的居民。这种结构不仅提供了展示游戏多媒体视觉效果的机会，而且游戏的主要交互部分是静态的非视频图像，有助于缓解 20 世纪 90 年代早期只读光盘数据传输速率相对较慢的问题。

由罗布兰·德罗斯和格雷姆·迪瓦恩设计的《第七位嘉宾》（The 7th Guest，三叶虫公司，1993 年）讲述了一个闹鬼豪宅的故事，提供了身临其境的第一人称视角（见图 8.2 和图 8.3）的逻辑谜题。游戏的谜题故事通过在蓝色屏幕前拍摄现场演员的短视频序列展开。为了提高游戏的沉浸感，界面是最小的，因为主要的交互是由上下文敏感的光标执行，该光标根据其在屏幕上的位置从导航工具更改为调查工具。这款游戏的创新之处还在于由格雷姆·迪瓦恩创造的复杂视频压缩技术，这是一项令人印象深刻的壮举，因为当时并没有现成的技术可供选择。

图 8.2 《第七位嘉宾》中一个幽灵般的幻影从走廊撤退
（图片来源：罗伯·兰德罗斯公司）

图 8.3 《第七位嘉宾》中的蛋糕谜题
（图片来源：罗伯·兰德罗斯公司）

在 20 世纪 90 年代初制作的多媒体益智游戏中，《神秘岛》（Myst，绿色世界公司，1993 年）被证明是最受欢迎的（见图 8.4）。兰德和罗宾梅勒兄弟利用他们从儿童互动故事中获得的知识，设计了一款适合较大年龄的非主流玩家的《神秘岛》。因此，易学习、易掌握是主要的设计问题之一。与街机、家用游戏机和早期的益智/冒险游戏的主要惯例不同，《神秘岛》消除了玩家死亡，并且

图 8.4 《神秘岛》
（图片来源：绿色世界公司）

不会由于"错误"决定而陷入僵局。这让不熟悉数字游戏的玩家可以享受身临其境的第一人称的游戏世界,而没有生命或时间有限的压力。只有当玩家无法解决游戏的难题时,进度才会受到阻碍。

《神秘岛》的故事和玩法主要围绕巫师角色亚楚斯消失的两个儿子展开,玩家需要拼凑出一系列互相矛盾的事件来寻找线索,通过被囚禁在魔法书中的两个儿子,玩家可以从他们传达出来的碎片化视频中获取信息,从而解决游戏的各种谜题,探索游戏中岛屿的不同时间段。叙事、氛围和沉浸感都是先例,因为每次互动都被设计为游戏世界的自然延伸,而不是过度的"游戏化"。这是当时视觉上最富想象力的游戏场景之一。游戏中的 2 500 张静态图像融合了全纹理的 3D 图形,展示了这座超现实的岛屿:远处的山丘和树木被呈现在烟雾中,近处的地面则由类似工业金属平台、光滑的大理石柱和木板桥组成;周围的音效是海浪拍打着海岸的声音,风吹过山顶(支持高度清晰的视觉效果),罗宾·米勒的背景音乐则在此播放。CD 的高存储容量让这种沉浸式氛围成为可能,以及选择自由探索游戏空间的设计得以实现,吸引玩家进入游戏世界。当时几乎没有其他游戏可以做到这一点,这是一款具有高度丰富视觉效果的益智游戏。

这一时期的其他游戏包括《午夜陷阱》(Night Trap,数码图片公司,1992 年)。这是一款以恐怖旷野为主题的游戏,玩家在游戏中试图保护一个由女性组成的沉睡派对不受吸血鬼的影响。游戏的内容是观看来自一所房屋不同房间的视频,并适当地定时激活陷阱以拯救女性。没有激活陷阱的玩家看到吸血鬼用一种夸张的钻孔装置捕捉并吸取受害者的血液,之后玩家因为没有正确的行动而失败。

争议和娱乐软件评级委员会的成立

值得注意的是,《午夜陷阱》与 1993 年参议院司法部和政府事务委员会关于美国暴力电子游戏市场营销听证会的关系。听证会的焦点几乎完全集中在那些利用人类数字化图像的家庭游戏,而不是那些用传统像素艺术创作的游戏,特别强调了《午夜陷阱》《真人快打》和枪支游戏《致命杀手》(Lethal Enforcers,科乐美公司,1992 年)。经过心理学家和其他研究人员的大量证词,其中许多人对游戏的内容提出质疑和发表声明,听证会的结果是要求建立一个评级系统,让消费者能够理解某一特定游戏的恰当性。自 20 世纪 90 年代早期开始,家庭游戏产业在游戏机、家用计算机和第三方开发者之间互不影响,出版商创建了自己的各种评级系统。最终,该行业加入由新成立的娱乐软件评级委员会(ESRB)提出的评级系统,游戏开发商之间产生一种新的团结现象。

实时 3D 和空间现实

早期商业化的虚拟现实

20 世纪 80 年代末和 90 年代中期的虚拟现实虽然不如电影游戏那么直观，但它试图通过各种控制设备和显示技术在数字空间中创造一种真实的存在感。政府的科研项目和商业技术实验室的研究人员已经为虚拟现实奠定了基础，如头戴式显示器、虚拟空间的输入设备和触觉反馈。从 20 世纪 60 年代末开始，这些进步在科学可视化中得到应用，并使研究人员能够以新的方式探索和操作数据。

直到 20 世纪 80 年代末，当时一些火热的商业产品进入市场时，虚拟现实才为公众所知。第一家开发虚拟现实产品的公司是视觉程式语言（VRL) 研究机构，由杰伦·拉尼尔（Jaron Lanier）于 1984 年创立。拉尼尔曾是雅达利公司森尼维耳（Sunnyvale）研究实验室的成员，该实验室专注于互动和娱乐技术的全新和实验性开发。他将自己对音乐和编程的兴趣结合在一起，制作了 Commodore 64 计算机的非传统游戏《月尘埃》(Moondust，创意软件公司，1983 年）。在《月尘埃》中，玩家试图在目标上 "涂抹" 或 "填充" 棱镜像素，同时控制 1 名宇航员和 6 艘宇宙飞船。宇宙飞船留下迷幻色彩的痕迹，同时游戏环境背景音乐的音调发生了变化。这个游戏不寻常的成功，让拉尼尔离开雅达利实验室并启动了 VPL 研究。

VPL 研究最著名的产品是数据手套（data glove），这是一种光纤有线手套，能够在完全计算机化的虚拟环境中准确记录用户的手部位置，同时能从手指运动中获取信息。该手套由汤姆·齐默曼（Tom Zimmerman）设计，初衷是想要玩空气吉他，它成为虚拟现实的一个标志，用户可以戴着头盔 "看到" 他们的手在虚拟空间中的表现。然而，手套和配套设备的综合费用较高，对科学家和其他虚拟现实的开发人员来说都是较难承受的。

1989 年，由于公众对虚拟现实及其在数字游戏应用领域日益增长的认识，VPL 和艾布拉姆斯 / 詹蒂莱（Abrams/Gentile）娱乐公司与前 Intelivision 生产商美泰公司合作，创建了一款经济实惠的消费级数据手套版本。这款为任天堂娱乐系统（Nintendo Entertainment System，NES）设计的电动手套控制器，旨在让用户主要通过手和手指的运动以及一排可编程按钮来控制游戏（见图 8.5）。在专门为电力手套设计的两款游戏中，《超级手套球》（Super Glove Ball，瑞尔公司，1990 年）最接近于在 VPL 中创建类似更为复杂的虚拟现实模拟

图 8.5 美泰公司的《超级手套球》

体验。实际上,《超级手套球》有效地结合了壁球和快速的运动,任务是玩家用超级手套拍打或抓住一个弹跳的球,打破墙壁、天花板和地板上的瓷砖。这种设置使玩家能够在三维空间中进行思考,因为在游戏空间中,身体的前进和后退都可以表现出来。尽管广告宣传的口号很有吸引力,比如,"现在你和游戏融为一体"(now you and the game are one),"其他一切都是孩子的游戏"(everything else is child's play),但这款电力手套并没有提供公众所期望的虚拟现实体验,因为它是出了名的不准确,而且往往会妨碍玩家的表现。

图 8.6 任天堂公司的《虚拟男孩》设计了一个带有两个方向板的游戏手柄,这个设计允许玩家控制 x, y 和 z 轴

任天堂仍然对虚拟现实十分感兴趣,1995 年开发并推出《虚拟男孩》(Virtual Boy)(见图 8.6)。像其他的头戴式显示器一样,《虚拟男孩》使用立体图像欺骗大脑,让人们"看到"3D 空间。游戏主要是由动画精灵组成,这些精灵放置在离观看者较近或更远的地方,在表面使用立体深度。尽管如此,该设计确实证明了它的 3D 功能,如《红色警报》(Red Alarm,T&E 软件公司,1995 年),它与《星际火狐狸》(Star Fox)类似。《虚拟男孩》使用的是小容量和相对较慢的处理器,《红色警报》由线框模型组成,没有隐藏线的移除,在游戏的隧道式空间飞行时会产生令人混乱的体验。除了缺乏第三方软件开发商的支持外,该游戏图像由一组红色发光二极管(led)创建的粗糙、单一的红色图像构成,是一项节约成本的决策,如果长时间播放,常常会导致眼睛疲劳和头痛。所以,尽管价格下调,但销售低迷,任天堂在《虚拟男孩》上市后仅 4 个月就迅速停止在日本的销售,而北美版是在 6.5 个月后退出。

除了国内市场之外,一些公司在 20 世纪 90 年代早期还制造了专门的虚拟现实游戏机。虚拟世界公司(Virtuality,"原 W 工业公司")是由英国虚拟现实先驱乔恩·沃德恩(Jon Waldern)于 1987 年创立的,其虚拟现实游戏机闻名于世。其中早期的单元由一个类似豆荚的"吊舱"组成,这个"吊舱"有一个齐腰高的环,它可以让玩家站起来并保护他们不摔倒。一个大型的头戴式显示器和一个手柄形状的控制器可以让玩家在像《达吉尔梦魇》(Dactyl Nightmare,1991 年)这样的游戏中互相决斗,这是一款第一人称射击游戏,发生在一个非文本的 3D 多边形世界里。《达吉尔梦魇》在大型娱乐中心有着突出的表现,让公众第一次体验到沉浸式虚拟现实。游戏空间由 4 个平台组成,通过简单的建筑元素连接到一个位于中间位置的较低的平台。这种水平的设计要求玩家跑到楼上,环视周围的环境,强调玩家掌握空间的维度。每个玩家都可以使用手柄瞄准,并向对手发射一个缓慢移动的弹丸,目标是在游戏时间的几分钟内尽

可能多地得分。作为一种额外的刺激，明亮的绿色翼龙包围操场，并随机地俯冲下来与玩家交战。翼龙在上空飞得很高，并把玩家丢到死亡地带。这种自由落地的感觉对于一些玩家来说过于刺激，因为它会导致眩晕感和严重的身体不适。该公司还设计了许多其他游戏和多种风格，包括一种基于汽车的模拟驾驶座舱，如赛车或直升机飞行驾驶。虚拟世界公司并不是唯一一个将虚拟现实带进商场的公司。VR8 公司生产的《虚拟战斗》（Virtual Combat，1993 年）是一款基于坦克的游戏，其中头戴式显示器被安装在游戏机柜上方的吊臂上。然而这个游戏和它所在的公司都很短命。由于玩家花费较多，游戏时间相对较短，以及体验的生理反应较差，街机场所被证明不太适合虚拟现实的体验方式。

到 20 世纪 90 年代末，虚拟现实很明显地远未达到创新者、新闻节目和技术狂热者所炒作的地步。与现实的、身临其境的、交互式的网络世界相比，公众看到的是单色的 3D 形状，它们随意地控制着笨拙、不准确的设备。由于世嘉 VR 和雅塔丽捷豹 VR 头戴式显示器在投入生产前被取消，备受期待的外围设备也未能出现。公众降低了对虚拟现实的预期，并逐渐将虚拟现实视为一种营销手段。主要的虚拟现实公司倒闭了：虚拟现实巨人，也就是数据手套的创建者视觉程式语言科技公司（VPL Technologies）在 1992 年退出了该业务，而《达吉尔梦魇》的生产者虚拟世界公司尽管有投资兴趣，但一直到 1995 年仍然没有盈利。

基于合法的虚拟现实技术，像"电力手套"和"虚拟男孩"等设备说明在 20 世纪 90 年代虚拟现实存在的核心问题是性能成本和体验质量。最先进、最精确的科学虚拟现实设备售价数千美元。例如，VPL 的"电力手套"和它的传感器需要以 8 800 美元的价格购买，而运行它的设备在当时的成本超过 7.5 万美元。这款"电力手套"售价 89 美元，根本无法复制光纤数据手套相同的功能。此外，消费者型号的头戴式显示器表现尤其不佳，因为它们经常会因为图像处理和显示延迟问题而引起玩家头痛和恶心。在 20 世纪 90 年代初，这些元素的出现，阻碍了虚拟现实的发展。

在 21 世纪的第二个 10 年里，一项虚拟现实技术确实进入主流，人们开始对立体的头戴式显示器产生浓厚的兴趣。在早期的 VR 先驱中，用户无法"感知"虚拟世界，以至于许多厂家早期对触觉反馈或基于触摸界面的探索进行大量深入研究。这使得与虚拟空间的交互更加容易、更有意义。为了创造更具沉浸感的游戏体验，从 20 世纪 90 年代末开始，振动形式的触觉反馈逐渐成为游戏控制器的标准功能。索尼日本版的 1997 Play Station 双模拟游戏机、1997 年任天堂 64 Rumble Pack 和 1998 年世嘉 Dreamcast（即 DC，世嘉 64 位游戏机）的"跳跃背包"

图 8.7　世嘉 Dreamcast 和任天堂 64 的早期触觉反馈附加组件

（jump pack）等创造了另一种沉浸的维度，因为玩家可以感觉到爆炸、震动和其他与冲击相关的游戏事件（见图8.7）。这项功能起初是一种不寻常的升级，然而在几年内几乎成为所有游戏机控制器的标准。

街机仿真器的 3D 革命

对于一些设计师来说，由于某些类型的游戏比其他类型更容易使用 3D 游戏空间，3D 图像和空间的使用是一个顺理成章的发展路径。

赛车游戏从数字游戏机的最早时期开始，就致力于模拟空间运动的感觉，这一目标在 20 世纪 80 年代末到 90 年代初一直保持不变，开发人员创建了基于街机的赛车游戏，使用了高频刷新率的 3D 多边形。日本开发商南梦宫经历过一段流行赛车游戏的历史，如《杆位》(Pole Position) 以 1988 年的 F1 "赢得比赛" 为主题，是最早的 3D 赛车的版本之一。硬件设计为每秒处理 6 万个多边形，以创造一个 300 千米/小时的可靠驾驶体验。使用触觉反馈，使玩家体会到 "赢得比赛" 的感觉，在其中运动的感觉更像在一个大的驾驶舱里倾斜、颠簸，并根据玩家的控制摇摆。雅达利游戏（Atari Games）是老雅达利公司（Atari）旗下的子公司，生产了两款著名的投币式 3D 驾驶游戏——《迅猛赛车》(Hard Drivin, 1989 年) 和《赛车驾驶》(Race Drivin, 1990 年)。这些游戏虽然没有获胜的速度快感，但提供了一种像过山车一样的在赛道上驾驶的感觉，有一个特点是方向盘摇晃并提供阻力。为继续与铃木裕（Yu Suzuki）的 F1 赛车游戏竞争，《虚拟赛车》(Virtua Racing, 世嘉公司, 1992 年) 仿真器的硬件生产取得跳跃式的进步，能够计算每秒 18 万个多边形。它的继任者《美国代托纳》(Daytona USA, 世嘉公司, 1993 年) 每秒钟计算超过 30 万个多边形。在这两种情况下，由于世嘉和航空公司之间的伙伴关系，最终组建成为国防承包商洛克希德·马丁公司。

为赛车游戏开发硬件成为新一代街机游戏的动力，这些游戏为其他类型的游戏带来 3D 游戏的革命。为南梦宫公司的《胜利》(Winning Run) 和世嘉的《虚拟赛车》设计的街机系统板，运用在轨道射击游戏《太空大战》(Solvalou, 南梦宫公司, 1991 年)、《星系 3：龙骑兵计划》(Galaxian 3: Project Dragoon, 南梦宫公司, 1994 年)、《VR 战警》(Virtua Cop, 世嘉公司, 1994 年)、《时间危机》(Time Crisis, 南梦宫公司, 1995 年) 和《死亡之家》(House of the Dead, 世嘉公司, 1997 年) 中。轨道射手自动地将玩家移动到预先确定和固定的路径空间。这一概念与传统的枪战游戏结合，产生一个在屏幕上出现敌人的真实体验，能够给玩家带来一连串的伤害，并创造尽可能快的射击动作。在 20 世纪 90 年代早期，铁路射手的概念并不是唯一的概念，像雅达利的《第一人》(First-Person)、基于矢量的《星球大战》(Star Wars, 1983 年) 和 2D 水平滚动操作的《狼》(Wolf, 日本太东公司, 1987 年)，这些射击游戏都使用类似

的概念。这种新型的基于模拟器的硬件，由于相机角度的快速变化和电影的影响，被运用到枪战游戏《时间危机》和《死亡之屋》（House of the Dead）中。

世嘉的电子竞技系统板也被用来将基于 2D 的"一对一"格斗游戏带入《虚拟战士》（Virtua Fighter，1993 年）的 3D 时代。在铃木裕的指导下，《虚拟战士》仿真技术的根基不仅体现在它对空间更现实的表现上，也体现在对游戏设计的态度上。与《街头霸王 2：世界勇士》和《真人快打》不同的是，《虚拟战士》利用幻想火焰和其他基于弹丸的超级动作，其中的按钮和操纵杆组合触发角色在相对更现实的武术技巧中进行拳打脚踢。这迫使玩家更少地依赖毁灭性的力量移动，并且在考虑距离、速度和攻击范围时更加注重战术性。甚至在比赛结束时的效果，也反映了现实主义的基础，因为《虚拟战士》利用电视转播的体育节目，在即时回放比赛的最后时刻，也将游戏竞赛与体育比赛的体验联系起来。

以类似空间现实感为基础，新型 3D "一对一"格斗游戏很快出现了。由《虚拟战士》的主设计师濑一（Seichi）设计的《铁拳》（Tekken，南梦宫公司，1994 年），利用独特的"基于肢体"（limb-based）的控制方案，每个按钮分别对应右手臂、左手臂和腿的移动，而《生死格斗》（Dead or Alive，忍者项目组公司，1996 年）包括一个系统，让玩家有适当的时机来对抗并逆转对手的攻击。随着 3D "一对一"格斗游戏的进一步发展，战士们获得了更多的自由来穿越游戏空间，这也进一步改变了游戏的策略，使得 3D "一对一"格斗游戏和 2D 游戏之间的差别越来越明显。

其他的变化包括新的动画方法、先进的动作捕捉技术，通过传感器记录演员的复杂动作。动作捕捉技术首次使用在《虚拟战士 2》(Virtua Fighter 2，世嘉公司，1994 年) 中，演员的动作捕捉为游戏角色提供了更精确和更流畅的动画。21 世纪初这已成为各种类型游戏制作动画的常用方法。

家用游戏机适应 3D 环境

20 世纪 90 年代早期，基于 3D 的游戏数量激增，推动游戏机制造商任天堂和世嘉为"超级任天堂"（Super Famicom / Super Nintendo）娱乐系统（SNES）和"世嘉至强驱动器"（Mega Drive / Genesis）的游戏机硬件设计和附加组件的升级，以便在快速变化的游戏环境中保持竞争力。任天堂的《星际火狐》是由宫本茂指导的一款以行动为导向的游戏，主要玩法是让玩家驾驶一艘飞船控制行星表面的运动，通过小行星的磁场，同时向敌人射击（见图 8.8）。这个游戏最显著的特点是它使用无纹理的 3D 多边形来创建玩家的飞船以及敌人。

《星际火狐》的视觉效果可以通过在所谓的超级 FX（Super FX）芯片中添加 3D 图形处理器来实现。由英国计算机游戏开发商阿尔戈软件公司

图 8.8 《星际火狐》

（Argonaut）开发的这款芯片在任天堂的市场营销中扮演着重要角色，因为它有自己的商标，可以用于商业广告并印在芯片的卡盒上。超级 FX 芯片及其后续产品（Super FX2）主要用于赛车和基于模拟器的游戏，也包括 1995 年的 ID 软件公司第一人称射击游戏《毁灭战士》(Doom)（见下文）以及视觉上独特的 2D 平台游戏《超级马里奥世界 2：耀西岛》(1995 年)。任天堂开发第一款全新的 3D 游戏机时，这款芯片仅出现在 8 款游戏中。

对于任天堂来说，为游戏主机添加更先进的芯片，是超越竞争对手世嘉一件相对简单的办法；对于世嘉来说，这种做法既昂贵又不切实际。取而代之的是，世嘉开发了一个蘑菇形的附加组件，附在世嘉"硬盘/智能"驱动器的游戏主机插槽上。1994 年美国的 32X、欧洲的头型 32X 和日本的超级 32X 发布，该单元提供了声音和图形的升级，这使得它能够处理每秒数以万计的纹理映射的多边形。这一升级带动对世嘉的 3D 街机游戏《虚拟赛车》和《VR 战警》以及其他街机格斗游戏的优化。第一人称射击游戏《金属头》(Metal Head，世嘉公司，1995 年)和 ID 软件公司的《毁灭战士》(见下文)也展示了该设备的沉浸式 3D 功能。

与任天堂的超级 FX 芯片不同，32X 并没有获得商业上的成功，在 2 年内就停产了。最大的问题来自世嘉开发团队内部出现的分歧：美国分公司开发并支持 32X，该公司的日本分公司则优先考虑"下一代"基于 CD、支持 3D 功能的"土星游戏机"(Saturn console)。此外，"土星游戏机"被提前推进到生产计划中，导致发售日程紧张，在"土星游戏机"发售之前，32X 在北美的发售只有 6 个月，在日本更是只有 12 天，消费者错误地认为"土星游戏机"仅仅是扩容升级版。由于销售低迷，第三方开发商对 32X 的支持自 1995 年开始逐步下降，到 1996 年则完全消失。

2D 图像与实时 3D 结合在一起的家庭游戏

正如第 6 章所讨论的，20 世纪 80 年代的家用计算机在模拟和角色扮演类游戏中建立了良好、稳固的声誉。20 世纪 90 年代早期的计算机游戏开发商延续了这些传统，通过将更多面向动作的元素与沉浸式实时 3D 世界结合在一起，丰富了游戏的玩法。由于技术上的限制，该时期的一些实时 3D 游戏严重依赖 2D 图像，因为它具有出众的视觉细节和清晰度。

法国开发商信息游戏公司（Infogrames）拍摄的《鬼屋魔影》（Alone in the Dark，1992 年），以 3D 人物角色调查一座豪宅为特色。游戏的恐怖主题通过一系列固定的摄像头位置来强化，这些固定的镜头从奇怪的角度呈现空间，这些空间里往往会隐藏危险。由于创造了立体的几何图形和纹理贴图，这栋豪宅的内部结构对 90 年代早期的家用计算机来说负担过重，其 3D 空间则是用简单的线框构造出来的，然后用 2D 图像覆盖简单的空间，匹配摄像机角度的特定视角，这使得游戏有丰富的细节环境，增强了豪宅闹鬼的氛围，同时营造了一种空间的体验感，并被用来引起玩家的恐惧。

仿真和虚拟现实的理念是早期第一人称射击游戏开发的关键组成部分。这种新型游戏的一个雄心勃勃的例子是贝塞斯达的《终结者》（The Terminator，1991 年）。这款游戏基于 1984 年的同名科幻电影，是另一个早期将开放世界游戏设计转化为 3D 的例子，它的游戏空间是基于洛杉矶近 60 平方英里的范围。根据手册，这款游戏被认为是对电影的模拟，允许玩家"每次玩的时候都重写这部电影"。游戏的系统和行为范围令人印象深刻：建筑物根据设定的时间表实时打开和关闭，有手动或自动变速器的汽车可以加油驱动，以及从商店购买或偷窃的某些物品可以相互组合以获得不同的效果。

游戏的紧迫性来自玩家和游戏机制的比赛，玩家扮演终结者的角色（凯尔·瑞斯），要么保护游戏内的核心角色（莎拉·康纳），要么杀掉她。在游戏空间中搜索到大量的武器和物资、驾驶车辆、处理像盗窃这种行为的后果之后，游戏最终在玩家和计算机控制的对手之间发生的激烈枪战中达到高潮。游戏还允许两名玩家将他们的计算机连在一起在虚拟城市中作战，这种游戏形式将成为第一人称射击游戏的定义元素之一。虽然这个游戏使用纯色的 3D 图形来代表城市的户外环境，但店内的室内设计却表现出高度细致的 2D 图像。这种 2D 和 3D 的结合是必要的，因为像绷带、弹药和其他的小物件都不可能通过 3D 模型的简陋的细节效果来展示。

地牢爬行角色扮演游戏《创世纪地狱：地狱深渊》（Ultima Underworld：The Stygian Abyss，蓝天制作公司，1992 年）将完备的计算机角色扮演游戏（CRPG）流派的元素和系统以及飞行模拟器的概念结合起来。由此产生的游戏空间中以纹理映射的水柱、地板和天花板为特色，随着水柱、地板和天花板的距离增加而逐渐变暗。使用第一人称视角，玩家可以自由地上下翻看，当他们与怪物作战时，可以跳过凹坑在倾斜的地面上移动。精细的 2D 精灵代表敌人、物品和环境装饰，与玩家在距离上缩放，就像铃木裕的《挂》和《太空鹞》一样缩放。背离典型的基于网格的角色扮演游戏，可以从第一人称视角自由地观察任何物体，由于战斗情形可以在密集的地牢走廊里进行更多的移动，增加了额外的紧张程度。

尽管在很大程度上较少依赖计算密集型 2D 元素，但由于 3D 模型形式的复杂性，《黑暗中的独行侠》、《终结者》和《地下创世纪》移动速度较慢、响应速度较慢。此外，复杂的游戏系统和大量的键盘命令控制着细小的动作，也减慢了游戏的速度。ID 软件公司开发的 3D 第一人称射击游戏（用小写字母开发）和其他受 ID 软件公司启发的第一人称射击游戏解决了这些问题，将游戏玩法分解成一些基本的动作，同时利用新的游戏技术来提高游戏性能。

ID 软件公司的影响

ID 软件公司成立于 1991 年，最初由约翰·卡马克、约翰·罗梅洛、阿德里安·卡马克（与约翰·卡马克无关）、汤姆·霍尔和杰伊·威尔伯汤姆·霍尔组成。在公司正式成立之前，ID 软件公司的程序员、艺术家和设计师们创造了像约翰·卡马克的《地下墓穴》（Catacomb，软盘公司，1990 年）和汤姆·霍尔的《指挥官基恩》（Commander Keen in Invasion of the Vorticons，阿泊基软件公司，1990 年）这样的 2D 迷宫游戏。这些游戏虽然是 2D 游戏，却为 ID 软件公司的第一人称射击游戏提供了基本玩法。约翰·卡马克的《地下迷宫》是一款类似于街机游戏《圣铠传说》（Gauntlet，雅达利游戏公司，1985 年）的快节奏迷宫游戏。它包括逐渐升高的游戏难度，玩家收藏宝藏，获得密钥打开大门，发现秘密区域以及与怪物作战。卡马克的游戏强调射击技巧，给玩家提供各种各样的射击方式，如快速单发、慢速但更强大的带电射击、快速射击的蒸汽，或者从玩家角度扩展的光环状的圆圈。在迷宫般的空间中导航、发现秘密以及在多种进攻能力之间进行选择，成为 ID 软件公司后期游戏的典型设计元素。

汤姆·霍尔的《指挥官基恩》是一个基于计算机的平台游戏，强调探索和发现，使用的是类似《超级马里奥兄弟 3》以及 1988 年约翰·罗梅罗早期《危险的戴夫》（Dangerous Dave）的设计元素。游戏中最突出的元素之一是一种复杂的关卡设计方法，因为开放的空间需要玩家在晋级之前探索每个关卡的全部。一个平滑的滚动游戏引擎有助于实现自由探索的感觉，这是约翰·卡马克创造出的一项重要技术成就。平台游戏在家用计算机上很常见，但许多人一次只加载一个屏幕，这就造成不连续的空间感，或者以一种不和谐、不连贯的方式滚动。《指挥官基恩》以其无懈可击的运动和引人入胜的游

戏方式为计算机游戏带来全新的发展方向，而流畅穿越太空的概念成为 ID 软件公司的主要卖点。

> **共享软件和计算机游戏**
>
> 《指挥官基恩》系列和其他许多行动导向的计算机游戏都是通过一种叫做共享软件的病毒式营销形式发布的，这种方式可以替代邮购或零售方式。有了共享软件，可以通过许可证发布一款软件，使其可以免费在磁盘、在线公告服务板上或以其他任何方式分发。喜欢该软件的共享软件用户会通过一个"荣誉"系统向开发者汇款。这个"激进"的概念起源于 20 世纪 80 年代初，成功地在基于应用程序的软件中实现。
>
> 在 20 世纪 80 年代后期，作为共享软件发行的游戏通常被分为 3 集或更多。每一款都由 8～10 个级别组成，开发者可以免费发布第一集，并从那些想要玩剩余部分游戏的玩家那里获得报酬。游戏的共享软件版本可以占游戏总内容的 1/3，但是，游戏中最吸引人的部分在游戏的最后一集。由于数字计算机游戏的广告通常仅限于计算机杂志，这种口碑营销依赖热情的玩家来帮助销售。到 20 世纪 90 年代后期，随着内容变得更加昂贵、劳动密集型产品产生，更短的游戏演示取代了共享软件。除了游戏的跨平台发行和游戏架构的采用，这些游戏架构都与连贯的叙述相联系，而不是情景化的划分，这有助于终止共享软件在计算机游戏中的使用。

在《毁灭战士》（1993 年）之前，ID 软件公司开发了 3 款不同形式、不同技术的第一人称射击游戏，《气垫船 3D》（Hovertank 3D，1991 年）、《地下墓穴 3D：下降》（Catacomb 3D: The Descent，1991 年）和《德军司令部 3D》（Wolfenstein 3D，1992 年）。ID 软件公司将旗下的游戏提炼成一些基本的操作，并优化软件计算三维空间的方式，而不是让它更像《终结者》或者《地下创世纪》一样复杂的几何结构。从第一人称视角出发，提供快速、疯狂的类似街机的游戏。这是通过约翰·卡马克（John Carmack）一系列高效的游戏引擎实现的，后者的灵感来自《地下创世纪》纹理映射的启发。

像《地下创世纪》一样，卡马克的引擎在 3D 游戏空间中缩放了 2D 精灵，但由于使用了光线投射技术，运行速度会更快。光线投射涉及从玩家的位置向 2D 地图上投射一束圆锥光线。在锥体半径内捕捉到的景象以 3D 视角呈现，并显示为玩家的第一人称视角。计算机只计算出玩家可以看到的东西，节省处理器资源，并促进游戏顺利进行。这些游戏迷宫般的设置也避免了诸如《终结者》这样早期 3D 户外空间所固有的问题，因为玩家的视角可以更容易通过精心摆设的场景来呈现，从而消除了渲染远处物体的需要。

ID 软件公司在早期出品的第一人称射击游戏中创造了《毁灭战士》，这是一款推动计算机游戏更快发展的杰出案例，也是追求空间现实主义的一个重要里程碑。与 ID 软件公司的早期游戏类似，《毁灭战士》让玩家与敌人对战。其简化的游戏设计淘汰了早期的分数和奖金等元素，而设置了由 8 种不同的武器组成的一套扩展的射击技术。除了提高关注度，《毁灭战士》还定义了多人游戏的免费"死亡竞赛"风格，这是通过越来越多的家庭网络技术实现的（见图 8.9）。

图 8.9 《毁灭战士》

这款游戏的艺术灵感来源于吉格尔（H. R. Giger）的黑暗超现实主义风格。与恶魔和僵尸般的敌人在闪烁的灯光、有毒的废料坑和令人不安的纹理空间中战斗，这种游戏风格和黑暗超现实主义风格相匹配。在早期的游戏中，通常以迷宫为基础的场景被替换为更现实的空间，如走廊、楼梯、窗户和电梯会带玩家进入新的区域。频繁的空间突变，灯光的意外关闭，呼应了游戏的恐怖主题。由阿德里安、卡马克和格雷格尔·蓬查茨（Gregor Punchatz）设计的数字化定格动画模型创造了《毁灭战士》中的一些经典怪物形象，进一步增强了视觉效果。数字化和像素艺术图像被映射到 2D 精灵上，从 8 个视角创建角色动画的每一帧，以模拟 3D 环境中的维度。该团队还对第一人称视角的真实世界物体进行了数字化处理，如游戏中基于玩具的标志性霰弹枪。

互联网、游戏模组和第一人称射击游戏

游戏模组是由玩家创建的非官方的修改，它可以改变游戏的行为、外观或功能。这是自《太空战争》以来计算机游戏的一个重要组成部分。《毁灭战士》发布后获得大众的青睐。在《毁灭战士》之前，一个游戏模组通常会通过文件和代码行来替换或覆盖一段游戏数据。这很耗时，而且常常使改变难以扭转。《毁灭战士》被设计成"模组重组友好"，因为游戏资产（如地图和艺术）与 WAD 文件中的引擎分离（"所有数据在哪里"）。这使得修改变得简单，而且不用担心破坏游戏的核心功能。

许多玩家创造的游戏模组影响了游戏的一小部分，如用 20 世纪 90 年代的儿童电视角色巴尼（Barney）、紫色恐龙代替《毁灭战士》中的怪物，或者创造一种新的武器类型。其他一些作为全面修改的游戏模组更为雄心勃勃，因为它们几乎

取代了原始游戏中的所有内容,产生了一种全新的体验。例如,根据1986年的电影《异形》将《毁灭战士》转变为第一人称射击游戏。像《毁灭公爵3D》(Duke Nukem 3D,3D领域公司,1996年)和后来的《虚幻引擎》(Unreal,传奇游戏公司,1998年)等其他第一人称射击游戏进一步向公众发布了该游戏的开发工具,使游戏模组可以创建高度精致的内容。

互联网对于游戏模组来说是必不可少的,因为它是改变社区的传播媒介,让人们的想法得以传播。开发工具通常只提供有限的支持,或者没有指导,这会提示社区"如何"创建指南以及修改更容易的程序。互联网也成为一种分发渠道,作为网络和个人网页托管的文件,并允许公众学习和尝试创建3D空间和游戏资产。正如在第9章和第10章中所讨论的那样,由于用户生成的内容在21世纪成为创造力和创新的基础,一些业余爱好者的修改工作最终演变成职业生涯。

作为对《毁灭战士》和它的续集《毁灭战士2:地狱》(Doom Ⅱ: Hell on Earth,1994年)巨大成功的回应,无数克隆版的《毁灭战士》出现在游戏市场上,克隆版游戏表现得像ID软件公司的产品一样,强化了第一人称射击设计的风格。这种风格统一的促成因素是ID软件公司将其游戏引擎授权给其他游戏开发商。任何开发者只要支付许可费,都可以使用和修改代码来创建和销售游戏。这种做法带来了游戏开发的根本性变化:公司可以专注于使用成熟的技术,提供更高质量的视觉效果和独特的风格,而不是自己创建游戏引擎。

乌鸦软件公司(Raven Software)的《异端》(The Heretic,1994年)和《邪教巫师》(Hexen: Beyond Thetic,1995年)、阿泊基软件公司的《龙霸三合会》(Rise of the Triad,1994年)以及罗格娱乐公司(Rogue Entertainment)的《魔幻英雄》(Strife,1996年)等,这些主流的第一人称射击游戏便是使用了ID软件公司游戏引擎的底层技术。

ID软件公司并不是唯一一家开发游戏引擎并授权给其他开发者的公司。由肯·西尔弗曼(Ken Silverman)设计的Build引擎能够实现复杂的关卡设计,超越《毁灭战士》引擎的特殊效果,但仍然依赖3D空间中的2D精灵。西尔弗曼的Build引擎为许多第一人称射击游戏提供动力,包括《毁灭公爵3D》、《血祭》(Blood,巨物公司,1997年)和《影子武士》(Shadow Warrior,3D领域公司,1997年),以及其他9款已经出版的游戏,这也使之成为20世纪90年代广泛使用的2D精灵、3D空间游戏引擎。

实时3D在游戏中的成功

20世纪90年代中后期,游戏技术的快速发展极大地改善了实时3D游戏的应用范围和细节级别。开发人员迫切地利用这些新功能,在不依赖2D图像的情况下,以全3D形式创建游戏。这是游戏行业最大的转变之一。随着实时3D技术的蓬勃发展,人们对在游戏中使用电影进行游戏和叙事的兴趣逐渐消退，到了千年之交，这种兴趣基本上消失了。由于制作成本不断上升，播放更高分辨率视频所需的 CD 数量不断增加，以及缺乏动态的效果，导致拍摄序列帧的减少。尽管如此，真人视频提供了一个将游戏开发引入当代背景的模型。它是早期游戏中基本由文本驱动的叙述形式与脚本序列、快速时间事件以及支配当代语境的装置之间的桥梁，这些问题将在第 9 章中详细讨论。

当代游戏设计

（1996年至今）

实时 3D 游戏的新硬件

实时多边形 3D 游戏出现于 20 世纪 90 年代初（参见第 8 章），并在之后的 10 年中迅速发展。IBM 兼容机的硬件升级改变了个人计算机游戏一成不变、回合制的特点，将 IBM 兼容机转变成了一个快速运行 3D 游戏的承载平台。相对于之前的 386 和 486 处理器，英特尔 1993 奔腾处理器的速度更快，能更好地计算复杂的 3D 图像，保证了 3D 游戏的运行。1993 奔腾处理器和它的继承者——奔腾 II，成为 90 年代中后期运行 3D 计算机游戏的基准，对峰值性能的追求也促成了 3D 加速显卡市场的形成，从而使 3D 游戏的运行速度更快。虽然最初 3D 加速显卡对于发烧友们来说十分奢侈，但到了 21 世纪初，它已经成为 3D 游戏的必备组件。

家用游戏主机的硬件也在进化。在 1994—1996 年期间，世嘉、索尼和任天堂都发布了新的"第五代"家用游戏主机。1994 年索尼借助 Play Station 进军家用游戏机市场，对任天堂和世嘉都有影响。在见识到了 3D 强大的功能之后，长期为这两个游戏平台巨头提供作品的开发者们都对索尼游戏平台产生了兴趣。Play Station 展现出了运行 3D 游戏的能力，它的储存容量大，允许在没有特殊附加组件的情况下使用视频（参见第 8 章）。1996 年任天堂 64 游戏机问世，虽然加载游戏数据的速度比 CD 光盘快，但它的存储容量小，需要开发人员使用一些技术来增强游戏体验。1995 年世嘉使用 CD 光盘为基础的"土星游戏机"参与第五代 3D 游戏主机的竞争，然而表现乏善可陈。由于一个微不足道的硬件设计使得游戏开发者很难充分利用 3D 应用程序，进一步暴露了世嘉在游戏主机市场中的问题。随着领先的硬件和软件开发商坚定地致力于实时输出 3D 视觉效果，他们对 2D 游戏市场的兴趣迅速消失。

20 世纪末的 3D 游戏设计

全 3D 平台与冒险游戏

基于游戏角色的动作游戏，如 2D 动作游戏，成为游戏厂商打造品牌形象的主要游戏类型（参见第 7 章）。将这些 2D 游戏升级为全 3D 游戏版本，对开发者和玩家来说都非常具有吸引力。然而 2D 游戏升级到 3D 游戏带来了一系列问题，如游戏场景、关卡设计和游戏的基本玩法等。虽然在 20 世纪 80 年代末和 90 年代初，一些公司尝试着做 3D 或 3D 视角的游戏，但第一批全 3D 角色动作游戏是任天堂的《超级马里奥 64》（Super Mario 64，1996 年）、顽皮狗公司的《古惑狼》（Crash Bandicoot，1996 年）以及核心设计工作室（Core Design）的《古墓丽影》（Tomb Raider，1996 年）。这些游戏为之后 3D 游戏的开发奠定了基础，并要求开发者重新考虑现有模式并推出新的设计解决方案。

由宫本茂监制的《超级马里奥 64》，不仅借鉴了其 2D 游戏版本的精华，也利用了 3D 游戏的新特性。《超级马里奥 64》继承了许多传统马里奥游戏中的元素，如独特的游戏世界、收集金币、发掘隐藏区域等，这一系列趣味性玩法的设计激发了玩家探索游戏的乐趣。受街机游戏设计的影响，制作人希望玩家能重复游戏，所以取消了传统马里奥游戏的计时关卡、积分制、一击致命等玩法。玩家在 3D 游戏空间中能够体验到一些简单的乐趣，例如行走、跑跳、滑行、翻滚、攀爬、游泳、弹跳甚至飞行（见图 9.1）。

图 9.1 《超级马里奥 64》
（图片来源：任天堂公司）

游戏中多层次的游戏关卡使这些角色动作得到施展，最大限度地利用了游戏空间。游戏包含 6 个不同的任务目标，需要多次进行游戏才能完成。这些目标包括从击败 Boss 角色到赢得与系统控制的对手的赛车比赛。收集硬币作为该系列品牌的主要玩法，成为探索每一个 3D 游戏空间细节的助推器，使玩家在 3D 游戏空间中一直有事情要做。每完成一个任务会生成一个特殊星币，用于解锁更多的游戏关卡。之前的游戏如《超级马里奥世界》允许玩家重复进入游戏关卡以获得不同的奖励，因为游戏只包含 15 个主要关卡，所以重复关卡在《超级马里奥 64》中也必不可少，这个数量明显低于马里奥早期的 2D 游戏关卡。因此，重复使用关卡有助于最大限度地发挥游戏的作用，使玩家熟悉 3D 空间。

由于在 3D 游戏中角色可以做出许多动作，因此对《超级马里奥 64》游戏手柄配置的要求会比较高，需要能读取更多动作细节。任天堂 64 独特的三叉控制器（见图 8.7）满足了《超级马里奥 64》的输入需求。虽然它增添了几个新按钮，但中间的模拟摇杆依然非常重要。传统的手柄方向盘都是非"开"即"关"。相比之下，模拟摇杆允许玩家做出各种动作状态，提升了 3D 游戏环境中移动的精确度。在《超级马里奥 64》中，这意味着马里奥的运动变得更加直观。将方向盘轻轻向任何方向推，就能让马里奥加速跑起来。

即便是模拟控制，典型的马里奥玩法——起跳砸向敌人的动作在 3D 环境中却很难执行，尤其是对那些不熟悉 3D 游戏的玩家来说更加困难。玩家有更多进攻的空间：能够滑入或对敌人拳打脚踢，一不留神误判距离或者径直冲向敌人都可能受到暴击而结束游戏。由于《超级马里奥 64》中的这些动作需要高度的空间意识，因此游戏中包含了一个允许玩家在 3 种不同的摄像机模式之间动态切换的系统：跟随马里奥，固定视角，或者通过控制器的方向箭头围绕马里奥旋转。虽然由于相机距离问题，该系统并非完全的第一人称视角操作，但这种设计还是成为后续游戏的主要卖点，也影响了未来手柄的设计。

美国顽皮狗公司出品的《古惑狼》在《超级马里奥 64》发布数月之后登陆索尼 Play Station，意味着 2D 游戏转化为 3D 游戏的形式开始普及。《古惑狼》的游戏主角助力索尼公司与任天堂（代表人物形象马里奥）和世嘉（代表人物音速小子）进行竞争。《古惑狼》的玩法与任天堂动作游戏的玩法相似，都是让玩家引导游戏人物通过主题关卡，收集物品并营救主角的女友。但不同于《超级马里奥 64》的开放场景，《古惑狼》限制了玩家的活动空间，保留了 2D 平台游戏中狭窄的线性关卡。在某些游戏空间甚至将摄像机从第一人称后方视角转回到更令人熟悉的水平侧滚动视角。这些都是考虑到玩家对 3D 空间的适应能力才做出的决定，也被认为是玩家熟悉这位以橙色为主色调的主角的方式。限制玩家的移动空间使顽皮狗公司能够添加更多的游戏细节、环境并嵌入独特复杂的编程技术，使游戏内容更加丰富。

英国核心设计游戏工作室的《古墓丽影》代表了另一种早期全 3D 游戏和游戏空间的设计方法。游戏以冒险和探索为主，游戏主角是考古学家劳拉·克劳馥（Lara Croft），玩家要在躲避陷阱的同时搜查从秘鲁到亚特兰蒂斯失落之城的宝藏。与《超级马里奥 64》相似，《古墓丽影》的特点是通过各种复杂的动作，让玩家跳跃、翻转、爬上台阶和攀岩。通过这些动作来解决游戏中的"3D 空间拼图"，通常需要把握好时间进行跳跃，接着做出一系列动作，拿到钥匙或其他道具去闯关。除去平台玩法，《古墓丽影》还在 3D 游戏空间中插入了大量战斗画面，玩家可以从多个方向攻击和躲避敌人。《古墓丽影》3D 关卡的设计综合了《超级马里奥 64》和《古惑狼》的元素：它们都延伸了纵向高度和可探索空间，但仍然遵循分支线性路径的设计形式。

随着开发人员加深了对 3D 游戏玩法以及 3D 硬件功能的理解，游戏空间和控制机制在 20 世纪末和 21 世纪初迅速发展。任天堂的《塞尔达传说：时之笛》(The Legend of Zelda: Ocarina of Time，1998 年）就是典型的代表。《塞尔达传说：时之笛》由《超级马里奥 64》的核心创作者开发，使 3D 游戏关卡开放化。就像以前的 2D 塞尔达游戏一样，《塞尔达传说：时之笛》的游戏世界纵横交错，玩家可以进入地下城，与敌人战斗，并收集可以进一步进入新空间的物品。由于这一品牌系列严重依赖于剑术，该游戏的开发人员创造了一种在 3D 空间中执行准确攻击的创新方式，称为"Z 向瞄准"系统[①]。Z 向瞄准系统允许玩家锁定游戏相机并将视角集中于单一的敌人，玩家既可以躲避敌人，也能找机会攻击敌人。由 Z 向瞄准系统衍生出的新系统之后被广泛采用，例如第一人称射击游戏《银河战士》（Metroid Prime，复古工作室，2002 年）与第三人称动作角色扮演游戏《黑暗之魂》（Dark Soul，福莱姆软件公司，2011 年）。

全 3D 游戏中的第一人称视角

将全 3D 场景应用于第一人称射击游戏可能效果不会很明显，因为场景中呈现的图像都已经 3D 化（见第 8 章）。尽管如此，相关的游戏作品和技术依然促进了行业 3D 图像与 3D 游戏玩法的发展。《侵袭》（Descent，平行软件公司，1995 年）是第一人称射击游戏领域最早采用全 3D 的游戏。游戏剧情发生在外层空间的采矿殖民地，这片殖民地被故障机器人霸占。由于玩家可以在零重力空间中 360 度自由移动，因此用 3D 多边形创建 2D 精灵的手法来表示各个角度的敌人需要费很大功夫。玩家能在关卡中驾驶飞行器，这样就不会一直停留在水平的第一人称视角攻击敌人。《侵袭》的游戏玩法源于 360 度方向控制，带来了一系列续作《侵袭 2》（Descent Ⅱ，平行软件公司，1996 年）和《侵袭 3》（Descent Ⅲ，暴怒娱乐公司，1999 年），以及类似于《侵袭》系列作品的游戏《遗忘》（Forsaken，道具娱乐公司，1998 年）。

受全 3D 第一人称射击游戏影响最大的是《雷神之锤》（Quake，ID 软件公司，1996 年），它使用 3D 多边形建模方式来创建空间、物体和敌人。《雷神之锤》的游戏引擎能够高效地处理 3D 元素，保证游戏以正常的速度运行，部分原因是采用了高度压缩的棕色和灰色调色板。如果没有各种各样的颜色，游戏可以更容易地重新创建全 3D 环境，不过这也让《雷神之锤》遭受到游戏画面"太脏"的批评。虽然游戏的原始版本不支持 3D 显卡，但是 Id 软件公司在 1997 年创建了一个名为"GLQuake"的硬件加速版本。该版本丰富了游戏画面，平滑了模型纹理，并且提高了游戏性能。《雷神之锤》团队专注于设计多人竞技生死战的游戏玩法，考验玩家反应速度的游戏中使用 3D 显卡来提升性能，能够有效区分出游戏胜利和失败效果，从而使 3D 显卡成为这类游戏的重要组成部分。

虽然采用了突破性的引擎技术，但《雷神之锤》与《毁灭战士》等 3D 游戏在游戏玩法和关卡设计方面并没有多大区别。这款游戏和前作一样，要求第一人称视角射击完全使用键盘进行操作控制。尽管《雷神之锤》具备了玩家仰视和俯视的动作命令，但触发命令的默认键操作起来不太顺手，并且在全 3D

[①] 任天堂 64 游戏机采用的是 z 轴触发操作系统。

游戏场景中的使用频率也不高。

在《雷神之锤》之后的第一人称射击游戏作品也因采用全 3D 画面进行了较大的改动。从空间层面看，游戏关卡中增添了垂直方向的障碍元素，玩家会受到来自垂直方向敌人的威胁。全 3D 第一人称射击游戏不断随着《雷神之锤 2》(Quake Ⅱ，ID 软件公司，1997)、《毁灭法师 2》(Hexen Ⅱ，乌鸦软件公司，1997 年) 和《虚幻》(Unreal，传奇游戏公司，1998 年) 演变，游戏操作开始使用键盘的 WASD 键代替方向键进行移动，玩家可以使用鼠标改变视角。这些转变提升了游戏操作的精度，玩家能够在场景中做出快速反应。《半条命》(Half-Life，维尔福公司，1998 年) 是第一人称射击游戏中 3D 空间最连贯、可以做到无缝衔接的游戏之一。游戏采用《雷神之锤》的修改引擎版本，以当时罕见的设计形式将游戏叙事和玩法进行穿插。游戏背景设定为一个庞大的专门用于各种科学探究的地下研究所。在一次物理实验引发的事故中，玩家成为了幸存的科学家，企图逃离这个庞大的研究所，并阻止外星人入侵。主要游戏玩法与其他第一人称射击游戏一样，包括迷宫般的空间、武器收集、避险和射击敌人。《半条命》充分利用全 3D 构建游戏世界，游戏叙事形式并不是剪辑过的视频或对话框，而是将叙事展现在游戏场景当中，创造出自然连续的游戏体验。友好与敌对的角色、叙事场景与对话内容都与游戏世界有关，诸如直升机入口之类的设计有助于营造紧张感、天花板被破坏会打断游戏的进行等，但游戏中出现的任何状况玩家都能控制住。

《半条命》十分依赖脚本序列、预先设定的可触发的环境行为或由玩家触发的角色来完成游戏叙事。这与早期游戏中漫游的怪物和静态游戏关卡形成鲜明对比，因为剧本设计能让开发者确保玩家每次玩的关卡叙事完全相同。剧本序列除了传达游戏叙事外，还能引导玩家在保持游戏沉浸的状态下又能通向难以企及的目标。《半条命》还出了许多空间导向的谜题，这些谜题比之前的游戏更充分地利用了 3D 空间。解开谜题的方式主要是通过与场景中的物体交互来完成，例如游戏中的火箭助推器需要通过特定的序列号进行触发，或者需要玩家组装一个临时平台绕开通电的水来完成游戏任务。

多人第一人称射击游戏

在 20 世纪 90 年代末，互联网的诞生和生存竞技玩法的普及催生出一个特殊的游戏类型——多人第一人称射击游戏。《雷神之锤 3：竞技场》(Quake Ⅲ：Arena，1999 年) 和《虚幻竞技场》(Unreal Tournament，1999 年) 沿袭了《半条命》的单机模式，以及《军团要塞经典版》(Team Fortress Classic，1999 年) 和《反恐精英》(Counter Strike，2000 年) 的多人游戏模式，不采用狭窄、线性的游戏通道（见图 9.2）。游戏以"多人游戏模式独特类型的夺旗玩法、占山为王玩法"以及传统的自由生死战玩法为主。建立游戏社区是该类游戏的重要部分，因为一些设计师会根据社区的要求创造新地图和新玩法，能够提高玩家的留存率。

图 9.2 《虚幻竞技场》
（图片来源：传奇游戏公司）

《星球大战：绝地武士–黑暗力量 2》（Star Wars: Jedi Knight-Dark Forces II，卢卡斯艺术娱乐公司，1997 年）尝试了新的游戏设计方向，将第一和第三人称视角融合在全 3D 游戏中。游戏《绝地武士》作为《星球大战：黑暗力量》（Star Wars: Dark Forces，卢卡斯艺术娱乐公司，1995 年）的续集，将 2D 精灵和 3D 场景结合在一起，扩展了第一人称射击游戏的一贯玩法，融入了电影《星球大战》的光剑元素以及一系列的攻击和防御动作。在第一人称视角下，玩家很难精确控制角色的动作。因此，游戏提供了第三人称视角以供选择。当玩家切换到第三人称视角时，就可以从游戏角色的上方看清敌人的位置（见图 9.3）。这款游戏还融入了角色发展的游戏机制，如利用原力来提升自身的属性和能力，并通过"光明派"和"黑暗派"设置正反两派的道德体系，将游戏的推进与角色扮演的升级系统联系起来。

图 9.3 《星球大战：绝地武士–黑暗力量 2》
（图片来源：卢卡斯影业游戏公司）

其他 3D 游戏类型还包括战术游戏、策略游戏，这与第一人称射击游戏的主流趋势背道而驰。美国小说家汤姆·克兰西联合创建了"赤色风暴娱乐"游戏工作室，旗下第一人称射击游戏使用了战术玩法，武器和怪物设计都呈现出现实主义风格。《彩虹六号》（Rainbow Six，育碧公司，1998年）以精英反恐为核心任务，试图模拟现实武装战斗，玩家在奔跑过程中会提高精确射击的难度，要求玩家实现一枪毙命，这都反映了汤姆·克兰西对现代战争与战术的关注。这款战术第一人称射击游戏要求玩家仔细规划每一张地图的路线，并考虑每个小队成员要扮演怎样的角色。因此游戏胜利需要团队的合理规划。《彩虹六号》成为一个主打品牌，后来汤姆·克兰西的《幽灵侦查》（Ghost Recon，育碧公司，2001年）也成为战术第一人称射击游戏的代表作品。

千禧年来临之际的混合第一人称射击/角色扮演游戏

第一人称射击游戏的潮流带来了一些独特的设计理念，将多种游戏类型的元素进行了融合。尤其是在第一人称游戏模式中添加角色扮演游戏模式，适合于将地牢爬行类的角色扮演游戏以第一人称视角呈现给玩家（参见第2章和第6章）。早期的2D精灵搭配3D游戏空间的游戏包括《冲突》（Strife，罗格娱乐公司，1996年）以及窥镜工作室（Looking Glass Studio）的许多游戏（见下文）。在20世纪90年代后期，开发人员利用快速发展的3D技术，使环境本身成为角色扮演的重要组成部分。

窥镜工作室和它的衍生分支

窥镜工作室主要是引进新类型的第一人称3D游戏。虽然工作室创新了许多技术，但开发人员依然以设计为重。它的声誉是通过2D精灵/3D空间建立：《地下创世纪：冥河深渊》（Ultima Underworld: The Stygian Abyss，1992年）（见第8章），《地下创世纪2：世界的迷宫》①（Ultima Underworld Ⅱ: Labyrinth of Worlds，1993年）和科幻小说为主题的《网络奇兵》（System Shock，1994年）。窥镜工作室的游戏《神偷：暗黑计划》（Thief: The Dark Project，1998年）被认为与全3D第一人称游戏有较大的差异。当玩家无法承受大量的伤害时，盗贼们不会继续攻击。该游戏要求人们对声音有敏锐的感知力，能够有谋划地利用阴影来引导玩家探索黑暗的、中世纪的主题世界。游戏中各式各样的道具都能起到作用，比如熄灭火把、减弱脚步声就能分散敌人的注意力。玩家使用狡猾的手法骗过巡逻的警卫和敌人，最后给敌人致命一击。

游戏每一关的任务都要从偷东西到逃离囚禁。游戏关卡增加了游戏玩法的另一个维度：它允许玩家对每个任务的目标使用多条路径。因此，玩家对于如何面对游戏的挑战有着不同的选择。游戏界面中有一个指标能对敌人显示玩家

---

① 《地下创世纪2：世界的迷宫》是蓝色天空在与勒纳研究合并之前开发的，在1992至1996年之间，该合并的工作室以窥镜工作室的名义为人所知。

的状态，使其在当时同类型的第一人称射击游戏与地牢类角色扮演游戏的复杂界面系统中更凸显出沉浸感。

窥镜工作室愿意在既定的流派之外追求 3D 游戏概念，但仍有许多员工离开工作室寻求新的机会。非理性游戏工作室（Irrational Games）是在 1997 年，由前窥镜工作室的开发者肯·莱维（Ken Levine），罗伯特·非米尔（Robert Fermier）和乔纳森·杰（Jonathan Chey）创立。非理性游戏工作室利用老东家的开发技术，发布了备受好评的科幻恐怖游戏《网络奇兵 2》（System Shock 2，1999 年）（见图 9.4）。《网络奇兵 2》的剧情设定在一艘被遗弃的飞船上，一种寄生的外星病毒感染了机组人员并把它们变成了有害的宿主。玩家是一名患有健忘症的孤独士兵，他需要寻找一种方法来阻止感染。开发者对这款角色扮演游戏进行了深化，使游戏成为具有多元游戏系统的第一人称射击游戏：玩家有 3 个角色可供选择，各有不同的玩法。玩家可以在武器、心灵力量和计算机黑客能力等领域提升物理属性和个人技能；玩家可以收集物品，在使用之前要对物品说明进行研究；重复使用后要对武器进行修理，还可以改变道具的功能。

图 9.4 《网络奇兵 2》
[图片来源：夜潜工作室（Night Dive Studios），www.nightdivestudios.com]

游戏采用的是影视化剪辑的过场动画，游戏画面虽然简单，但游戏场景的氛围吸引了玩家，让玩家可以将各个剧情片段拼凑成一个完整的故事。例如，带有血迹的住宅区和被临时封锁的家具暗示着玩家在劫难逃。许多场景配有音频日志，继承了第一代《网络奇兵》和 80—90 年代的地牢游戏场景中的叙事表达方式。这些音频日志窗口连同脚本记载着幽灵船员曾经的生活，从视听和环境等角度打造游戏的氛围。这些叙事技巧以及游戏特性，催生出了第一人称射击游戏《生化奇兵》（Bioshock，2007 年）、《生化奇兵 2》（Bioshock 2，2010 年）和《生化奇兵无限》（Bioshock Infinite，2013 年）。

赛博朋克主题游戏《杀出重围》(Deus Ex，离子风暴公司[①]，2000年)为代表的混合角色扮演/第一人称射击游戏设计的优质表现对后来的游戏开发影响很大。玩家将扮演联合国反恐怖分子联盟（UCO）新招募的一名士兵 J. C. 丹顿（J. C. Denton），经历游戏中每一个刺激的关卡，来获得自身能力与技巧的增强，玩家会不断地发现游戏中的每个情节或可怕的阴谋。玩家将要承担起消灭恐怖分子和拯救混乱无序世界的任务。

《杀出重围》允许玩家自由驾驭游戏玩法，这是因为游戏制作人沃伦·斯佩克特（Warren Spector）对角色扮演游戏的线性叙事体验感到不满。作为《网络奇兵》、《地下创世纪》系列以及《银河飞将》（Wing Commander）的制作人，沃伦·斯佩克特和游戏设计师哈维·史密斯（Harvey Smith）在《杀出重围》中采用了更新的玩法。在传统的角色扮演游戏中，角色晋级需要循序渐进，一般用生命值增加或能力得分来体现。《杀出重围》用简化的一系列技能和能力取代了这个过程，显而易见地表现出角色已升级。游戏的关卡中包含许多选择性的功能，让玩家可以自由切换激进枪支式、窃贼隐身式和非前瞻式的风格。锁着的门可以用不同方式打开——撬锁、侵入大门或使用爆炸物摧毁。选择不同的玩法会带来不同的风险，并且会因此更改玩家的游戏进度。这种玩法能使玩家最大化地进行角色扮演，这被证明是开发者对游戏设计态度的关键转变。

千禧年之交的游戏影视化趋势

3D 空间中最困难的挑战之一是游戏空间本身的 3D 化表现。许多全 3D 第三人称游戏的摄像机是跟在游戏角色后方的，如《古墓丽影》、《古惑狼》、《刺猬索尼克》3D 版以及《索尼克冒险》（Sonic Adventure，索尼克团队，1998年）、《托尼·霍克极限滑板》（Tony Hawk's Pro Skater，内弗软件娱乐公司，1999年），相机跟踪角色使玩家可以看到多角度的游戏空间。

《生化危机》（Resident Evil，卡普空公司，1996年）是一款以僵尸为主题的生存游戏，类似恐怖电影风格的游戏《鬼屋魔影》（参见第 8 章）。《生化危机》最初的目标是全 3D 画幅，就像上面提到的其他第三人称游戏一样。然而，由于内存的限制以及当时新发布的 Play Station 游戏主机的开发问题，限制了全 3D 画幅的设计图标。游戏采用静态背景、预渲染、3D 图像作为替代方法，并且需要多个相机视角，因为无法从无限多个角度呈现图像。但这也是一个优势，因为固定摄像头可以呈现来自不安全角度的空间，营造紧张氛围，也被认为会引发幽闭恐惧症。在某些情况下，摄像机角度故意掩盖敌人的存在，制造该类游戏中常见的"恐怖彩蛋"。另一个恐怖生存游戏《寂静岭》（Silent Hil,

---

[①] 离子风暴公司于 1996 年在美国德克萨斯州成立。创立者包括约翰·罗梅罗（John Romero）和汤姆·霍尔（Tom Hall），两人都是 ID 软件公司的前员工。《杀出重围》就是由离子风暴公司的子公司开发的，该子公司位于美国德克萨斯州的奥斯丁市，是由沃伦·佩斯克特（Warren Spector）在 1997 年成立的。

寂静岭团队，1999 年）把游戏设定在一个一直笼罩着浓雾的城镇，玩家以解开城镇秘密为任务主线。该游戏属于全 3D 游戏，并允许玩家使用与第三人称游戏相关的其他角色跟踪相机探索城镇。然而，这种玩法设计理念使玩家一进入狭窄的小巷或室内就会感到毛骨悚然。

影视化场景最复杂的例子之一是小岛秀夫的《合金装备索利德》（Metal Gear Solid，日本科乐美计算机娱乐公司，1998 年），该游戏是他早期的 MSX 计算机游戏《合金装备》（Metal Gear，日本科乐美计算机娱乐公司，1987 年）的 3D 版。与其 2D 前身一样，《合金装备索利德》的游戏目标是躲避巡逻警卫的侦测，而不是过分关注动作游戏元素。该游戏使用了一套复杂的相机来跟踪玩家的动作，以自上而下的视角展示游戏画面，强调了游戏的战术性，并模拟了原始的 8 位游戏视角。随着玩家进出游戏空间，在角落对视并爬入通风口，相机会通过快速缩放、倾斜和切割自动改变视角，从而为玩家提供最佳游戏画面。这些持续而平稳的过渡效果产生了连续的空间感，同时允许游戏将电影内容整合到游戏本身中。

卢卡斯艺术娱乐公司将冒险类游戏领域的专业技术应用于 1998 年发布的全 3D 黑色死亡主题游戏《冥界狂想曲》（Grim Fandango，1998 年）（见图 9.5）。在开发者蒂姆·沙菲尔（Tim Schafer）的带领下，游戏展示了许多冒险类游戏的传统元素：独特的角色、引人入胜的叙事和解谜玩法。然而，《冥界狂想曲》却偏离了以上的传统元素，提供了一种替代典型的使用鼠标光标进行灵活控制的做法，寻找游戏中的各种"热点"。通过预渲染 3D 空间，使用键盘控制器移动角色死神马尼·卡拉维（Manny Calavera）。这款游戏采用了一种创新系统，在马尼的头部转向重要物体的时候，可以看到物体与角色的互动。游戏空间缺乏界面和多相机呈现，形成了绝对的电影体验。遗憾的是，在 20 世纪 90 年代末和 21 世纪初冒险游戏发展的热潮迅速转移到了动作游戏。尽管好评不断，

图 9.5 《冥界狂想曲》)
（图片来源：卢卡斯影业游戏公司）

但《冥界狂想曲》的销量却很不理想。与此同时，由于 21 世纪初《星球大战》的名声已经给卢卡斯艺术娱乐公司定了性，公司在接下来的几年里从冒险类游戏转战其他类型的游戏开发。

百威尔公司出品的游戏《星球大战：旧共和国武士》（Star Wars: Knights of the Old Republic，百威尔公司，2003），通过修改传统的轮回制战斗的概念，使角色扮演游戏有互动电影的效果。战斗模式是在《龙与地下城》的桌面版中找到的玩法，通常将战斗人员限制为每轮只有一个动作。在每一轮的幸存者中继续战斗，直到通过死亡或其他手段停止敌对行动。在《旧共和国武士》中，每个战斗人员轮流展开游戏动作，互相间隔一定的时间，无论其他人的行动如何，将玩家之间的行动分开。在任何时候，玩家都可以暂停游戏，查看周围环境，向团队成员发出一系列特定动作并自动播放结果。因此，《旧共和国武士》的战斗进行光剑打击和火焰射击，表现出戏剧性的电影质量，同时允许玩家参与战略决策（见图 9.6）。

图 9.6 《星球大战：旧共和国武士》
（图片来源：卢卡斯影业游戏公司）

新千年的游戏与游戏设计

行业的变化

20 世纪 90 年代末至 21 世纪初，游戏行业发生了巨大的变化。只有十几个或更少人员的制作团队开发出了像《毁灭》（Doom）和《超级马里奥 64》这样的游戏，但是在 2000 年，由于游戏的范围越来越大，专业知识越来越丰富，游戏发行商进行了大规模的收购活动，合并了较小的工作室并限制发布游戏的渠道。游戏预算增长，开发时间延长到 2～3 年。其结果是游戏获得成功的风险变大、压力更大，导致许多开发商开始寻求更传统的项目以保证投资回报。开发人员也减少了对游戏品类的关注，不再与某些特定的游戏系列品牌和游戏类型相分离。在这种情况下，游戏主机成为行业的推动力。尽管个人计算机在21世纪为3D游戏展现出了最优性能，但游戏相关组件的成本增长和一般人群硬件配置的有限知识使得计算机游戏对大众市场的吸引力不足。家用主机相对容易操作，在21世纪家用主机更新了3D功能，增强了竞争力，从而缩小了与个人计算机的差距。

对于开发人员来说，允许多类型硬件和软件配置的开放式体系经常会出现兼容性问题，需要额外的时间解决。游戏主机凭借其固定的硬件配置，消除了这些不确定性，对内容创建者越来越有吸引力。开放式3D世界的自由化使玩家开始反对投币机的商业模式，增加了街机运营难度，使街机运营快速走下坡路，从而失去了影响力。街机节奏游戏，如《舞蹈革命》(Dance Revolution，科乐美公司，1999年)，却发挥了这些优势。玩家通过屏幕上的视觉提示，在机器的大平台上"跳舞"，让自己成为公开的表演者。尽管像跳舞和其他节奏游戏在家用游戏机上很流行（见图9.7），但街机游戏在家用游戏机的引领作用和创新能力已经终结。

图 9.7　独特的游戏控制器械《金刚鼓》(Donkey Konga，南梦宫公司，2004年)与《吉他英雄》(Guitar Hero，和谐音乐系统公司，2005年)

新主机与 2000 年游戏的成熟发展

世嘉的退出

直到20世纪90年代，索尼的PS游戏机迅速侵蚀了任天堂和世嘉在日本和北美的市场份额。作为回应，世嘉再次尝试用1998年在日本推出的第六代梦想传播游戏机与其他对手竞争。由于索尼的新霸主地位，梦想传播游戏机在日本市场表现平平，但其1999年在北美市场推出时却很成功。梦想传播游戏机先进的硬件在铃木裕制作的《莎木》(Shenmue，世嘉AM2，1999年)中生动地展现出来。这是一款开放世界、第三人称角色扮演游戏，在1986年于日本横须贺市开发。游戏机的新功能使场景能够从真实城市复制许多建筑和功能，包括遵循白天和夜间时间表的人群，以及符合历史数据的天气模式。互动程度也很显著：玩家可以通过电话拨打个人号码，打开柜子抽屉，甚至可以访问街机游戏去玩铃木裕早期的一些游戏，如《摩托车大赛》(Hang-On)和《太空哈利》(Space Harrie)。然而在2000年，由于索尼在全球发布了PS 2游戏主机，世嘉的梦想传播游戏机在北美的势头被抢尽。由于世嘉在游戏主机市场的竞争中失利，公司决定在 2001 年停止销售梦想传播游戏机并完全退出游戏主机市场，转为软件开发商。

任天堂于 2001 年推出了游戏盒子游戏机，它是任天堂推出的第二款支持 3D 功能的设备。其特色是在 3D 游戏世界中完善了任天堂的标志性角色。许多游戏盒子中广受赞誉的游戏，如《超级粉碎兄弟混战》(Super Smash Bros. Melee，HAL 实验室，2001 年)、《马里奥 4》(Mario Party 4，哈德森软件公司，2002 年) 和《马里奥卡丁车：双击!!》(Mario Kart: Double Dash!!，任天堂公司，2003 年)，具有强大的多人社交元素，任天堂塑造的文化身份逐渐与 PS 2 的"硬核"游戏渐行渐远。2006 年，任天堂的第七代移动控制主机 Wii 问世，同时发布了极具代表性的体感游戏《Wii 运动》(Wii Sports, 2006 年)。2012 年，任天堂又发布了第八代主机 Wii U。任天堂在 2004 年通过任天堂 DS 和 2011 年的任天堂 3DS 游戏机也领导了手持游戏市场。这两款产品均采用双屏幕设计，回顾 20 世纪 80 年代任天堂颠覆了游戏与手表手持设备的设计。DS 和 3DS 游戏机在日本非常受欢迎，因为它们非常适合该国对公共交通和小型生活空间的依赖。这些制作单位提供的大部分相同类型的游戏都能接入电视屏。因其便携性而成为人们进行休闲游戏体验的理想选择。

微软进入主机市场

世嘉因索尼和任天堂的竞争于 2001 年退出游戏主机市场，而此时被认为是微软首款游戏机 Xbox 打入主机市场的完美时机。微软进军游戏机市场的原因是担心索尼的 PS 2 及其 DVD-ROM 将进军游戏、家庭娱乐和家用计算机市场，威胁到 Windows 操作系统的销售。所有迹象都显示了视频游戏市场的主流突破和迅速扩张。然而，微软在开发游戏方面没有直接的经验，它最著名的游戏则是 Windows 系统自带的纸牌游戏和扫雷游戏。后来的《飞行模拟器》系列（参见第 6 章）和即时战略游戏《帝国时代》推动了微软零售业务的发展。

尽管如此，微软在 20 世纪 90 年代通过 DirectX 与个人计算机游戏开发相连，DirectX 是一组软件技术，可作为游戏和游戏相关硬件之间的通用通信工具。DirectX 的一个组件是 Direct3D，它帮助游戏"说出"3D 加速图形卡的许多"语言"。Direct3D 及其主要竞争对手 OpenGL［1997 年硬件加速版本的《GL 雷神之锤》采用了该语言进行开发］不需要为单个硬件编写指令，允许游戏开发人员专注于创建游戏，并促进个人计算机游戏在 20 世纪 90 年代向 3D 过渡。

微软 Xbox 游戏主机背后的概念是使其功能类似个人计算机。它利用了 DirectX（为游戏主机的名称提供了灵感）、奔腾 3 处理器、硬盘驱动器和图形显卡。这样的配置对于开发者友好，并为第三方游戏的大型资料库提供了潜力。Xbox 还打算通过其 DVD-ROM 和环绕音响功能满足家庭娱乐需求，从而能与索尼的 PS 2 直接竞争。当时游戏机的内置宽带调制解调器连接美国宽带的速度较慢，但也意味着未来能够实现联网下载游戏以及进行在线多人游戏。尽管世嘉的梦想传播游戏机采用了内置拨号调制解调器进行联网，但在互联网基础设施快速发展的对比之下变得毫无吸引力。

微软通过 Xbox 的军事科幻第一人称射击游戏《光晕》（Halo：Combat Evolved，布奇公司，2001 年）很快得以立足。20 世纪 90 年代的大多数第一人称射击游戏是在《光晕》之前为家用计算机开发的，因为它们的 3D 图形功能和硬盘存储性能明显优于当时的家用游戏机。尽管早期的任天堂 64 和索尼 PS 也能玩《雷神之锤》，并且发布了如《007 之黄金眼》（Golden Eye 007，瑞尔公司，1997 年）和《荣誉勋章》（Medal of Honor，梦工厂交互公司，1999 年）等知名原创游戏，以及有更复杂 3D 图像和玩法的游戏（如《半条命》、《虚幻竞技场》和《杀出重围》），但依然达不到 Xbox 在当时获得的成就。Xbox 发布的游戏《光晕》，代表了游戏主机和个人计算机游戏之间的差距缩小，并帮助确立了基于游戏主机上的第一人称射击游戏的优势。《光晕》进一步推广了早期出现在 PS 荣誉勋章中的控制方案，该方案依靠两个模拟控制杆进行控制：左控制杆控制地面方向的移动，右控制杆控制水平和垂直的视角变化，以控制水平和垂直视图——一个复制 W 键、A 键、S 键、D 键的设置键盘和鼠标配置在个人计算机上。在 21 世纪初叶，这种运动和视角的分离已成为游戏主机 3D 游戏的默认控制方法。

开放世界游戏的发展

尽管如此，索尼仍在 21 世纪初成为游戏机行业的领导者，拥有大量第三方开发的游戏，吸引着十几至二十几岁的玩家。该平台最成功的游戏之一是《侠盗猎车手 3》（Grand Theft Auto Ⅲ，洛克星游戏公司，2001 年），是一部第三人称射击的犯罪题材作品（见图 9.8）。《侠盗猎车手 3》以一个开放型城市为特色，玩家可以自由选择具有特定目标的任务，或参与非结构化沙盒游戏进行探索和实验。这些标志性元素是从最初的 2D 自上而下的《侠盗猎车手》（Grand Theft Auto，苏格兰 DMA 游戏设计公司，1997 年）继承而来，同时又从大卫·布拉本（David Braben）和伊恩·贝尔（Iain Bell）制作的太空题材游戏《精英》中获得灵感（见第 6 章）。

《侠盗猎车手 3》的 3D 城市细节是它的主要特色：游戏中的所有车辆都可能被驾驶并被碰撞损坏，居民日出而作、日落而息，天气会影响到玩家的驾驶，高速列车按照固定时间表运行，犯罪行为导致警方进行干预。然而，游戏中对犯罪的熟练叙述与杀死城市平民结合在一起引发了相当大的争议，将电子游戏中的暴力问题推向公众讨论的热点问题。尽管如此，《侠盗猎车手 3》的高产值和创新性帮助其开发商洛克星游戏公司推出了多部续集，其中《侠盗

图 9.8 《侠盗猎车手 3》
（图片来源：洛克星游戏公司）

猎车：圣安地列斯》(Grand Theft Auto: San Andreas，洛克星游戏公司，2004年) 在 PS 2 的使用期限内销售。在 21 世纪的前 10 年，随着新一代的开发技术带来更多的玩法、更复杂的空间，全 3D 开放式沙盒元素游戏在家用游戏机和个人计算机上蓬勃发展。固有的基于自由的游戏对玩家非常有吸引力。第一人称中世纪幻想角色扮演游戏《上古卷轴 3：晨风》(The Elder Scrolls Ⅲ : Morrowind，贝塞斯达游戏工作室，2002 年) 发展了 1991 年贝塞斯达游戏工作室的《终结者》(见第 8 章)，以及之前 3D 空间的 2D 角色扮演游戏，如《上古卷轴：竞技场》(The Elder Scrolls: Arena，1994 年) 和《上古卷轴：匕首》(The Elder Scrolls: Daggerfall，1996 年)。其他值得注意的 21 世纪的开放世界游戏包括育碧的《刺客信条》(Assassin's Creed) 等。随着互联网的接入在 20 世纪 90 年代末和 21 世纪初叶的迅速普及，成千上万的玩家可以登录《创世纪在线》(Ultima Online，起源系统公司，1997 年)、《无尽的任务》(Ever Quest，索尼在线娱乐公司，1999 年) 和《魔兽世界》(World of Warcraft，暴雪娱乐公司，2004 年) 等大型多人在线游戏进行体验。

减少游戏主机的加载时间

开放世界游戏相关的数据量导致游戏机出现了技术问题。早期的 3D 开放世界游戏如《莎木》，通常一次加载一个游戏空间区域（比如特定的邻域），一旦到达边界就加载另一个游戏空间，不断显示加载屏幕和游戏中断，有一种连续的城市和风景被中断的错觉。21 世纪基于光盘的游戏机解决了这个问题。通过流媒体，游戏各个部分的数据在游戏过程中读取，然后到达边界，从而形成了一个无缝开放的世界，如《杰克与达斯特：失落的边境》(Jak and Daxter: The Precursor Legacy，顽皮狗公司，2001 年) 和《汪达与巨像》(Shadow of the

Colossus，Ico 团队公司，2005 年），以及其他之前提到的作品。许多开放世界游戏会利用道路或者在关卡中布置障碍的形式防止玩家跑出界外。其他一些希望减少加载时间但不采用开放世界设计的游戏，如《银河战士》和《战神》（God of War，SCE 圣塔莫尼卡工作室，2005 年），在较大的空间之间设置了长走廊、楼梯间或电梯，能够在不打断游戏的情况下传输游戏数据。

移动休闲游戏的出现

随着 21 世纪初硬件存储容量和处理能力的提高，开发人员倾向于用更长的游戏时间和复杂的叙述来开展游戏创作，这大多是为了迎合那些期望高质量和高强度游戏体验的玩家。包括在 21 世纪初的大型游戏中，这些趋势并不能满足非硬核玩家的需求，所以开放了"休闲类型"的游戏市场。虽然休闲游戏的定义如独立游戏（见第 10 章）一般，并不能明确地将其划分出来，但它们的设计理念有很强的共性，例如，游戏时长更短、进入游戏的便捷性的吸引力更大、弱化游戏中的暴力以及高度的可玩性。

正如前面所讨论的，微软公司的《纸牌》和《扫雷》游戏、模拟人生公司的《模拟城市》（Sim City）以及绿色世界公司的《神秘岛》，都在传统的市场统计数据预测之外获得了各种各样的玩家。尤其是设计师维尔·莱特（Will Wright）在 20 世纪 90 年代借助开放式的"系统仿真玩具"为《模拟城市》和其他模拟类游戏博得赞誉。之后维尔·莱特设计了《模拟人生》。这个"虚拟玩具屋"允许玩家管理一个叫做"模拟人生"的家庭日常活动（见图 9.9）。和维尔·莱特早期的游戏一样，模拟类游戏没有预先设定的游戏目标，但允许通过与游戏许多系统的交互来实现非结构式的高自由度。每个家庭的模拟角色都有不同的需求，如食物、乐趣、舒适和房间，当他们相遇的时候，他们的幸福

图 9.9 模拟人生
（图片来源：美国艺电公司）

感就会增加。玩家可以培养每个模拟角色追求职业目标、提升自我、恋爱社交和其他活动。主要的理念是通过购买和放置新物品来设计模拟空间，这是一种创造性自由发挥游戏，家庭经济状况影响游戏的质量。《模拟人生》产生了可观的销售额。它超越了《神秘岛》，成为最畅销的 PC 游戏，并在 21 世纪初叶开始成功推出其他《模拟人生》系列游戏。

虽然《模拟人生》的系列品牌模式非常受欢迎，并获得了好评，但互联网和智能手机的出现对 20 世纪休闲游戏的火爆起到了至关重要的作用。与这些系统不同的是，早期的基于浏览器的休闲游戏使用了一套独特的设计限制，这些限制是在世纪之交时由互联网接入的状态决定的。在 20 世纪 90 年代和 21 世纪初，大多数计算机用户都依赖拨号连接，这些连接基于电话线接入互联网。在连接期间，用户每次手动初始化计算机的调制解调器，导致一系列的哔哔声、静态声音和电话线路占用的情况。拨号上网的速度有限，使得大文件的分发效率低下，没有吸引力。考虑到数据的速度，游戏开发人员试图让 WEB 更具有交互性，并将注意力集中在创建简单的小型游戏上，通过像 MSN 游戏社区和雅虎游戏这样的门户网站。

其中最成功的游戏之一是宝开游戏公司（Pop Cap games）出品的《宝石迷阵》(Bejeweled，2000 年）。由杰森·卡帕卡（Jason Kapalka）开发的镶嵌在 8×8 格面板中的彩色宝石组成，可以让玩家交换相邻图像块，创建一个连续 3 个或 3 个以上相同颜色的宝石。一旦对齐，这些宝石就消失了，并导致纵向堆积的宝石下降，而一组新的随机宝石则填充在顶部。游戏继续进行，直到玩家创建了一个必需的匹配数量来进入下一个级别，或者不能创建更多的匹配。该游戏还包括一个计时选项，以使比赛节奏越来越快。《宝石迷阵》这种消除类游戏是以一个早期名为"沙里奇"（Shariki，1994 年）的游戏为蓝本，该游戏由俄罗斯程序员尤戈因·阿勒金（Eugene Alemzhin）开发。然而在千禧年之初，通过快速拨号网络连接和 Java 编程语言的开发，这些视觉效果、动画效果和声音效果更吸引人的眼球。在微软的 MSN 互联网游戏社区门户网站上，宝开游戏公司采用了一种不寻常的商业模式，它出售了一款免费的基于浏览器的游戏光盘，允许在没有互联网连接的情况下玩游戏（见图 9.10）。"离线"游戏模式吸引了大量互联网用户，由此成立了宝开游戏公司，在新兴的休闲游戏场景中扮演了领导者的角色，并打造了其他经典游戏，如《字符炼金术》(Alchemy Deluxe，2001 年）、《祖玛豪华版》(Zuma Deluxe，2003 年），以及最终的《植物大战僵尸》(Plants vs. Zombies，2009 年）。

图 9.10 《宝石迷阵》
（图片来源：宝开游戏公司）

在苹果公司 2007 年推出 iPhone 和 2010 年推出 iPad 平板计算机之后，休闲游戏背景和设计发生了巨大的变化。这些移动设备除了提供移动计算和互联网连接之外，还提供了新的交互形式。多点触控屏幕取代了物理按键，允许用户在屏幕上的任何地方点击和滑动手指。竞争对手的智能手机和平板计算机制造商迅速采用了多点触控屏幕，使之成为移动设备的首选操作方式。休闲游戏开发人员很快就将这些新的无按钮交互集成到他们的游戏中。宝开游戏公司的《宝石迷阵》是 iPhone 的启动游戏之一，因为它是一款非常适合快速水平和垂直滑动的移动设备，而不是使用手机的数字键。锐欧娱乐公司基于物理的益智游戏《愤怒的小鸟》（Angry Birds，2009 年）同样使用了滑屏操作来瞄准，并从弹弓上发射彩色的小鸟（见图 9.11）。为了试图消灭一组绿猪，玩家利用每个小鸟的技能摧毁或击倒建筑物。

图 9.11 《愤怒的小鸟》
（图片来源：锐欧娱乐公司）

21 世纪初的数字发行

21 世纪初宽带互联网连接迅速取代了拨号上网，尽管拨号上网在某些人口稀少的地区仍然使用。与拨号服务相比，宽带的数据容量要大得多，可以更容易地传输多媒体内容，如视频和大文件。除了速度之外，宽带连接"始终开启"，允许持续的数据流，这引发 21 世纪初的游戏发行出现了翻天覆地的变化。2003 年，维尔福公司推出了游戏平台"Steam"。除了销售游戏之外，"Steam"还会对其进行检查，验证游戏是否合法，此举有助于减少软件盗版。该系统还会自动更新游戏的最新补丁与修复文件，确保游戏稳定运行。例如，《反恐精英》是世界上最流行的在线游戏，"Steam"会对其保持更新，并且防止作弊和盗版的出现。

在《半条命 2》（Half-Life 2，维尔福公司，2004 年）发布后，"Steam"建

立了一个重要的平台，保证游戏服务正常运行。《半条命 2》成功延续了前作的风格，通过脚本序列进行连续的交互，同时扩充了引人入胜的游戏场景。它采用了复杂的基于物理谜题和其他令人难忘的画面，比如在废弃的高速公路上驾驶一辆临时的小车，并操作一台电磁起重机，这两种方法都打破了节奏良好的动作。2005 年，在《半条命 2》的巨大成功推动下，"Steam" 开始向第三方开发商销售游戏，并最终成为销售家用计算机游戏的最大来源。它也在独立游戏的爆发中扮演了重要角色（见第 10 章）。

家用游戏机也开始追求数字发行。从 1981 年起，就已经有允许玩家下载游戏的服务，包括智能幻想公司的 Play Cable 游戏机，雅达利、任天堂和世嘉的家用游戏机都能提供游戏下载服务。这些服务都获得了短暂的成功，但在宽带互联网爆炸式增长之前，主机游戏并没有普及大众。Xbox 的核心策略之一是微软的 Xbox Live 在线订阅服务。特别是在《光晕》的玩家中，Xbox Live 开创了一个先例，在 21 世纪前 10 年，微软管理着游戏的在线组件，而不是把创建网络基础设施的负担放在开发人员身上。这使得一个更加统一的在线游戏平台的创建和一个基于 Xbox 的游戏社区的出现成为可能。

微软在 2004 年通过在线市场 Xbox Live Arcade 扩展了 Xbox Live。Xbox Live Arcade 最初的成功依赖于大量客户的小规模、持续购买，就像 100 年前廉价的街机游戏一样。这促使 Xbox Live Arcade 推出了短款游戏，需要花费最少的时间来学习和玩的游戏（如从 20 世纪 70 年代到 90 年代的街机游戏），以及更休闲的游戏（如《宝石迷阵》）。微软在 2005 年重新推出了 Xbox 360 游戏机，并在 2006 年与索尼的 PS 网络商店以及任天堂的 W Ⅱ 商店频道进行了密切的合作。第七代家用游戏机的多媒体连接，加速了媒介融合的趋势——玩家可以购买和播放音乐、电影、电视节目和其他数字内容。Netflix、Hulu、YouTube 等供应商的流媒体内容，完成了视频游戏机的转型，成为真正的家庭媒体设备，这一趋势在 21 世纪初期的第八代游戏机中得到了强化。

休闲游戏和数字发行

数字发行使得休闲游戏得以传播到所有主要的移动平台以及社交媒体网站，如 Facebook。许多休闲游戏通过在线方式发布，目的是遵循 "免费增值" 的商业模式。免费商业模式结合了共享软件（见第 8 章）和街机游戏设计元素，因为它免费提供了游戏，但受到游戏功能限制或进度限制，这可以通过游戏内的交易来减少。免费游戏模式成功地应用于一些休闲游戏中，如经营类游戏《开心农场》（Farm Ville, 新嘉游戏公司，2009 年）、三消益智游戏《糖果传奇》（Candy Crush Saga, 国王游戏公司，2012 年）。这两款游戏都利用了免费游戏模式：玩家们进入《开心农场》，在农场里播种后等待数小时才会有收成；《糖果传奇》的玩家也会遇到障碍物阻拦游戏进行的情况。玩家可以支付少量的费用获得游戏道具,使用付费道具会改变正常的游戏规则,例如,允许农作物瞬间长成,或者具有摧毁任何障碍的功能。

尽管免费增值模式具有很高的影响力,但在2008年苹果应用商店和谷歌的游戏数字分销中心推出之后,休闲游戏领域变得更加多样化。这正好赶上了独立游戏的繁荣(见第10章),因为开发商获得了新的分销渠道,挑战游戏设计的固有观念被释放出来。一个突出的例子是《纪念碑谷》(Monument Valley,优思图游戏公司,2014年),这是一款用于移动设备的3D拼图游戏,玩家可以通过一系列关卡引导公主(见图9.12)。这个游戏的艺术水平、设计灵感来自 M. C. 埃舍尔(M. C. Escher)的视觉错觉,要求玩家考虑所有的表面和排列的空间以取得进步。与专注于难度的益

图 9.12 《纪念碑谷》
(图片来源:优思图游戏公司)

智游戏不同,《纪念碑谷》更像是一种专注于互动乐趣的极简主义美学体验,这一概念受优思图游戏公司用户体验模式的影响。玩家被邀请通过触摸来发现游戏,而不是被指导如何玩。滑动和旋转游戏空间的建筑元素创造了令人愉悦的音符,与《纪念碑谷》大气的背景音乐融合在一起。玩家可以放大,不仅可以看到游戏空间中2D图形设计和3D建筑呈现的完美融合,而且还可以把它作为每一层的图片,这是一种值得构建的形象。

21世纪初与之后的游戏视觉与游戏美学

由于每一代新硬件开发人员都会提供愈加自然的视觉效果,因此在2000—2010年期间,游戏图形技术发展迅速。一些游戏彻底追求照片写实主义,但大多数追求混合了具有逼真照明和纹理效果的程式化视觉效果。在这两种情况下,开发人员增加了多边形的数量以提供更多细节并匹配新的硬件功能,3D游戏模型的复杂性都大幅提升了。例如,2010年的角色模型通常使用数万至数十万个多边形创建。几何复杂度的增加直接影响到3D模型的构建方式及其动画效果。

例如,20世纪90年代中后期的人物模型通常是通过使用几百个多边形"手工"创建的,从而形成了该时期3D模型的典型"四方"外观。此外,诸如胳膊和腿的特征由离散的几何形状构成,彼此重叠。每个个体分组之后能够产生动画数据,从而形成运动效果。这与创建由连续多边形组成的模型的后期技术形成对比。为了制作动画,使用位于模型内部的"骨骼"来操纵角色,模拟肘部和膝盖弯曲等动作,并使高多边形表面平滑变形(见图9.13)。早期的模型通常没有绑定功能,因为它的计算量更大。此外,低多边形3D模型上有限

数量的曲面通常不足以表现细微地弯曲，容易产生不自然的效果。在《星球大战：绝地武士-黑暗力量2》（见图9.3）和《星球大战：旧共和国武士》（见图9.6）中，可以看到在多段模型中构建的低面数模型与单个高面数模型之间的视觉差异。在21世纪初，角色模型通常是通过对行动者身体进行3D扫描而创建的，而动作捕捉数据则提供更加流畅和逼真的动画。

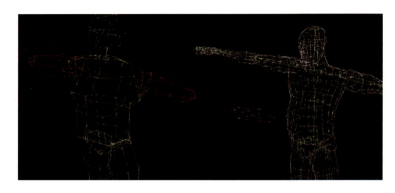

图9.13　在20世纪90年代后期（左图）和21世纪初（右图）为游戏角色制作动画的常用方法；左图的低面数模型由单独的部分构成，而右图的高面数模型是连续的，并通过操纵内部"骨骼"进行动画
（图片来源：马克·贾曼）

模型的真实感

在21世纪之前的3D游戏画质很大程度上依赖于在3D表面上包装2D贴图的颜色（有时也称为漫反射贴图），以模拟特定材质，并可以使用各种材质的2D贴图。因此，彩色地图能够将同一个简单的立方体变成木箱或金属盒。然而，单独的彩色地图并不令人信服，因为由于早期3D模型的多边形数量较少，表面保持平坦并且相对没有特色。然而，像素着色器的出现显著增加了游戏中的视觉真实感，因为它们可以改变3D模型的表面外观。

凹凸贴图是一种在3D场景中模拟粗糙外表面的技术。它能够显著提升游戏画面，因为它们模拟了不规则性的细微表面，并给出了在其他平坦表面上的高度和深度幻觉。例如，由石头制成的雕像表现出凹坑和粗糙的质地，布质衬衫展现出编织线的外观。凹凸映射早在第一人称计算机游戏《侏罗纪公园：入侵者》[①]（Jurassic Park: Trespasser，梦工厂交互公司，1998年）、Xbox和Game Cube发布之后才被广泛采用，两者都为功能提供了内置支持。法线贴图通过将高多边形3D模型的表面转换为2D地图，并将其覆盖在低多边形模型上，可以提供更清晰的细节。该技术添加了更多视觉细节，而无需计算密集型多边形。着色器也被用来模拟光照对模型和游戏环境的影响，通过镜面反

---

① 《侏罗纪公园：入侵者》的玩法十分写实。例如，游戏中的物理模拟系统和手动控制系统让玩家可以操控角色的手臂，在游戏中捡起道具并与之交互。除了这些创新之处，该游戏还囊括了许多表演功能，但是没有带来更好的商业销量。该游戏开发团队中的关键成员来自游戏工作室"Looking Glass Studios"，他们中的西姆斯·布莱克利（Seamus Blackley）参与创建了微软公司的游戏部门Xbox。

射地图来控制表面的反射特性，允许高亮自动表现不同的光强度（见图 9.14）。光效或发光贴图模拟了极其明亮的光线流出边缘的幻觉，而残影产生了移动相机和物体的运动模糊效果。在比较图 9.3 和图 9.6 中的光剑效果时，可以看到辉光特效的感觉。21 世纪的开发人员还通过使用 3D 扫描技术来捕捉面部、身体、物体甚至整个环境的细节，满足了对更多细节日益增长的需求。例如，面部扫描用于 Valve 出品的《半条命 2》以及《质量效应》（Mass Effect，非理性游戏工作室，2007 年）系列的某些字符（见图 9.15）。脸部扫描也成为运动游戏中不可或缺的一部分，其中包括《麦登橄榄球》特许经营的可识别体育人物。

图 9.14　像素着色器对《黑道圣徒 4：世纪版》（Saints Row IV，深银毁坏公司，2013 年）角色模型的影响；从左至右的模型包括线框模型、法线贴图、彩色贴图和细节高模
（图片来源：深银毁坏公司）

图 9.15　《质量效应》中通过面部识别技术创建的游戏角色
（图片来源：美国艺电公司）

21 世纪电影般的游戏

与 20 世纪 90 年代早期的重量级互动电影不同（见第 8 章），21 世纪的游戏开发者寻求更独特的方式，将电影的表现力与游戏的互动性结合起来。21 世纪游戏中最常见的两个影视化元素包括紧急反应按键（quick time events）和设置片段（set pieces）。紧急反应按键是一种考验玩家即时反应的系统，在实

际游戏过程中，玩家要对游戏画面上出现的按键迅速作出反应，并按下与画面所对应的按键，出现的按键有单个按键，也有组合按键。紧急反应按键的过场动画更具互动性，先以游戏剧情展开，但玩家要在有限的时间内按下某个按钮来推进剧情进展。紧急反应按键往往与电影动作序列相关联，使按键的操作与场景的紧张氛围形成共鸣。铃木裕的作品《莎木》[①]以主角在街道上追捕逃犯为主，当闪烁的图标出现时，玩家按下按钮躲避行人并跳过他们路径上的障碍物。在《莎木》中，速战速决失败的后果包括重新开始游戏顺序，改变游戏剧情，甚至玩家死亡。紧急反应按键在游戏中出现在20世纪初并被用于各种流派，例如应用于冒险游戏《神秘海域：德雷克的宝藏》(Uncharted: Drake's Fortune，顽皮狗公司，2007年)、动作游戏《真人快打X战斗》(Mortal Kombat X，内泽领域工作室，2015年)。

同时，加入片段是一种增添剧情的特殊手段，在不打断游戏的情况下增加了叙事和场景，像序列中使用了一些早期的2D和3D游戏玩法，例如，玩家在《星际火狐》中可以对抗Boss，还有《超级银河战士》(Super Metroid)中谷神星太空殖民地的破坏和《半条命2》中出错的物理实验。在第七代和第八代游戏机上，加入片断的手法达到了更高的高度。在《使命召唤4：现代战争》(Call of Duty 4: Modern Warfare，无限守护公司，2007年)中，玩家搭乘直升机逃离攻击并引爆核装置。直升机旋转，失控，坠毁。玩家爬过一个充满大灾、碎片和建筑物倒塌的城市，然后死亡。在整个序列中，玩家维持部分或完全控制，将电影和互动结合在一起。

图 9.16　复古游戏机系列：雅达利10合1电视游戏机（上图）与《格斗之王》电视游戏机（下图）

专用游戏主机的复古热潮

2000年早期，专用游戏主机以"复古风格"的即插即用控制器和老式游戏主机的微型版本在市场上短暂回归。这些游戏设备使用相同的"pong-on-a-chip"概念，采用20世纪70年代末专用的游戏机（见第3章），展示了从20世纪80年代至90年代早期典型的街机和游戏机机型（见图9.16）。新颖的设备、像素化游戏的流行，与大型游戏产业中的视觉表现方式以及复杂的叙事模式形成了对比。这种"复古复兴"的元素和对过去游戏时代的怀旧，也出现在网络游戏市场（见上文）以及独立游戏市场中（见第10章）。

[①] 《莎木》中的这些片段又称为"快速计时事件"。

对游戏行业发展趋势的批判与质疑

尽管游戏视觉艺术与技术的发展很快，但一些开发人员却对这个行业的发展方向不满。从开发人员的角度来看，他们认为游戏已经等同于游乐场，为了媲美影视中的效果，还为玩家营造了丰富的视觉体验，而这已经超越了游戏内容本身带来的体验。为了真真切切地做游戏，这些人选择离开并转向独立游戏开发。开发者们与其他人共同批判当代的游戏设计实践，探索标新立异的概念。许多人对独立游戏很感兴趣，因为他们对自己的项目有归属感。虽然独立游戏开发预算有限、团队规模小，但独立游戏开发者们在2000—2010年里取得了显著的成绩并积累了一定的人气。不是所有的独立游戏背后都有一批预算充足的游戏开发商和发行商作支撑，但对于许多人来说，这也是一个漂亮的激励因素。第10章将讨论独立游戏场景的发展、方向和突破。

独立游戏

（1997 年至今）

《独立游戏宣言》和"独立"的维度

2000年夏天,一群匿名游戏设计师在名为"劣势者之家"(The Home of Underdogs)的网站上发表了一篇题目为"独立游戏宣言"(The Scratchware Manifesto)的文章。宣言由3个部分组成,对数字游戏行业提出了尖锐的批评:批评那些选择开发能保证资金安全、投资回报率高的游戏而非创新型游戏的出版商,他们对长时间处于困境的员工提出要求,并且由于生产计划仓促,他们选择发行轻便的游戏。这篇文章提出将"独立游戏"作为替代品。独立游戏的特点是可访问、高质量、可重复以及游戏耗时少,开发团队仅由3个或更少的成员组成。独立游戏依赖2D视觉艺术,在探索游戏美学的同时,钻研出属于独立游戏的可行的开发模式。独立游戏的关键是开发成本和分配方式:只需25美元或花更少的钱购买游戏,通过互联网支付,无需经过零售商。宣言的目的是为了打破游戏行业的不成文规定,以较低的成本制作设计新颖、容易获取的游戏。简而言之,这是来自独立游戏开发者的号召。

从表面上看,2000年至2010年的中后期,独立游戏的发展似乎已经回应了《游戏独立宣言》的号召。许多游戏开发者以较低的预算和较小的开发团队运作;像素艺术等2D平面风格的确提高了游戏开发效率,冲击了逼真的3D游戏视觉审美;许多独立游戏开发者都能够保持创造力、保留作品所有权,并且敢于探索大型游戏开发团队不感兴趣的领域。互联网上发行量增长的背后是,另类众筹网站"Kickstarter"等可以让开发商绕开银行或其他传统形式的借贷方法寻求贷款。

然而,当代独立游戏场景的开发要比实现《独立游戏宣言》中的条例复杂得多。开发者们的动机各不相同,其中一些人是受到《独立游戏宣言》启发的前游戏行业资深人士,另一些人则没有任何行业经验,只是在不断变化的市场中看到了机遇。独立游戏的发起人包括民间团体,如小众互联网社区,以及维尔福、微软、任天堂和索尼等主要厂商的资深玩家,他们向大型游戏市场的受众积极推广独立游戏。即使是"independent"和"indie"这两个词也有不同的含义,从简单的自筹资金、自我出版和自我推销游戏,到制作有深度和批判性的游戏。尽管如此,与独立游戏相关的这些复杂而矛盾的元素创造了一个充满活力的环境,游戏创作的障碍在进入21世纪以后逐渐降低。

早期的独立游戏

共享软件模式的成功

正如第8章所讨论过的,共享软件是一种营销形式,用户可以在购买完整版本之前尝试限定版本的程序。尽管大多数共享软件游戏并没有带来可靠的收入，并且在 20 世纪 90 年代后期该模式的普及率已经大幅下降，但是，一些共享软件游戏的收入已经足够支持其制造商成为全职的独立游戏开发商。

杰夫·维格尔（Jeff Vogel）在 20 世纪 90 年代中期创建了 Spiderweb 软件，专注角色扮演游戏的开发。杰夫·维格尔的游戏作品，如《放逐 3：世界末日》(Exile Ⅲ：Ruined World，蜘蛛网软件公司，1997 年)，沿袭了《匕落城》(Daggerfall)等大型游戏，如《暗黑破坏神》，通过 3D 开放世界环境像素化图形表现、上下文细节、丰富的画面、窗口提供对话等特征，来开发 20 世纪 80 年代的《创世纪》式的角色扮演游戏（参见第 6 章）。这些游戏采用像素化的图形、剧情衔接，以及通过书面文字窗口进行对话，最重要的是涉及派系管理的系统性战术游戏。这些过时的设计元素融合、进入互动界面中，迎合了当代游戏的标准，其中许多设计元素也是受到大型游戏的启发制作而成。

由于无法借助图形的优势进行竞争，《放逐 3：世界末日》依靠共享软件来让潜在玩家体验游戏中引人入胜的叙事，并对游戏进行评估。那些想要完整版本的玩家使用信用卡购买游戏，解锁游戏的剩余部分——这个过程十分艰难，因为 20 世纪 90 年代中期的银行对电子商务仍持怀疑态度。尽管如此，这款游戏还是吸引了一大群忠实的玩家，使得该游戏足以去竞争年度最佳游戏奖。杰夫·维格尔在《基因制造》（Geneforge）、《地下之门》（Nethergate）、《阿瓦登》（Avadon）和《阿佛纳姆》（Avernum）系列中的后续游戏也遵循相同的模式。

其他共享软件独立游戏也获得赞誉。《越野坦克》（Tread Marks，长弓游戏公司，2000 年）结合了装甲坦克、赛车游戏以及与《虚幻竞技场》（Unreal Tournament，传奇游戏公司，1999 年）类似的多人竞速游戏类型（见图 9.6）。游戏的高端 3D 图形渲染在当时的独立游戏中非常罕见，主要用于建立 3D 地形，当时的长弓手（Longbow）游戏总裁兼程序员塞尤玛斯·麦克纳利（Seumas McNally）就实现了在地面上爆炸等炫酷的视觉特效（见图 10.1）。虽然《越野坦克》是作为共享软件发布的，但它占用了过多的计算机内存，无法通过拨号宽带连接直接下载，所以，完整版本是通过 CD 光盘的形式提供给玩家的。

塞尤玛斯·麦克纳利大奖

自 1999 年开始，游戏开发者大会为独立游戏设置了视觉艺术奖、原声音乐设计奖等专门奖项，其中包括年度"最佳游戏"大奖。塞尤玛斯·麦克纳利的《越野坦克》是独立游戏史上的第二款游戏，因荣获 IGF 的最佳游戏设计与最佳游戏作品奖项而名声大噪，最终与发行商合作推出了零售版《越野坦克》。麦克纳利经历了 3 年霍奇金淋巴瘤的折磨后，于 2000 年不幸逝世。此后不久，独立游戏大奖更名为"塞尤玛斯·麦克纳利大奖"（The Seumas McNally Grand Prize），颁发给每年的最佳独立游戏作品。

图 10.1 《越野坦克》的坦克战役
（图片来源：长弓游戏公司）

Flash 和 2D 免费软件游戏

千禧年的游戏艺术家和程序员还开发了纯创意类游戏，并将它作为 Flash 网页游戏或可下载的免费软件发布。内存占用少与游戏时长短的特点使游戏升级更加方便，因为游戏可以在不同版本的升级过程中相互影响，从而导致其具有充满活力的发展背景。如"New grounds 在线 Flash 游戏平台"、"Jay Is Games 免费在线小游戏"、"Kongregate 在线小游戏平台"和"独立博彩博客"等网站和在线社区，通过促进全球设计师之间的对话并提供传播手段，帮助在 21 世纪初建立了一个业余游戏开发者场景。

Flash 合法化的道路

截至 21 世纪初，Flash 仍是业余游戏设计人员最受欢迎的 2D 游戏开发平台之一。它易于使用，软件界面排版清晰。公司通过在游戏中放置广告的形式赞助开发者，也有助于吸引开发者使用 Flash，并为他们提供少量收入。Flash 的初始版本专注于制作动画，并支持可点击的按钮，因此，第一组 Flash 游戏由最低限度互动的"点击游戏"组成，使用鼠标移动和点击输入。使用这些功能，设计人员创建了简单的拍摄画廊，基于短小叙事的游戏以及分支对话选择，甚至创建了点击式冒险。新兴 Flash 社区的许多业余开发人员使用从流行文化中获取的预先存在的图像或音乐，而不是原创艺术和音效资产，从而导致许多游戏具有常见的"混搭"审美。由于拨号调制解调器对可能产生的游戏大小施加了实际限制，大多数早期的 Flash 游戏通常只包含几分钟的游戏玩法价值。

尽管存在这些限制，一些创作者还是能够利用 Flash 的功能来创建具有意

想不到深度的游戏。汤姆·福禄普（Tom Fulp）于 1995 年创立 Flash 门户网站"New grounds"，还创建了早先最复杂的 Flash 游戏之一《血腥校园》(Pico's School，1999 年)。游戏的目标是要求玩家在一场校园枪击案中生存下来，躲蔽由忍者和外星人打扮成哥特风格的青少年。尽管游戏的主题推动了黑色幽默、具有政治正确性的局限（像"New grounds"的大部分内容一样），但它展现了复杂的设计和润色，这在业余 Flash 游戏开发中几乎看不到。在引入游戏设置的简短过场动画之后，《血腥校园》的玩家可以选择通过学校大厅的多条路径，通过对话的形式发展剧情，然后参与 Boss 战，所有操作都是通过鼠标点击执行的。

更高版本的 Flash 添加了允许对高级行为和交互进行编程的选项。开发人员专注于汤姆·福禄普的"New grounds"网站，开发了更多雄心勃勃的游戏，从而形成了一个完善的 Flash 游戏场景。然而，基于 Flash 的游戏，无论其复杂程度如何，都被认为与在更传统的软件创建程序中制作的可免费下载游戏相比是非法的。例如，在独立游戏（如独立游戏节）中颁奖机构最初并不接受基于浏览器的 Flash 游戏参与评奖。与此同时，发行商拒绝将 Flash 游戏移植到游戏主机，因为它们看起来或玩起来并不像主机游戏。然而，汤姆·福禄普和丹·帕拉丁（Dan Paladin）的 Flash 游戏《外星原始人》(Alien Hominid, 2002 年) 改变了这些看法。

《外星原始人》(见图 10.2) 是一款快节奏的 2D 动作游戏，如《魂斗罗》(Contra, 科乐美公司, 1987 年) 和《合金弹头》(Metal Slug, SNK 公司, 1996 年)。和《血腥校园》类似，以一个简短的动画过场引入游戏：飞碟坠毁在地球上，出现外星人与一个男孩相遇等画面。在剧情播完之后，游戏开始进入横向前进的射击场景中，FBI 的黑人队伍从两边涌入，试图抓走外星人。该游戏的技术能力超出了 Flash 游戏的预期：玩家可以跳跃、蹲下，在 4 个方向释放爆炸物，并以高度灵敏的方式移动。游戏的玩法多种多样：玩家可以获得枪支及简短的动力，获得额外的生命，摧毁移动的汽车，并与终极 Boss 作战。《外星原始人》还以游戏艺术家丹·帕拉丁创造的独特艺术风格为特色。帕拉丁使用的不是当时 Flash 游戏常用的简单几何形状或鼠标绘制的图形，而是触控笔和绘图平板计算机，

图 10.2 《外星原始人》的 Flash 版本
（图片来源："新地"/"五兽"工作室）

使游戏具有卡通手绘的视觉效果。虽然它只在几分钟内就能通关，但《外星原始人》仍然成为"New grounds"上最受欢迎的游戏之一，并获得了数百万次的试玩记录。

《外星原始人》上线后引起约翰·贝兹（John Baez）的注意，约翰·贝兹是一名环境艺术家，曾在丹·帕拉丁工作过的公司任职。由于当时可供游戏主机使用的游戏看起来和玩起来都不像《外星原始人》，贝兹看到它在游戏主机版本中发布的潜力。当贝兹和帕拉丁都被解雇时，贝兹说服帕拉丁和福禄普寻求全职独立发展，其结果是他们在 2003 年成立了巨兽工作室（The Behemoth）。巨兽公司获得一家出版商的支持，并于 2004 年和 2005 年对《外星原始人》进行重新设计，并扩展用于游戏主机和手持设备的商业版本。这是基于浏览器的 Flash 游戏首次改版为游戏主机版本。虽然巨兽公司感觉《外星原始人》只会吸引小众玩家，但是，它复古式的游戏玩法和独特的视觉效果赢得受众的广泛欢迎，也向发行商证明了独立游戏尽管与预期存在偏差，但还是可以盈利的。

Flash 的改进功能允许游戏设计人员在移动物体中添加速度和速度的新感觉。元网络软件公司（Metanet Software Inc.）的雷根·本斯（Raigan Burns）和梅尔·谢帕德（Mare Sheppard）认为，2D 游戏的发展受到业界急于采用 3D 图形渲染的打击。《N》（N，元网络软件公司，2004 年）成为一款在 Flash 中开发的免费平台游戏，其特点是主角为一位抽象化的忍者（见图 10.3）。受到经典计算机游戏机《淘金者》（Lode Runner，布罗得邦德公司，1983 年）以及其他当代免费软件游戏的启发，《N》要求玩家驾驭越来越难的单屏益智游戏（如收集金币的水平），同时，避免游戏中许多巧妙设计的障碍。

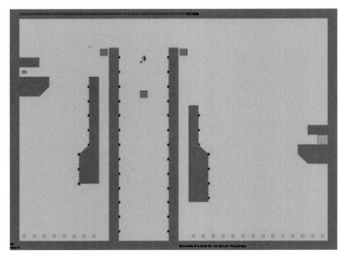

图 10.3 《N》中的关卡
（图片来源：元网软件公司，www.metanetsoftware.com）

《N》的设计从根本上来说是非常规的极其简单：视觉效果主要是黑色和灰色的抽象形状，而控件仅限于水平移动和跳跃。尽管如此，游戏蕴含着深度，因为其跳跃和奔跑的"弹性"感觉为玩家提供了穿越空间的加速感。这为水平仪的设计提供了新机会，因为玩家可以利用累积的惯性在水平仪的空中跳跃和航行，而平台和危险物则非常遥远。《N》还包括一个附加的编辑器，像早先的《淘金者》一样，允许用户创建和分发新的关卡。游戏版本 2.0 中包含许多社区设计的关卡，使得《N》在基于 Flash 的在线游戏场景中获得社区项目的游戏体验。

与《外星原始人》一样，《N》也获得大量的在线追随者，达到数百万次播放，并被移植到家用游戏机、手持系统和在线数字市场。两者都在 2005 年 IGF 夺得了观众选择奖，《外星原始人》也因技术卓越和艺术卓越而获奖。这种认可使 Flash 游戏取得进一步合法性，并为后来源于 Flash 的游戏，如《浮游世界》（Flow）、《超级食肉男孩》（Super Meat Boy）和《VVVVVV》的商业版本开辟了道路。

日本的同人软件和免费游戏

与 21 世纪初北美的独立游戏不同，日本拥有高度发达的渠道，能提供制作独立游戏的同人软件（Doujin Soft），允许不隶属于大公司的游戏开发商将游戏带给消费者。像许多 Flash 游戏一样，同人软件是游戏体量小、自行出版的业余爱好者项目，通常使用来自流行文化预先存在的图像、角色和声音，如漫画和动漫系列。这些日本业余爱好者的游戏尽管使用了商标，仍在专门的零售点公开销售。同人软件游戏制作人员制作了各种类型的游戏，但许多人都偏爱视觉小说和经典的 2D 游戏，如角色扮演游戏、设计游戏和跳台游戏。例如，2D 像素风格的格斗游戏《月姬格斗》（Melty Blood，月姬公司，2002 年）是由视觉小说《月姬》（Tsukihime）中的角色创作的，并遵循 20 世纪 90 年代后期卡普空公司 2D 格斗游戏中的许多设计惯例。高生产价值和动画风格天赋使《月姬格斗》在基于 PC 的同人软件社区中获得了即时的赞誉，并且发布了街机游戏和家用游戏机版本。《月姬格斗》系列的其他游戏也获得了大量发布。它们极具吸引力，但由于物理形式分布、地理位置有限以及难以获得国际兼容格式，在日本以外的地方通常不提供同类软件游戏。

虽然同人软件被视为商业化的"粉丝作品"，但是，几位日本游戏开发者发布了许多原创概念设计、图形和免费软件上的游戏，其中许多游戏对北美独立游戏的发展产生了重大影响。射击游戏特别适合用于创新实验，因为成熟的游戏机制可以通过简单的方式进行修改，从而获得更多突破。日本制作人大久保彦左（Hikoza Ohkubo）推出的免费游戏《警笛长鸣》（Warning Forever，科维公司，2003 年）完全由老板打架组成，但是，利用了一个独特的系统，每位

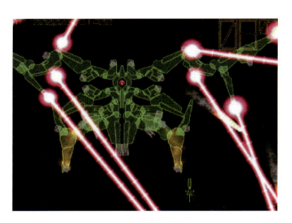

图 10.4 《警笛长鸣》
（图片来源：小洼彦田）

老板根据玩家如何摧毁其前任而演变出不同的进攻能力（见图 10.4）。松久贯太（Kanta Matsuhisa）设计了《音乐爆破》（Every Extend，2004 年），取代了使用一次性自毁机制射击的能力，玩家可以在移动的敌人编队之间制造爆炸链。长健太（Kenta Cho）是日本免费游戏界最多产的设计师之一，他的作品《宇宙战机》（Tumiki Fighters，ABA 游戏公司，2004 年）等创新射击游戏获得好评。游戏允许玩家收集敌人掉落的道具，并拿来提高攻击力和防御力。长健太的其他射击游戏，如《太空旅行》（Parsec 47，2003 年）、《黑洞战机》（Torus Trooper，2004 年）和《枪火咆哮》（Gunroar，2005 年）也获得了玩家关注。

许多射击游戏受到北美游戏开发者的内容——2004 年天谷大辅（Daisuke Amaya）的冒险游戏《洞窟物语》（Cave Story）的影响。《洞窟物语》用了 5 年时间开发，它为后续免费游戏的开发提供了许多资源。游戏中有一组复杂的角色，通过明亮的、像素化的视觉呈现出一种引人入胜的叙述。这款游戏从 1986 年的《银河战士》获得灵感，它允许玩家通过自己的行为去探索和了解游戏世界。根据天谷大辅的说法，这种方法使得玩家的每个成就，无论是主要还是次要，都是有意义的。《洞窟物语》代表了这类游戏的设计形式，后被称为《银河恶魔城》（Metroid Vania），游戏从动作游戏《银河战士》和《超级银河战士》以及《恶魔城：夜晚交响曲》（Castlevania: Symphony of the Night，科乐美公司，1997 年）中获得灵感。在《洞窟物语》中，像许多其他游戏一样，玩家在大型、连续的 2D 游戏空间中纵横交错，并试图找到打开先前封闭区域进行游戏的增强属性的物件。这种设计方法强调了游戏机制，因为作为各种武器和物品升级的功能直接在游戏中逐步完成。

《洞窟物语》的美术和游戏设计引起北美对日本免费游戏的关注。在 1 个月内这些社区里的翻译黑客，将《洞窟物语》制成英语版并迅速在网上传播：它适应各种操作系统，在 YouTube 上也出现了许多相关视频，还诞生了许多专用粉丝网站。虽然《洞窟物语》并不是日本独一无二的免费游戏，但它在北美独立游戏社区掀起波澜，被视为"独立"的体现：完全由一位设计师开发，使用复古的视觉风格，并专注于游戏玩法的设计。

免费体验的艺术游戏

在 21 世纪 20 年代中期，可以看到许多使用可识别的流派和机制的"艺术游戏"，但淡化了传统的基于挑战的游戏玩法元素，而是倾向于在创造者和玩家之间交流经验或概念。由于许多游戏非常规并且初始商业吸引力有限，因此，经常以免费软件的形式发布。艺术游戏满足了许多追求画面感的玩家的需求，在 21 世纪初也出现过爆款游戏。

尽管开发人员关注艺术与游戏之间的不同元素，但他们绝大多数将交互性作为主要关注点，因为它将游戏与其他媒体形式区分开来。《银河历险记》（Samorost，毒蘑菇设计工作室，2003年）是一款在 Flash 中创建的简短的点

图 10.5 《银河历险记》
（图片来源：毒蘑菇设计工作室，www.amanita-design.net）

击式冒险游戏，在其拼贴画效果中加入超现实元素。这个由捷克电影专业的学生雅克布·德沃斯基（Jakub Dvorský）创作的游戏，被作为布拉格艺术、建筑和设计学院动画论文的一部分，削弱了许多点击类型在逻辑谜题解决方面的基础。相反，游戏强调交互式动画。玩家专注于指挥一个小型太空精灵寻找在他的家中与小行星相撞的路线（见图 10.5）。例如，《银河历险记》的早期部分展示了青山背景，这里有一群人在滑雪缆车附近工作。玩家的未知目标是激活滑雪升降机，让空间侏儒滑下山坡。要做到这一点，玩家需要 3 次点击一个吸水烟的男子：让男子消耗物资并放下管道，然后，玩家将该管道作为钥匙启动滑雪升降机，并继续进行其余的谜题。这种不合逻辑的思维过程邀请玩家点击游戏空间的多个元素，从而触发各种偶然动画。通过在艺术展上的展览及其在线可用性，《银河历险记》在艺术和游戏社区获得了高度认可。

德沃斯基毕业后，以自由职业者的身份创建了自己的工作室"Amanita Design"，继续制作 Flash 小游戏，其中一些由 Nike 和 Polyphonic Spree 委托制作。2005 年，推出第一款零售游戏《银河历险记 2》(Samorost 2) 时，继承了原版的超现实主义风格，因为当时的游戏开发者们不愿尝试和过分强调 3D 效果。游戏虽然小，但它斩获了无数奖项，足以支撑毒蘑菇设计工作室专职开发独立游戏。

虽然毒蘑菇设计工作室并没打算把他们的作品视为"艺术"，但有一部分游戏设计师会有意识地将他们的游戏称为艺术。比利时开发者与数字艺术家奥利亚·哈维（Auriea Harvey）和迈克尔·萨姆因（Michaël Samyn）于 2002 年创立了"故事中的故事"（Tale of Tales）工作室，旨在通过在线互动数字艺术而非博物馆或画廊等线下形式直接吸引更多受众。"故事中的故事"工作室早期作品之一是《无尽的森林》（The Endless Forest，2005 年），由卢森堡大公爵

委托现代艺术博物馆展出,并以大型多人在线游戏的形式展开,玩家控制一只鹿穿过童话般的森林。这款游戏没有设计任何多人在线角色扮演游戏类型中存在的任务或目标,相反,它是一个现场表演空间。玩家在纯粹的游戏意义上与森林中的单个元素相互作用。《无尽的森林》不允许玩家们直接交谈;游戏内对话的唯一模式是通过操作栏上的按钮,触发一系列的表情和其他动作,让人想起《魔兽世界》等热门多人在线角色扮演游戏中的界面。游戏还可以作为屏幕保护程序,计算机会在闲置期间启动屏保,并允许玩家以轻松的状态短暂漫游森林。

"故事中的故事"工作室在 21 世纪初开发了许多其他主题的游戏,效仿毒蘑菇设计工作室将作品作为商品出售。例如,《墓地》(The Graveyard, 2008 年)可以让玩家将黑白墓地中的老妇人移动到公园的长椅上。坐着的时候,老妇人似乎有一个反省的时刻,因为游戏摄像机显示一个女子的脸的特写镜头叠加在游戏空间上。玩家一旦选择执行动作,就会与游戏角色建立一段共享时刻。经过一段时间的反省,玩家引导这个慢慢移动的老妇人走出墓地。虽然这款游戏完全免费,但一个商业化的版本引入了老妇人随机死亡的可能性,而这种可能性通过意外和突然事件让游戏跌宕起伏。

杰森·罗勒(Jason Rohrer)的《人生匆匆只如过客》(Passage,2007 年)是著名的免费独立游戏之一。《人生匆匆只如过客》使用了 100×16 像素的屏幕分辨率(见图 10.6),在 5 分钟内呈现了从年轻、衰老直至死亡的人生历程。心视公司是蒙特利尔一家致力于促进艺术和实验性数字游戏的开发团队。游戏中对死亡必然性的沉思过程成为心视公司赞助的"Gamma 256 活动"的开端。在《人生匆匆只如过客》中,玩家可以选择单独或与其他玩家一起体验数字生活,以一种简单但发人深省的方式对一条狭窄的像素通道进行探索。随着角色衰老,游戏通道会逐渐变得清晰,表达了人们对未来和命运更清晰的认识,而屏幕左侧的朦胧感则意味着过去的记忆变得更加遥远。

图 10.6 《人生匆匆只如过客》
(图片来源:杰森·罗勒)

与"故事中的故事"工作室的游戏作品不同,《人生匆匆只如过客》融合了传统游戏机制与象征主义,其特点是随着经验积累而提升的积分机制,代表了游戏中命运的多元化。通过与玩家一起旅行，以及通过在游戏空间的隐藏区域发现充满生机的宝箱，可能会增加游戏积分。因此，玩家可以在如何度过5分钟的人生中做出很多选择。尽管如此，玩家在游戏中获得的成就对游戏结果没有任何意义，无论该角色的得分有多高，也不会阻止角色的死亡。该游戏以简单而深刻的方式表现人生而获得好评。它是2012年现代艺术博物馆第一批永久收藏的电子游戏之一。

独立游戏的主流突破

2005年，游戏行业资深人士格雷格·柯斯特恩（Greg Costikyan）和强尼·维尔森（Johnny Wilson）推出了"Manifesto Games"网站，为独立游戏提供数字发行的在线市场。该在线市场平台响应了《独立游戏宣言》的精神（其中，柯斯特恩以"设计师X"的名义参与其中），"Manifesto Games"网站试图为无法上架零售的小众游戏提供销售平台。因此，别出心裁的独立游戏可以在这里找到受众，并打破柯斯特恩和维尔森认为游戏市场停滞不前的论断。不幸的是，"Manifesto Games"因无法获得大量开发者和客户的支持，已经于2009年6月关闭。具有讽刺意味的是，在该平台关闭的时候，维尔福、索尼、微软和任天堂等大公司替它完成了帮助独立开发者的愿景，为独立游戏打开市场推波助澜。

Steam 与独立游戏

正如在第9章谈到的，维尔福公司的 Steam 平台成为计算机游戏主要的容身之所，因为游戏主机越来越流行，零售商的计算机游戏产品日益萎缩。除了销售数字游戏之外，Steam 平台还提供了一批早期的独立游戏产品。随着维尔福对改造游戏社区高度重视以及 PC 主机在游戏开发中占据核心地位，Steam 平台迅速成为独立游戏销售的重要平台之一。

《数码战争》（Darwinia，入门软件公司，2005年）是 Steam 平台推出的第一款独立游戏，并获得了塞尤玛斯·麦克纳利大奖。《数码战争》将多种游戏模式结合在一起，这些模式让人联想到实时策略和街机射击游戏，形成了一种挑战传统类型的游戏体验。玩家控制行动并收集资源，但玩法沿袭了黄金时代街机游戏《机器人大战2084》（Robotron 2084）和

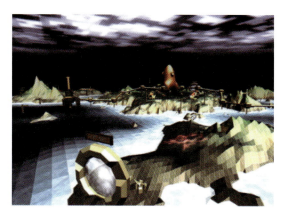

图 10.7 《数码战争》
（图片来源：入门软件公司）

《蜈蚣博弈》(Centipede)中射击敌人的方式。这款游戏讲述关于解除计算机病毒入侵以及拯救一批本地数字内容的故事,游戏中的视觉效果从《创世纪》(Tron)等电影中汲取灵感,通过其网格化多面体世界进行强化(见图10.7)。

Steam平台中的游戏以家用计算机为主,允许独立游戏开发者充分利用鼠标作为游戏操作设备。马克·希利(Mark Healey)的《玩偶功夫》(Rag Doll Kung Fu,2005年)是早期Steam平台的另一款独立游戏,该游戏属于具有戏谑意味的格斗游戏,对20世纪70年代的功夫电影进行嘲讽。马克·希利是游戏行业的专业人士,他在业余时间开发了《玩偶功夫》。因为他们想设计一款荒谬的游戏,玩家可以使用鼠标操作,角色能够踢、冲、跳并抓住游戏中二维布娃娃傀儡的肢体。

毒蘑菇设计工作室的第一款游戏《机械迷城》(Machinarium,2009年)也主要使用鼠标操作,该游戏以《银河历险记》为基础,继承了鼠标点击的冒险玩法。在《机械迷城》中,玩家控制一个小型机器人寻找救援他的机器人女友,并阻止一群邪恶的机器人轰炸城市。《机械迷城》不同于该工作室之前作品中简单的"点击游戏"玩法,它采用了更传统的方式来指向并点击类冒险游戏,使用更具逻辑性的谜题以及从库存中收集和组合使用道具。然而,《机械迷城》通过使用数字版本的剪纸动画并在手绘背景中放置角色(见图10.8),保留了工作室对动画和独特2D视觉效果的重视。与工作室早期的点击类游戏相似,玩家从未以角色死亡表示游戏失败:只有破译的谜题才能打断进度,这是开发商从《神秘岛》获得的灵感。毒蘑菇设计工作室通过《植物精灵》(Botanicula,毒蘑菇设计工作室,2012年)延续了基于Flash的点击式冒险玩法,这是一种复古形式,因为它强调对谜题逻辑的趣味探索,并且使用了能让玩家关注自然和微生物生活的视觉表达。其他游戏如《原基》(Primordia,木虫

图10.8 《机械迷城》
(图片来源:毒蘑菇设计工作室,www.amanita-design.net)

工作室，2012年）以20世纪90年代卢卡斯艺术娱乐公司的冒险游戏为基础，进一步加强了点击式冒险的游戏风格。

主机厂商支持独立游戏开发者

除了《外星原始人》和少数游戏外，在在线游戏市场和游戏服务（如微软XBLA、索尼PSN和任天堂WⅡ Shop Channel）普及之前，非解谜类的独立游戏在游戏主机中并不受欢迎（参见第9章）。随着《宝石迷阵》等休闲游戏的成功，基于游戏主机的在线游戏服务中增设了小型可下载的独立游戏库，包含街机游戏以及小众但很受欢迎的独立游戏。许多开发者已经获得IGF奖项或以其他形式被业界认可。与需要大型预算的游戏相比，这些独立游戏的财务风险更小。

索尼PS网络（Play Station Network）中有两款早期独立游戏，分别为《浮游世界》（Flow，那家游戏公司，2007年）和《每日射手》（Everyday Shooter，简单游戏公司，2007年）。在运用创新机制和独特视觉效果的同时，提供了熟悉且易于理解的游戏玩法。在《浮游世界》中，玩家在深海中控制生物发光以捕食其他生物（见图10.9）。由于它类似《封锁圈》（Blockade）和《贪吃蛇》的消耗类游戏，所以，游戏玩法会变得复杂（参见第3章），玩家可以潜得更深，去猎取更大、更具挑战性的猎物。与传统的游戏设计不同，玩家可以随意进出更深或更浅的水域来调整游戏的难度。这个简单的设计理念却颠覆了游戏难度的惯例：游戏难度越大，玩的时间越长。这种难度可自由调整的玩法与简洁的视觉效果和宁静的背景音乐结合在一起，创造了一种禅宗般的游戏体验，使游戏更加自由轻松。

图10.9 《浮游世界》
（图片来源：索尼交互娱乐美国公司）

《浮游世界》独特的游戏玩法基于南加州大学研究生陈星汉的设计以及他的艺术硕士论文。陈星汉试图寻求快速引导玩家产生"心流"的方法，只有在任务既不困难也不太容易时，才会进入全神贯注的心流状态，并达到最佳的任务表现。基于这个理念，Flash 游戏包含了上面提到的"嵌入式动态难度调整"系统，让玩家直接控制游戏的难度。因此，无论个人技能如何，玩家在理论上都可以达到心流状态。

索尼的另一款早期独立游戏热门作品是乔纳森·马克（Jonathan Mak）的《每日射手》。《每日射手》沿袭了尤金·贾维斯（Eugene Jarvis）的"黄金时代"街机游戏《机器人大战 2084》中的双棍射击游戏形式，游戏在封闭且垂直的透视游戏空间中攻击周围的敌人。这款游戏概念性强，抽象美学特色鲜明，马克根据游戏关卡进度创作了游戏音乐专辑。在游戏过程中，每个被摧毁的敌人释放一种抽象的色彩爆炸效果，播放对应关卡的一组短吉他曲。《每日射手》的每个关卡，就像一张专辑上的曲目，对应了不同的声音、颜色主题和与敌人对抗的规则。包括《音乐爆破》、《警笛长鸣》以及长健太的游戏在内，都受到了日本免费软件游戏的影响，最终的游戏呈现效果是一种交互式、即兴创作的音景，通过游戏使玩家成为音乐的创造者（见图 10.10）。

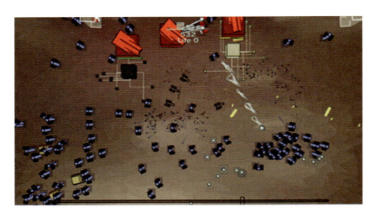

图 10.10 《每日射手》
（图片来源：索尼交互娱乐美国公司）

巨兽游戏公司的《城堡毁灭者》（Castle Crashers，2008 年）和詹姆斯·席尔瓦（James Silva）的《洗碗工：死亡武士》（The Dishwasher：Dead Samurai，Ska 工作室，2009 年）都是射击类独立游戏，它们都在微软的 XBLA 上发布。《城堡毁灭者》使用了 Famicom / NES《热血物语》（River City Ransom，日本科技公司，1989 年）中的核心玩法，但增加了经验值、关卡系统、道具包和武器升级等传统 RPG 元素。游戏借鉴了巨兽公司早期的《外星原始人》以及科乐美和卡普空在 20 世纪 90 年代早期的射击游戏中的四人合作模式、等距视角、色彩鲜艳的游戏主角和 Boss 战斗模式。与此同时，丹·帕拉丁的手绘艺术展现了以像素艺术为主导的新颖而滑稽的风格。《洗碗工：死亡武士》是詹姆斯·席尔瓦在微软独立游戏开发竞赛中创建的。席尔瓦的独立游戏开发职业生涯始于 2001 年,《巫毒拳 X》(Zombie Smashers X)是另一个参照《热血物语》(River City Ransom)等距视角的游戏。然而,《洗碗工:死亡武士》中的 2D 游戏空间充斥着过度的血腥场面,以《城堡毁灭者》类似的手绘艺术风格呈现。

独立游戏中从内而外都很受关注的一款游戏是乔纳森·布洛(Jonathan Blow)的《时空幻境》(Braid,无数字公司,2008 年)。《时空幻境》的游戏世界和设计参考了平台游戏《超级马里奥兄弟》。游戏里也有从绿色管道里冒出的食人花,也是利用跳跃踩扁敌人。《时空幻境》允许玩家随时使用时间倒退功能,让主角回到以前的位置。玩家需要灵活运用时间倒退功能以及各种加快、减慢甚至倒退时间的机关,收集散落在关卡角落的拼图碎片,方可完成游戏。

《时空幻境》中的游戏设计深度与其内省和成熟的叙述相匹配。虽然游戏目标是寻找被绑架的公主,但游戏更多集中于人际关系中的障碍。游戏包括对猜疑、过于追求自我满足、自身能力与抱负之间的冲突、无法扭转错误以及从错误中学习成长等主题的探索。这些主题与《时空幻境》的游戏玩法有不同程度的联系。例如,发现自身的错误与游戏的主要逆转时间的玩法明确相关。《时空幻境》的美术由大卫·赫尔曼(David Hellman)负责,美术风格富有表现力,进一步加强了玩家对人类的关注。为了节约开发成本,《时空幻境》采用了由音乐网站马格纳图("Magnatune")授权的音乐。布洛选择了 8 首一定长度的乐曲,使玩家在游戏过程中不会感到明显的音乐重复,在时间倒流时音乐也会倒放,听起来"独特而有趣"。《时空幻境》的成功来源于其智力解谜、情感故事、独特艺术和音乐风格的整合,这些特色帮助独立游戏及其主流开发商合法化。多年来,具有独特艺术风格和机制的 2D 拼图游戏在网络市场中蓬勃发展,拥有超高人气,许多人像《时空幻境》一样探索与人类有关的主题。《地狱边境》(Limbo,装死公司,2010 年)展现了一个黑白表现主义的世界,沉思是这款游戏的特色。特里·卡瓦纳(Terry Cavanagh)的作品《VVVVVV》采用了引力翻转机制和图像,借鉴了康懋达 64(Commodore 64)计算机中的调色板。迈克·比特尔的《孤单的托马斯》(Thomas Was Alone,2012 年)专注于通过各种迷宫布局移动一个色彩丰富、表现为几何形状的角色。而旷日持久的《菲斯》(Fez,宝创公司,2012 年)使用的是像素艺术,让玩家在 y 轴上旋转 2D 游戏世界。其他时代的 2D 游戏,如《超级食肉男孩》(Super Meat Boy,米特团队,2010 年)和《像素跑者》(Bit Trip,选择规定公司,2009 年)系列使用鲜艳的像素艺术,通常具有讽刺的是,这种手法可以使节奏加快并带动玩家快速体验游戏。

独立游戏发展的主流巅峰当属《风之旅人》(Journey,那家游戏公司,2012 年)。这款游戏与该公司早期的作品《浮游世界》、《花》(Flower,那家游戏公司，2009年）一样，都是通过关注游戏情感体验多于游戏玩法。受到著名神话学者约瑟夫·坎贝尔（Joseph Campbell）"英雄之旅"论的启发，玩家要到一座遥远的山中朝圣。根据坎贝尔的描述，英雄的旅程始于告别常规进入超自然奇观的世界，英雄遇到挑战，获得胜利，并获得新的力量返回家园。在《风之旅人》中，玩家会进入一个充满古迹的世界（见图10.11）。它巧妙地运用一系列远处山脉的场景，并配上与之相称的色调，使场景呈现出令人敬畏的感觉。遥远的山区向玩家招手，并通过游戏让玩家洞悉世界的神话。历经多次危险之后，玩家达到目的地，并重新回到游戏开始阶段，为下一场旅程作准备。

图10.11 《风之旅人》
（图片来源：索尼交互娱乐美国公司）

除了风格化的视觉效果和身临其境的环境之外，《风之旅人》还因其独特的游戏玩法而受到称赞，这种游戏让一对陌生人不仅能够一起踏上艰难的旅程，还能彼此建立情感联系。这是通过一些艺术和设计选择完成的。玩家在看到自己的同时也可以找到同伴。每个玩家都穿着长袍和戴着长围巾，从外表上看没有差异。这款游戏允许玩家在空中短暂飞行，每一次飞行都会耗尽所有能量，获取能量的方法之一是通过接近其他玩家来补充能量，使玩家之间有彼此联系的动力。这款游戏的特色是通过协作体验游戏乐趣，玩家可以一起飞行，当敌人威胁到角色时气氛会变得紧张和恐惧，并且玩家会一起隐藏在临时避难所中。最有意思的是，玩家在攀登雪山的过程中靠在一起相互取暖。类似于《无尽的森林》，《风之旅人》中的玩家不能直接对话，只能通过发出一种特殊的声音进行交流。游戏配乐能随着游戏的进程带给玩家情绪的变化，是游戏中重要的情感暗示。

虽然其他多人游戏，如多人在线角色扮演游戏《魔兽世界》，包含陌生玩家之间合作的玩法，出现大量收集道具或金币的小组任务。《风之旅人》专注于探索和发现，而非个人的收获，让玩家以不同的思维方式进行游戏。尽管

《风之旅人》的特点是非竞争性的游戏机制和对玩家情感的关注,但它很受玩家喜爱,这也说明 21 世纪 10 年代初独立游戏的快速发展和多样化进程。

"游戏"之外的成功

独立游戏开发变得越来越多样化和专业化,没有传统商业游戏中胜败之分的游戏特点,在沙盒游戏和第一人称冒险游戏中获得了商业上的成功。

开放沙盒游戏

沙盒游戏允许玩家自由发挥、构建虚拟世界,这种游戏类型借助《盖瑞的模组》(Garry's Mod,锤脸工作室,2006 年)和《我的世界》(Minecraft,莫将公司,2011 年)被玩家熟知。社区玩家的意见对每个游戏的开发阶段以及正式发布之后是否成功都非常关键。在 2004 年发布于 Steam 平台的《盖瑞的模组》由盖瑞·纽曼(Garry Newman)作为维尔福公司《半条命 2》的免费修改模组。玩家可以访问游戏的角色和对象模型库,并可以改变它们的属性,将它们焊接在一起,并在空中操纵它们。《半条命 2》的"Source"引擎特别强调物理设计,允许《盖瑞的模组》的玩家设置精巧的鲁布·戈德堡机械(Rube Goldberg)式机器,从零件开始制造整车、搭盖建筑以及进行其他实验。维尔福与纽曼交谈,希望能够生产出具有增强功能的独立版本。随着时间的推移,《盖瑞的模组》发展成为一个独特的多人游戏平台,玩家可以导入用户创建的地图,并将自己的模组(MOD)和物品添加到游戏中。除了在游戏中制作动画电影和设计游戏之外,玩家还创造了电影院的所有内容,允许虚拟观看 YouTube 视频。开发者精心打造角色扮演世界,玩家可以选择各种职业,购买地产并获得收入。因此,《盖瑞的模组》的流行完全取决于社区的参与,从而不断产生新的创意内容。

瑞典程序员马库斯·佩尔森(Markus Persson,业界称他为"Notch")在 2009 年发布了《我的世界》内测版,它允许玩家在随机生成的世界中堆叠方块来创建房屋。《我的世界》尽管玩法简单,却引起很大的关注,因为玩家可以进行类似于《盖瑞的模组》纯粹创意非结构化的游戏。然而佩尔森的眼界更宽广。在 2009—2010 年的发展过程中,《我的世界》增加了诸如多人支持、怪物、物品、制作系统,还添加了生存模式等功能,要求玩家寻找或制作食物和庇护所躲避晚上出现的怪物。《我的世界》的迭代也和《盖瑞的模组》一样,修改建议大多来自玩家和粉丝的社区。

马库斯·佩尔森这种协作方法的结果之一是形成庞大的物品制作系统,该系统允许玩家把游戏世界中的材料(如木头、石头和钻石)进行精炼并创建各种道具(如武器、装饰物、家居用品)和其他工具。游戏不断发展,包括种植植物和树木、喂养动物、搭建建筑,以及使用开关、电路和简单的系统。与角色扮演游戏的制作系统不同，《我的世界》不包含如何合并材料甚至玩家可创建物品的说明。这种非常规的方式吸引了众多的玩家，他们认为大型游戏为了吸引大量玩家而省略了让玩家自主寻找挑战的任务。硬核玩家有机会通过多次实践，发现游戏道具的制作方法，其结果发布在社区创建的维基页面上。这个知识库完全由社区生成和塑造，实现了信息共享。

《我的世界》在它发展的数年期间，随机生成、制作系统和基于生存的游戏玩法被各种游戏借鉴。此外，基于模块而构造的系统及其灵活性使《我的世界》带来了无限可能，从而扩展到其他应用程序。教师利用《我的世界》教育模式为中小学生教授核心知识，丹麦地理数据署则以1∶1的比例在《我的世界》中创建整个国家模型，并在地图数据和算法的帮助下完成道路和建筑物。

叙事探索类游戏

叙事探索类游戏通过完全放弃规则和数值而进一步扩展和挑战了游戏的定义。与强调游戏的情绪和叙事不同，产生基于复杂情绪的互动体验。与艺术游戏相关的是，叙事探索类游戏通常把哲学思想与讲故事相结合，而这些故事通常比商业数字游戏中常见的魔幻主题立意更高。这类游戏多数使用第一人称射击游戏中提供的修改工具，可以控制角色的移动，让叙事更加深入人心。在很多方面，这些游戏都体现了类似《神秘岛》想要在游戏中去掉玩家死亡的想法。

叙事探索类游戏的主要作品之一是《亲爱的艾丝特》（Dear Esther，中文房间公司，2012年）。《亲爱的艾丝特》是《半条命2》在2008年的免费修改版，并在赢得无数奖项后，成为英国独立工作室中文房间公司（The Chinese Room）的独立游戏。《亲爱的艾丝特》不是动作或解谜游戏，而是一首身临其境的情诗，呈现的是爱尔兰西海岸赫布里底群岛一处荒岛的画面。游戏氛围比较阴暗，阴云密布，风声持续不断，在某些地方播放短暂但令人难忘的背景音乐。游戏的主要特点是穿插旁白，向一位名叫艾丝特的女子讲述一封信，这封信以随机播放的方式在玩家的岛屿漫游中发送。这种交互式叙述的实验形式，使玩家角色身份以及每次游戏时发生的事件顺序产生了不同的数字集合。

平衡叙述与交互这一理念也在当时其他的游戏中进行了实验。由英国设计师及程序员艾德·奇（Ed Key）和美国作曲家戴维·康加（David Kanga）开发的《奇异变形》（Proteus，2013年）完全避开传统的游戏叙事，并专注于穿越抽象自然世界的体验。游戏中的落叶、动物和雨水都有交互式音效。《奇异变形》中四季交替的场景，都有专属的色调、背景音乐和音效（见图10.12）。例如，欢快的夏天和柔和、静谧的冬天之间形成对比，在艺术表现上强化了季节的变化，表明了自然世界周期循环的特点，这也反映了艾德·奇对道家自然轮回哲学观的兴趣。游戏会随机生成场景，每个场景都会带来属于那个季节的主题色彩和音乐。

图 10.12　艾德·奇和戴维·康加的游戏作品《奇异变形》
（图片来源：艾德·奇）

图 10.13　《史丹利的寓言》中一条引导玩家的道路
（图片来源：戈兰塞科咖啡吧公司）

　　《到家》（Gone Home，福布莱特公司，2013 年）是一款前游戏从业人员开发的游戏，故事始于 1995 年，玩家一边通过检查空房子中的物体，一边展现引人入胜的游戏叙述。游戏叙述不铺张，关注许多现实世界的关系冲突和偏见，而非普遍的超自然或奇幻元素。《史丹利的寓言》（The Stanley Parable，戈兰塞科咖啡吧公司，2013 年）与《亲爱的艾丝特》一样，起源于《半条命 2》模组，但采用不同的方式，以幽默的手法带动游戏叙述和互动。玩家扮演的是一位名为史丹利的办公室职员，他在一间普通的休息室中走动，而游戏旁白以倒叙的手法讲故事，并推动玩家在一些场景中作出选择。玩家可以通过他们的选择和随后的行动来接受或违背游戏旁白，从而与游戏旁白形成无声的交流的交互。那些不断挑战游戏旁白的玩家经历了许多超现实主义式的突发情况（如墙壁倒塌等），游戏还试图通过在地面上放置一条明亮的黄线来重新控制玩家的选择（见图 10.13）。由于线路本身铺设得毫无顺序，墙壁和天花板上随意地乱涂乱画，这种引导对玩家并没有起多大作用。

当代独立游戏的挑战

《时空幻境》、《风之旅人》和《我的世界》等游戏获得成功，众多业内人士纷纷组建自己的工作室，在线教程的轻松访问以及大学中游戏设计课程的推广等，这些契机都促成独立游戏开发者人数急剧增加，尤其是在21世纪初特别突出。导致的结果是独立游戏开发环境变得更具竞争力，以可发现性为中心的新挑战成为独立游戏成功的屏障，这是继1983年北美游戏机崩溃之后，人们对独立游戏市场崩溃的忧虑。

因此，一些独立游戏开发商试图通过提高游戏产品的价值实现与其他开发商的区分。例如，第一人称调查游戏《伊森卡特的消失》（The Vanishing of Ethan Carter，宇航员公司，2014年）和中文房间公司工作室的叙事探索游戏《万众狂欢》（Everybody's Gone to the Rapture，2015年），使用了高分辨率的真实感图像和复杂的灯光效果，邀请专业音乐作曲家以及拥有更大的制作团队（见图10.14）。其他一些开发商的解决方案是为新一代玩家群体开发游戏，如《保持通话，不会爆炸》（Keep Talking and Nobody Explodes，铁箱游戏公司，2015年）使用了虚拟现实设备，属于合作类游戏，其中，佩戴头部显示器的玩家需要在接收指令后拆解炸弹，并读取其他人的手册。复杂的技术性、漫长的开发时间和高额的生产预算，使得开发商要承担与大型游戏不相上下的财务风险。随着市场的不断成熟，独立游戏设计的其他途径无疑将在未来几年出现。

图10.14 《万众狂欢》
（图片来源：索尼交互娱乐美国公司）

附录 本书游戏列表[1]

Appendix

第 1 章 机械和电动机械街机游戏（1870—1979 年）

序号	游戏中文名	游戏英文名	开发者中文名	开发者原名	开发商中文名	开发商英文名	开发时间	本书出现页面
1	消化鸭	Canard Digérateur	雅克•德•伏康松	Jacque de Vaucanson			1739	2-3
2	微型扬琴自动机		彼得•肯金、戴维•伦琴	Peter Kinzing, David Roentgen			1785	3
3	绘图作家	Draughtsman-Writer	亨利•梅拉德特	Henri Maillardet			1805	3
4	火车头	The Locomotive	威廉•T•史密斯	William T. Smith			1885	3, 47
5	投币式歌唱鸟	Coin-operated Singing Birds	布莱斯•蓬当普	Blaise Bontemps				3
6	法国死刑	The French Execution			英国卡诺瓦模型公司	Canova Model Company	1890	4
7	运动打击机	Athletic Punching Machine			PM 运动公司	P.M. Athletic Company	1897	4
8	祖母	Grandmother			英国卡诺瓦模型公司	Canova Model Company		4
9	吉普赛人	Gypsy			英国卡诺瓦模型公司	Canova Model Company		4
10	完美肌肉锻炼机	Perfect Muscle Developer			米尔斯新奇公司	Mills Novelty Company	20 世纪初	4-5
11	电即生活	Electricity is Life			米尔斯新奇公司	Mills Novelty Company	1904	4-5
12	电动步枪	Electric Rifle			英国		1901	5
13	模拟交易	Trade Stimulators						5
14	枪械射击模拟游戏机	Gun Game Trade Stimulators					20 世纪早期	5
15	留声机与唱片机	Phonograph and Gramophone Arcade	托马斯•阿尔瓦•爱迪生	Thomas Alva Edison			1895	7

---

[1] "本书游戏列表"由译者根据本书内容整理而成，编排顺序参照在书中第一次出现的顺序。

附录

195

续表

序号	游戏中文名	游戏英文名	开发者中文名	开发者原名	开发商中文名	开发商英文名	开发时间	本书出现页面
16	铁马	Iron Horse			国际放映机与传记公司	International Mutoscope and Biography Company	1901	7—8
17	游艇比赛	Yacht Racer			自动体育公司	Automatic Sports Company	1900	8
18	板球比赛	The Cricket Match			自动体育公司	Automatic Sports Company	1903	8—9
19	全员足球	Full Team Football			全员足球公司	Full Team Football Company	1925	9
20	足球	Play Football			切斯特-波德拉娱乐公司	Chester-Pollard Amusement Company	1926	9—10
21	攀爬消防员	Climbing Fireman					20世纪20年代	9—10
22	跑马场	Play the Derby			切斯特-波德拉娱乐公司	Chester-Pollard Amusement Company	1929	10
23	击倒拳手	Knock Out Fighters			国家新奇公司	National Novelty Co.	1928	10
24	全美自动棒球游戏	All-American Automatic Baseball Game			美国娱乐机械公司	Amusement Machine Corporation of America	1929	11
25	1937世界系列赛	1937 World Series			洛克-奥拉公司	Rock-Ola Company	1937	12
26	巴格代尔桌球游戏	Bagatelle			法国		18世纪	12
27	巴格代尔桌球游戏升级版	Improvements in Bagatelle	蒙塔古·雷德格雷夫	Montague Redgrave			1871	12
28	巴福尔球	Baffle Ball	大卫·戈特利布	David Gottlieb	大卫·戈特利布公司	D. Gottlieb & Co.	1931	12—13
29	最后的五星	Five Star Final			大卫·戈特利布公司	D. Gottlieb & Co.	1932	13
30	世界博览会拼图	World's Fair Jigsaw			洛克-奥拉公司	Rock-Ola Company	1933	13—14
31	世界系列赛	World's Series			洛克-奥拉公司	Rock-Ola Company	1934	12
32	缓震器	Bumper			超级缓冲器公司	Bumper Bally Co.	1937	14
33	大亨	Tycoon			米尔斯新奇公司	Mills Novelty Company	1936	15
34	儿童枪船长	Captain Kid Gun			中途制造公司	Midway Manufacturing Co.	1966	16
35	击倒冠军	Knock Out Champion			国际电影胶卷公司	International Mutoscope Reel Co.	1955	16, 78
36	自动驾驶测试	Auto Test			国会投影仪公司	Capitol Projector Co.	1954—1959	16

续表

序号	游戏中文名	游戏英文名	开发者中文名	开发者原名	开发商中文名	开发商英文名	开发时间	本书出现页面
37	金柯的汽车展览	Genco's Motorama			威廉姆斯电子公司	Williams Electronics	1957	16
38	公路赛车手	Road Racer			芝加哥投币公司	Chicago Coin	1962	16-17
39	高速公路	Speedway			芝加哥投币公司	Chicago Coin	1969	17
40	摩托车	Motorcycle			超级缓冲器公司	Bumper Bally Co.	1970	17
41	公路奔跑者	Road Runner			世嘉公司	Sega	1971	17
42	潜望镜	Periscope			世嘉公司	Sega	1966	18
43	导弹	Missile			中途制造公司	Midway Manufacturing Co.	1966/1969	19
44	海上突击	Sea Raider			中途制造公司	Midway Manufacturing Co.	1969	19
45	海上魔鬼	Sea Devil			中途制造公司	Midway Manufacturing Co.	1970	19
46	潜水艇	Submarine			中途制造公司	Midway Manufacturing Co.	1979	19
47	低空导弹拦截器	Surface to Air Missile Interceptor			中途制造公司	Midway Manufacturing Co.	1970	19
48	矮胖子	Humpty Dumpay			大卫·戈特利布公司	D. Gottlieb & Co.	1947	19
49	封面女郎	Covergirl			基尼公司	Keeney	1947	19
50	挡板	Flipper			大卫·戈特利布公司	D. Gottlieb & Co.	1960	20

第 2 章 实验性质的游戏（1912—1977 年）

序号	游戏中文名	游戏英文名	开发者中文名	开发者原名	开发商中文名	开发商英文名	开发时间	本书出现页面
1	土耳其人	Turk	沃尔夫冈·冯·肯佩伦	Wolfgang von Kempelen			18 世纪	22
2	棋手	el-Ajedrecista	列奥纳多·托雷斯·埃克维多	Leonardo Torres Quevedo			1912	23
3	棋手 2	el-Ajedrecista II	冈萨洛·托雷斯	Gonzalo Torres			1920	23
4	尼姆	Nim			英国计算机公司费伦蒂	Ferranti	1951	24

序号	游戏中文名	游戏英文名	开发者中文名	开发者原名	开发商中文名	开发商英文名	开发时间	本书出现页面
5	医生	Doctor	约瑟夫·维泽鲍姆	Joseph Weizenbaum			1964—1966	25
6	佩里	PERRY	肯尼斯·科尔比	Kenneth Colby			1972	25
7	双人网球	Tennis for Two	威廉·希金波坦	William Higinbotham			1958	25—26, 45, 225
8	计算机网球	Computer Tennis					1961	27
9	太空大战!	Spacewar!	史蒂夫·拉塞尔，马丁·格雷茨，韦恩·维塔尼姆	Steve Russell, Martin Graetz, Wayne Witaenem			1962	28—30, 32, 38, 40—42, 52, 57, 60, 90, 140
10	地产大亨	Monopoly			数字设备计算机用户协会	Digital Equipment Computer Users Society	20世纪70年代	30
11	战舰	Battleship			数字设备计算机用户协会	Digital Equipment Computer Users Society	20世纪70年代	30
12	西方如何得出1+3×4	How the West Was One + Three × Four	邦妮·塞勒	Bonnie Seiler			1971	32
13	帝国	Empire	约翰·达尔斯克	John Daleske			1973	32, 34, 37, 97
14	征服	Conquest	塞拉斯·沃纳	Silas Warner			1973	32
15	星际迷航	Star Trek	唐·达格楼	Don Daglow				32, 82, 98
16	在线星际迷航	Netrek			卢卡斯影业游戏公司	Lucasfilm Games	20世纪80年代末	32
17	龙与地下城	Dungeons & Dragons	加里·吉盖克斯，戴夫·阿内森	Gary Gygax, Dave Arneson			1974	33—35, 79, 90—91, 93, 95, 102, 160
18	地牢	Pedit5	罗斯提·卢瑟福德	Rusty Rutherford			1975	33—35
19	地牢游戏	The Games of Dungeons	嘉里·威森特，雷·伍德	Gary Wisenhunt, Ray Wood				34
20	欧散克塔	Orthanc	保罗·雷施，拉里·肯普，埃里克·哈格斯特朗	Paul Resch, Larry Kemp, Eric Hagstrom			1975	34—36

续表

序号	游戏中文名	游戏英文名	开发者中文名	开发者原名	开发商中文名	开发商英文名	开发时间	本书出现页面
21	莫里亚	Moria	凯维特·邓科姆,吉姆·巴蒂	Kevet Duncombe, Jim Battin			1975	35–36, 102
22	奥布里特	Oubliette	吉姆·施瓦格,约翰·加比,班德尔·德龙	Jim Schwaiger, John Gaby, Bancherd DeLong			1977	35–38, 93
23	阿凡达	Avatar					1979	36
24	巫术：疯狂领主的试验场	Wizardry: Proving Grounds of the Mad Overlord			西端科技公司	Sir-tech	1981	36, 93–94
25	迷宫战争	Maze War	史蒂夫·考利	Steve Colley			1973	37, 90
26	太空模拟	Spasim	吉姆·鲍里	Jim Bowery			1974	37–38
27	急速隆道	Airace	塞拉斯·沃纳	Silas Warner				38
28	空战	Airfight	布兰德·福特纳	Brand Fortner			1974	38, 96
29	坦克世界	Panzer	约翰·达尔斯克,德瑞克·沃德	John Daleske, Derek Ward			1975	38
30	德军总部	Castle Wolfenstein			缪斯软件公司	Muse Software	1981	38
31	超越德军总部	Beyond Castle Wolfenstein			缪斯软件公司	Muse Software	1983	38, 100
32	沉默舰队	Silent Service			微散文公司	MicroProse	1986	38

第3章 早期商业化数字游戏（1971—1977年）

序号	游戏中文名	游戏英文名	开发者中文名	开发者原名	开发商中文名	开发商英文名	开发时间	本书出现页面
1	银河游戏	Galaxy Game	比尔·皮茨,休·塔克	Bill Pitts, Hugh Tuck			1971	40–41
2	计算机空间	Computer Space			融合公司	Syzygy Company	1971	41–42, 45
3	1939世界系列赛	1939 World Serious	哈里·威廉斯	Harry Williams	雅达利公司			41
4	轨道	Orbit			雅达利公司	Atari	1978	42
5	新太空大战	Space Wars			电影变速器公司	Cinematronics	1978	42
6	太空战争	Space War			雅达利公司	Atari	1978	42, 60, 146
7	星际策略	Star Control			鲍伯玩具公司	Toys for Bob Inc.	1990	42, 95

续表

序号	游戏中文名	游戏英文名	开发者中文名	开发者原名	开发商中文名	开发商英文名	开发时间	本书出现页面
8	星际策略2	Star Control: The Ur-Quan Masters			鲍伯玩具公司	Toys for Bob Inc.	1992	42
9	橄榄球	Football			美国米罗华公司	Magnavox	1972	43–44
10	枪战	Shootout			美国米罗华公司	Magnavox	1972	44
11	鬼屋	Haunted House			美国米罗华公司	Magnavox	1972	44, 81
12	乒乓球	Table Tennis			美国米罗华公司	Magnavox	1972	45
13	乓	Pong			雅达利公司	Atari	1972	45
14	乒乓双打	Pong Doubles			雅达利公司	Atari	1973	46
15	多人乒乓	Quadra Pong			雅达利公司	Atari	1974	46–47, 71
16	突围	Breakout			雅达利公司	Atari	1976	46–47, 57
17	反弹	Rebound			雅达利公司	Atari	1974	46
18	弹珠台砖块	Gee Bee			南梦宫公司	Namco	1978	47
19	军阀	Warlords			雅达利公司	Atari	1980	47
20	超级乒乓	Super Pong			雅达利公司	Atari	1974	47, 53
21	乒乓医生	Doctor Pong			雅达利公司	Atari	1974	47
22	小狗乒乓	Puppy Pong			雅达利公司	Atari	1974	47–48
23	电视弹球	TV Pingame			芝加哥投币公司	Chicago Coin	1973	48
24	TV翻转	TV Fillper			中途制造公司	Midway Manufacturing Co.	1973	48
25	电视弹球	TV Pinball			最高机密公司	Exidy	1974	48
26	乒乓弹球	Pin Pong			雅达利公司	Atari	1974	48
27	龙卷风棒球	Tornado Baseball			中途制造公司	Midway Manufacturing Co.	1976	48
28	中途导弹	Guided Missile					1977	48
29	豪华赛道10	Gran Trak 10			雅达利公司	Atari	1974	48–49, 51, 71
30	全速冲刺2	Sprint 2			吉尔游戏公司	Kee Games	1976	48
31	豪华赛道20	Gran Trak 20			雅达利公司	Atari	1975	48
32	印地赛车800	Indy 800			雅达利公司	Atari	1975	49

续表

序号	游戏中文名	游戏英文名	开发者中文名	开发者原名	开发商中文名	开发商英文名	开发时间	本书出现页面
33	勒芒	Le Mans			雅达利公司	Atari	1976	49
34	纽博格林赛车场 1	Nürburgring 1	赖纳·弗雷斯特	Reiner Foerst	百丽公司	Bally	1976	49
35	夜半赛车手	Midnite Racer			中途制造公司	Midway Manufacturing Co.	1976	49
36	达特森 280	Datsun 280 Zzzap			微网公司	Micronetics	1976	49
37	黑夜赛车手	Night Racer					1977	49
38	夜行车手	Night Driver	戴夫·谢佩德	Dave Shepperd	雅达利公司	Atari	1976	49, 112
39	太空竞赛	Space Race			雅达利公司	Atari	1973	50
40	毁灭赛车	Destruction Derby			最高机密公司	Exidy	1975	50
41	赛车马球	Car Poly			最高机密公司	Exidy	1977	50, 57
42	撞击得分	Crash'N Score			雅达利公司	Atari	1975	50, 71
43	撞车大竞赛	Demolition Derby			芝加哥投币公司	Chicago Coin	1977	50
44	特技车	Stunt Car			世嘉公司	Sega	1970	50
45	疯狂的道奇	Dodgem Crazy			世嘉公司	Sega	1972	50
46	死亡竞赛	Death Race			最高机密公司	Exidy	1976	50–51, 53, 78
47	抓到你了	Gotcha			雅达利公司	Atari	1973	51, 58
48	太空入侵者	Space Invaders			日本太东公司	Taito	1978	51–61, 64
49	吃豆人	Pac-Man			南梦宫公司	Namco	1980	51, 62–64, 77, 83–86, 119
50	奇妙迷宫	The Amazing Maze			中途制造公司	Midway Manufacturing Co.	1976	52
51	封锁线	Blockade			精灵公司	Gremlin	1976	52
52	贪吃蛇	Snake			诺基亚公司	Nokia	1997	52, 187
53	坦克	Tank			吉尔游戏公司	Kee Games	1974	52, 66, 71
54	西部枪战	Western Gun			日本太东公司	Taito	1975	52, 57, 66
55	枪战	Gun Fight			中途制造公司	Midway Manufacturing Co.	1975	52, 57
56	食人族	Man-Eater			项目系统工程公司	Project Systems Engineering	1975	53
57	方斯	Fonz			世嘉公司	Sega	1976	53

第 4 章 街机的黄金时代（1978—1984 年）

序号	游戏中文名	游戏英文名	开发者中文名	开发者原名	开发商中文名	开发商英文名	开发时间	本书出现页面
1	跳跃人	Jump Man			日本太东公司	Taito		56
2	射线	Qix			威廉姆斯电子公司	Williams Electric Mfg. Co.	1981	56
3	格斗	Joust					1981	56
4	小行星	Asteroids			雅达利公司	Atari	1979	56–57, 60, 72, 77
5	雪地赛车 800	Indy 800			雅达利公司	Atari	1975	57
6	弹球	Pinball			大卫·戈特利布公司	D. Gottlieb & Co.		58
7	太空热潮	Space Fever			任天堂公司	Nintendo	1978	59
8	太空袭击	Space Attack			世嘉公司	Sega	1979	59
9	TI 人侵者	TI Invaders			德州仪器公司	Texas Instruments	1981	59
10	星空飞箭	Galaxian			南梦宫公司	Namco	1979	59
11	小蜜蜂	Galaga			南梦宫公司	Namco	1981	59, 119
12	太空战记	Xevious			南梦宫公司	Namco	1982	59
13	1942	1942			卡普空公司	Capcom	1984	59
14	雷电	Raiden			西武古川公司	Seibu Kaihatsu	1990	59
15	戈夫	Gorf			中途制造公司	Midway Manufacturing Co.	1981	60, 67–68
16	暴风雨	Tempest	戴维·托伊雷尔	Dave Theurer	雅达利公司	Atari	1981	60, 67–68
17	捍卫者	Defender	尤金·贾维斯	Eugene Jarvis	威廉姆斯电子公司	Williams Electric Mfg. Co.	1981	60
18	机器人 2084	Robotron 2084	尤金·贾维斯	Eugene Jarvis	威廉姆斯电子公司	Williams Electric Mfg. Co.	1982	60, 61, 114
19	导弹指挥部	Missile Command			雅达利公司	Atari	1980	61, 63
20	对决	Head On			世嘉/格莱美林	Sega/Gremlin	1979	62
21	太空追逐	Space Chaser			日本太东公司	Taito	1979	62
22	迷宫追踪	Lock "n" Chase			东方数据公司	Data East	1981	62
23	吃豆女士	Ms. Pac-Man			中途制造公司	Midway Manufacturing Co.	1982	62–63
24	疯狂奥图	Crazy Otto			通用计算机公司	General Computer Corporation	1981	62–63

续表

序号	游戏中文名	游戏英文名	开发者中文名	开发者原名	开发商中文名	开发商英文名	开发时间	本书出现页面
25	小吃豆人	Jr. Pac-Man			中途制造公司	Midway Manufacturing Co.	1983	63
26	大金刚	Donkey Kong			任天堂公司	Nintendo	1981	63–64, 76, 83, 117–119
27	小金刚	Donkey Kong Junior			任天堂公司	Nintendo	1982	64, 119
28	跳方块	Q*bert			大卫·戈特利布公司	D. Gottlieb & Co.	1982	64
29	打空气	Dig Dug			南梦宫公司	Namco	1982	64
30	企鹅大冒险	Pengo			世嘉公司	Sega	1982	64
31	汉堡时代	Burgertime			百丽/中途制造公司	Bally/Midway Manufacturing Co.	1982	64, 113
32	马里奥兄弟	Mario Bros			任天堂公司	Nintendo	1983	64, 119, 121
33	魔界村	Ghosts'n Goblins			卡普空公司	Capcom	1985	64
34	泡泡龙	Bubble Bobble			日本太东公司	Taito	1986	64
35	龙穴历险记	Dragon's Lair			电影机械公司	Cinematronics	1983	64–65
36	太空高手	Space Ace			电影机械公司	Cinematronics	1984	66
37	银河战纪	Astron Belt			世嘉公司	Sega	1983	66
38	机器战	MACH 3			我星电子公司	Mylstar Electronics	1983	66
39	火狐	Firefox			雅达利公司	Atari	1984	66
40	电子世界争霸战	Tron			百丽/中途制造公司	Bally/Midway Manufacturing Co.	1982	52, 66–68
41	大浩劫	Major Havoc	欧文·卢宾	Owen Rubin	雅达利公司	Atari	1983	66–68
42	动物园守护者	Zoo Keeper			日本太东公司	Taito	1982	66
43	旅行	Journey			百丽/中途制造公司	Bally/Midway Manufacturing Co.	1983	67
44	我，机器人	I, Robot			雅达利公司	Atari	1983	67–68
45	战争地带	Battle Zone			雅达利公司	Atari	1980	67
46	星际战争	Star Wars			雅达利公司	Atari	1980	68

第 5 章 卡盒与家用游戏机（1978—1984 年）

序号	游戏中文名	游戏英文名	开发者中文名	开发者原名	开发商中文名	开发商英文名	开发时间	本书出现页面
1	基础数学	Basic Math			雅达利公司	Atari	1977	71
2	黑杰克	Blackjack			雅达利公司	Atari	1977	71
3	包围	Surround			雅达利公司	Atari	1977	71
4	雪地赛车 500	Indy 500			雅达利公司	Atari	1977	71
5	对战	Combat			雅达利公司	Atari	1977	71, 77
6	飞机驾驶员	Jet Fighter			雅达利公司	Atari	1975	71
7	奥林匹克	Video Olympics			雅达利公司	Atari	1977	71, 77
8	国际象棋	Video Chess			雅达利公司	Atari	1979	71–72
9	国际汽车大奖赛	Grand Prix			动视公司	Activision	1982	74
10	恶魔攻击	Demon Attack	鲍伯·富洛普、丹尼斯·科尔贝、鲍伯·史密斯	Rob Fulop, Dennis Kolbe, Bob Smith	梦想公司	Imagic	1982	74
11	魔球	Video Whizball 1						74
12	冒险	Adventure	威尔·克罗塞	Will Crowther	雅达利公司	Atari	1979	74, 78, 90–92
13	E. T. 外星人	E. T. : The Extra-Terrestrial			雅达利公司	Atari	1982	75
14	亚尔的复仇	Yar's Revenge			雅达利公司	Atari	1982	75, 85
15	夺宝奇兵	Raiders of the Lost Ark			雅达利公司	Atari	1982	75, 85
16	真人快打 2	Motal Kombat II			中途制造公司	Midway Manufacturing Co.	1992	75
17	毁灭战士 2：地狱	Doom II: Hell on Earth			ID 软件公司	ID Software	1994	147
18	K. C. 芒奇金	K. C. Munchkin!			美国米罗华公司	Magnavox	1981	77
19	太空砸毁	Astrosmash			美泰公司	Mattel	1981	77
20	扳道工	Frogger			帕克兄弟公司	Parker Brothers	1982	77
21	外星人侵	Alien Invasion			飞兆半导体公司	Fairchild Semiconductor	1981	77
22	简单迷宫	Easy Maze						77
23	台球打击	Billiard Hit						77
24	隐形坦克对战	Invisible Tank Pong						77

续表

序号	游戏中文名	游戏英文名	开发者中文名	开发者原名	开发商中文名	开发商英文名	开发时间	本书出现页面
25	篮球	Basketball			雅达利公司	Atari	1978	77
26	洞穴探险	Colossal Cave Adventure	唐·伍德，威廉·克劳瑟	Don Woods, William Crowther			1978	78
27	高级龙与地下城：多云山	Advanced Dungeons & Dragons: Cloudy Mountain Cartridge	汤姆·洛夫里	Tom Loughry	美泰公司	Mattel	1982	79, 81, 94
28	侠盗	Rogue						79, 95
29	高级龙与地下城：塔尔明的宝藏	Advanced Dungeons & Dragons: Treasure of Tarmin Cartridge			美泰公司	Mattel	1982	79–81
30	鬼屋	Haunted House			雅达利公司	Atari	1982	81
31	失落方舟攻略	Raiders of the Lost Ark			雅达利公司	Atari	1982	81
32	陷阱	Pitfall	大卫·克莱恩，鲍勃·怀特海德，艾伦·米勒，拉里·卡普兰	David Crane, Bob Whitehead, Alan Miller, Larry Kaplan	动视公司	Activision	1982	81–82
33	乌托邦	Utopia			美泰公司	Mattel	1981	82, 106
34	模拟城市	Sim City	威尔·莱特	Will Wright	马克西斯公司	Maxis	1989	82, 106–107, 165
35	命令与征服	Command & Conquer			韦斯特伍德公司	Westwood Studios	1995	82, 108–109
36	财富创造者	Fortune Builder			科莱科公司	Coleco	1984	82–83
37	战争室	War Room			NAP消费类电子公司	NAP Consumer Electronics	1983	82
38	足球	Football			雅达利公司	Atari	1978	9–10, 80, 83
39	实况足球	Real Sports Football			雅达利公司	Atari	1982	83

第6章 家用计算机（1977—1995年）

序号	游戏中文名	游戏英文名	开发者中文名	开发者原名	开发商中文名	开发商英文名	开发时间	本书出现页面
1	精英	Elite			橡子软件公司	Acornsoft	1984	89, 98–99
2	微软冒险	Microsoft Adventure			微软公司	Microsoft	1980	90

附录

205

续表

序号	游戏中文名	游戏英文名	开发者中文名	开发者原名	开发商中文名	开发商英文名	开发时间	本书出现页面
3	魔域	Zork			信息网站公司	Infocom	1980	38, 90–91, 95, 103
4	魔域 2	Zork II			信息网站公司	Infocom	1981	91
5	魔域 3	Zork III			信息网站公司	Infocom	1982	91
6	银河系漫游指南	The Hitchhiker's Guide to Galaxy			信息网站公司	Infocom	1984	91
7	高分辨冒险	Hi Res Adventure			任线系统公司	On-line Systems	1980	91–92, 99
8	神秘屋	Mystery House			任线系统公司	On-line Systems	1980	92
9	巫师和公主	The Wizard and the Princess			任线系统公司	On-line Systems	1980	92
10	国王密使	King's Quest			西拉任线公司	Sierra Online	1984	92–93, 99, 103, 124
11	国王密使 5: 离别让心远行!	King's Quest: Absence Makes the Heart Go Yonder!			西拉任线公司	Sierra Online	1990	93, 105
12	巫术: 疯狂领主的试验场	Wizardry: Proving Grounds of the Mad Overlord	罗伯特·伍德德, 安德鲁·格林伯格	Robert Woodhead, Andrew Greenberg	SIR 科技公司	SIR Tech	1981	36, 93–94
13	创世纪	Ultima	理查德·加略特	Richard Garriott	SIR 科技公司	SIR Tech	1982	93–94, 177, 186
14	指环王	Lord of the Rings	托尔金	Tolkien				33, 94
15	阿卡拉贝斯: 末日世界	Akalabeth: World of Doom	理查德·加略特	Richard Garriott			1980	94
16	创世纪 3: 出埃及行	Ultima III: Exodus	理查德·加略特	Richard Garriott				94
17	创世纪 4: 圣者传奇	Ultima IV: Quest of the Avatar					1985	95
18	侠盗	Rouge	迈克尔·托伊, 格伦·威奇曼, 肯·阿诺德	Michael Toy, Glen Wichman, Ken Amold	起源系统公司	Origin System	20 世纪 80 年代早期	79, 95
19	飞行模拟器	Flight Simulator	布鲁斯·阿特维克	Bruce Artwick	子逻辑公司	SubLOGIC	1979	96
20	飞行竞速	Airace						96
21	空战	Airfight						38, 96

续表

序号	游戏中文名	游戏英文名	开发者中文名	开发者原名	开发商中文名	开发商英文名	开发时间	本书出现页面
22	微软模拟飞行	Microsoft Flight Simulator			微软公司	Microsoft	1982	96
23	星球奇兵	Star Raiders			雅达利公司	Atari	1979	96
24	滚球大战	Ballblazer			卢卡斯影业游戏公司	Lucasfilm Games	1984	97
25	破碎救援！	Rescue on Fractalus!			卢卡斯影业游戏公司	Lucasfilm Games	1984	97–98
26	幻影	The Eidolon			卢卡斯影业游戏公司	Lucasfilm Games	1985	98
27	异星裂痕	Koronis Rift			卢卡斯影业游戏公司	Lucasfilm Games	1985	98
28	逃离德军总部	Escape from Castle Wolfenstein			缪斯软件公司	Muse Software	1981	100
29	最终的游戏	Ultimate Play the Game					20世纪80年代中期	100
30	魔域之狼	Knight Lore	蒂姆、克里斯·斯坦伯	Tim, Chris Stamper			1984	100
31	空手道	Karateka	乔丹·麦希纳	Jordan Mechner			1984	100–101
32	波斯王子	Prince of Persia	乔丹·麦希纳	Jordan Mechner			1989	100
33	地下城主	Dungeon Master			FTL游戏公司	FTL Games	1987	33, 102
34	幽灵战士	Phantasie			战略模拟公司	Strategic Simulation Inc.	1987	102
35	恶魔的冬天	Demon's Winter			战略模拟公司	Strategic Simulation Inc.	1988	102
36	魔眼杀机	Eye of the Beholder			韦斯特伍德公司	Westwood Studios	1990	102, 107
37	巫术6：宇宙熔炉之灾	Wizardry VI: Bane of the Cosmic Forge			西端科技公司	Sir-Tech Inc.	1990	102
38	创世纪6：假先知	Ultima VI: The False Prophet			起源系统公司	Origin System	1990	102
39	迷宫：计算机游戏	Labyrinth: The Computer Game			卢卡斯影业游戏公司	Lucasfilm Games	1986	103
40	疯狂豪宅	Maniac Mansion			卢卡斯影业游戏公司	Lucasfilm Games	1987	103–104, 124
41	异星入侵者	Zak McKracken			卢卡斯影业游戏公司	Lucasfilm Games	1988	103

续表

序号	游戏中文名	游戏英文名	开发者中文名	开发者原名	开发商中文名	开发商英文名	开发时间	本书出现页面
42	异形大进击	Alien Mindbenders			卢卡斯影业游戏公司	Lucasfilm Games	1988	103–104
43	猴岛的秘密	The Secret of Monkey Island			卢卡斯影业游戏公司	Lucasfilm Games	1990	104
44	极速天龙	Full Throttle			卢卡斯影业游戏公司	Lucasfilm Games	1995	104
45	织布机	Loom	布莱恩·莫里亚蒂	Brain Moriarty	卢卡斯影业游戏公司	Lucasfilm Games	1990	104
46	神秘岛	Myst			绿色世界公司	Cyan worlds		104, 135–136, 165–166, 186, 192
47	模拟人生	The Sims			马克西斯公司	Maxis	2000	104, 165–166
48	超出魔域帝国	Beyond Zork: The Coconut of Quendor			信息网站公司	Infocom	1987	105
49	魔域帝国零号	Zork Zero	史蒂夫·马瑞扎克	Steve Meretzky	信息网站公司	Infocom	1988	105
50	重返魔域	Return to Zork			动视公司	Activision	1993	105
51	袭击海湾	Raid on Bungeling Bay	威尔·莱特	Will Wright			1984	106
52	文明	Civilization	席德·梅尔	Sid Meier	微散文公司	MicroProse	1991	106–109
53	F-15 地面神鹰	F-15 Strike Eagle	席德·梅尔、比尔·史泰利	Sid Meier, Bill Stealey	微散文公司	MicroProse	1984	107, 124
54	F-19 隐形飞机	F-19 Stealth Fighter	席德·梅尔、比尔·史泰利	Sid Meier, Bill Stealey	微散文公司	MicroProse	1987	107
55	铁路大亨	Railroad Tycoon	席德·梅尔、布鲁斯·雪莱	Sid Meier, Bruce Shelley	微散文公司	MicroProse	1990	107
56	风险	Risk						107
57	沙丘 2：王朝的建立	Dune II: The Building of a Dynasty			韦斯特伍德公司	Westwood Studio	1992	108–109
58	古代兵法	The Ancient Art of War			全装备公司	Everyware	1984	108

续表

序号	游戏中文名	游戏英文名	开发者原名	开发者中文名	开发商中文名	开发商英文名	开发时间	本书出现页面
59	航母指挥官	Carrier Command			实时游戏软件有限公司	Realtime Games Software Ltd.	1988	108
60	离子战机	Herzog Zwi			科技软件公司	Technosoft	1988	108
61	上帝也疯狂	Populous			牛蛙公司	Bullfrog	1989	108
62	战锤：奇幻之战	Warhammer: The Game of Fantasy Battles			游戏工作坊	Games Workshop	1983	109
63	魔兽：兽人与人类	Warcraft: Orcs and Humans			暴雪娱乐公司	Blizzard Entertainment	1994	109
64	魔兽争霸 2：黑潮	Warcraft II: Tides of Darkness			暴雪娱乐公司	Blizzard Entertainment	1995	109
65	Z	Z			位图兄弟公司	Bitmap Brother	1996	109
66	横扫千军	Total Annihilation			穴居动物娱乐公司	Cavedog Entertainment	1997	109
67	帝国时代	Age of Empire			合唱曲公司	Ensemble Studio	1997	109, 162
68	命令与征服：红色警戒	Command & Conquer: Red Alert			韦斯特伍德公司	Westwood Studios	1996	109
69	星际争霸	Star Craft			暴雪娱乐公司	Blizzard Entertainment	1998	109–110, 117
70	杀手本能	Killer Instinct			瑞尔公司	Rare	1994	110, 117
71	超级大金刚	Donkey Kong Country			瑞尔公司	Rare	1994	110, 129
72	暗黑破坏神	Diablo			暴雪娱乐公司	Blizzard Entertainment	1996	110, 177

第 7 章 日本 2D 游戏设计和游戏机的重生（1983—1995 年）

序号	游戏中文名	游戏英文名	开发者原名	开发者中文名	开发商中文名	开发商英文名	开发时间	本书出现页面
1	极点位置	Pole Position			南梦宫公司	Namco	1982	112
2	挂	Hang On			世嘉公司	Sega	1985	113, 144
3	太空鹞	Space Harrier			世嘉公司	Sega	1985	113, 126, 144
4	逃脱	Outrun			世嘉公司	Sega	1986	113, 126
5	扎克森	Zaxxon			世嘉公司	Sega	1982	113
6	卫士							113

附录

209

续表

序号	游戏中文名	游戏英文名	开发者中文名	开发者原名	开发商中文名	开发商英文名	开发时间	本书出现页面
7	凯奇传奇	The Kage			日本太东公司	Taito	1984	113
8	滚雷	Rolling Thunder			南梦宫公司	Namco	1986	113
9	超级忍	Shinobi			世嘉公司	Sega	1987	113, 127
10	热血硬派	Nekketsu Kouha Kunio-kun			日本科技公司	Technōs Japan	1986	113–114
11	功夫大师	Kung Fu Master			艾勒姆公司	Irem	1984	115
12	双截龙	Double Dragon			日本科技公司	Technōs Japan	1987	114, 126
13	战斧	Golden Axe			世嘉公司	Sega	1989	114, 127
14	快打旋风	Final Fight			卡普空公司	Capcom	1989	114
15	忍者神龟	Teenage Mutant Ninja Turtles			科乐美公司	Konami	1989	115
16	神秘的X战警	Uncanny X-Men			科乐美公司	Konami	1992	115
17	异形战场	Alien vs. Predator			卡普空公司	Capcom	1994	115
18	辛普森一家	The Simpsons Arcade Game			科乐美公司	Konami	1991	115
19	终极警探	Die Hard Arcade			世嘉公司	Sega	1996	115
20	街头霸王	Street Fighter			卡普空公司	Capcom	1987	115–116
21	功夫小子	Yie Ar Kung-Fu			科乐美公司	Konami	1985	115
22	暴力格斗	Violence Fight			日本太东公司	Taito	1989	116
23	角斗士	Pit-Fighter			雅达利公司	Atari	1990	116
24	街头霸王2：世界勇士	Street Fighter II: The World Warrior			卡普空公司	Capcom	1991	116, 141
25	街头霸王2：冠军版	Street Fighter II: Champion			卡普空公司	Capcom	1991	116
26	饿狼传说	Fatal Fury						116
27	龙虎之拳	Art of Fighting						116
28	拳皇	King of Fighters						116
29	真人快打	Mortal Kombat			中途制造公司	Midway Manufacturing Co.	1992	117, 129, 136, 141
30	宿命	Fatality						117
31	时空杀手	Time Killers			不可思议科技公司	Incredible Technologies	1992	117

续表

序号	游戏中文名	游戏英文名	开发者中文名	开发者原名	开发商中文名	开发商英文名	开发时间	本书出现页面
32	永恒冠军	Eternal Champions			世嘉公司	Sega	1993	117, 129
33	奇异世界：阿比逃亡记	Oddworld: Abe's Oddysee			奇异世界居民公司	Oddworld Inhabitants	1997	117
34	大力水手	Popeye						119
35	铁板阵	Xevious						119
36	魔鬼世界	Devil World			任天堂公司	Nintendo	1984	120
37	越野机车	Excitebike	宫本茂	Miyamoto			1984	120–121
38	超级马里奥兄弟	Super Mario Bros.			任天堂公司	Nintendo	1985	120–123, 127–129
39	小精灵世界	Pac-Land						121
40	敲冰块	Ice Climber			任天堂公司	Nintendo	1985	121
41	塞尔达传说	The Legend of Zelda			任天堂公司	Nintendo	1986	122–124, 129
42	创世纪2号	CPPGs Ultima II						122
43	黑色魔境	The Black Onyx						122, 124
44	银河战士	Metroid			任天堂公司	Nintendo	1986	122–123, 126, 153, 165, 182
45	超级马里奥兄弟2	Super Mario Bros. 2			任天堂公司	Nintendo	1986	122–123
46	梦工厂：心跳恐慌	Yume Koujou Doki Doki Panic			任天堂公司	Nintendo	1987	123
47	超级马里奥兄弟：失落的关卡	Super Mario Bros.: The lost Levels			任天堂公司	Nintendo		123
48	超级马里奥全明星	Super Mario All-Star			任天堂公司	Nintendo	1993	123
49	塞尔达传说2：冒险链接	The Legend of Zelda II: The Adventure of Link			任天堂公司	Nintendo	1987	123
50	勇者斗恶龙（美国龙战士）	Dragon Quest			楚恩软件公司	Churnsoft	1986	123–125

索 引

续表

序号	游戏中文名	游戏英文名	开发者中文名	开发者原名	开发商中文名	开发商英文名	开发时间	本书出现页面
51	龙战士	Dragon Warrior			史克威尔公司	Square	1987	123
52	最终幻想	Final Fantasy			史克威尔公司	Square	1987	123, 125
53	超级马里奥兄弟 3	Super Mario Bros. 3			任天堂公司	Nintendo	1988	123, 127, 129, 144
54	塞尔达传说：与过去的联系	The Legend of Zelda: A Link to the Past			任天堂公司	Nintendo	1991	124
55	潜艇部队	Silent Service						124
56	巫术：狂安霸主和黑玛瑙的证据	Wizardry: Proving Grounds of the Mad Overlord and the Black Onyx						124
57	七宝奇谋 2	The Goonies II			科乐美公司	Konami	1987	124
58	13 号星期五	Friday the 13th			视频包装公司	Pack in Video	1989	124
59	葡萄牙系列谋杀案	The Portopia Serial Murder Case			楚恩软件公司	Chumsoft	1985	125
60	最终幻想 7	Final Fantasy VII			史克威尔公司	Square	1997	125
61	神奇宝贝	Pokémon			游戏自由股份有限公司	Game Freak	1996	125
62	超时空世纪	Orguss			世嘉公司	Sega	1984	125
63	神奇小子	Wonder Boy			世嘉公司	Sega	1986	125
64	摩托车大赛	Hang-On						126, 161
65	兽王记	Altered Beast						126–127
66	梦幻之星	Phantasy Star			世嘉公司	Sega	1987	126
67	冒险岛	Adventure Island						126
68	炸弹人	Bomberman						126
69	恶魔城	Castlevania						126
70	洛克人	Mega Man						126
71	ESWAT 网络警察	ESWAT Cyber Police			世嘉公司	Sega		127
72	邦克大冒险	Bonk's Adventure			红色公司/阿特鲁斯	Red Company/Atlus	1989	127

续表

序号	游戏中文名	游戏英文名	开发者中文名	开发者原名	开发商中文名	开发商英文名	开发时间	本书出现页面
73	刺猬索尼克	Sonic the Hedgehog			索尼克团队	Sonic Team	1991	128, 158
74	超级马里奥世界	Super Mario World			任天堂公司	Nintendo	1990	129, 151
75	超级马里奥 64	Super Mario 64			任天堂公司	Nintendo	1996	129, 150–152, 160
76	超级马里奥世界 2：耀西岛	Super Mario World 2: Yoshi's Island			任天堂公司	Nintendo	1995	129, 142
77	零式赛车	F-Zero			任天堂公司	Nintendo	1990	129
78	飞行俱乐部	Pilotwings			任天堂公司	Nintendo	1990	129
79	超级马里奥卡丁车	Super Mario Kart			任天堂公司	Nintendo	1992	129–130
80	疯狂汽车秀	Top Gear			精灵图像公司	Gremlin Graphics	1992	129
81	超级星球大战	Super Star Wars			雕塑软件公司 / 卢卡斯艺术公司	Sculptured Software/LucasArts	1992	129

第 8 章　早期 3D 和多媒体热潮（1989—1996 年）

序号	游戏中文名	游戏英文名	开发者中文名	开发者原名	开发商中文名	开发商英文名	开发时间	本书出现页面
1	疯狗麦基利	Mad Dog McCee			美国激光游戏公司	American Lase Games	1990	132–133
2	犯罪巡逻	Crime Patrol			美国激光游戏公司	American Lase Games	1993	132
3	龙的巢穴 2：时间扭曲	Dragon's Lair II: Time Warp			利兰公司	Leland Corporation	1991	133
4	时间旅行者	Time Traveler			世嘉公司	Sega	1991	133
5	全息游戏	Holosseum			世嘉公司	Sega	1992	133
6	马里奥旅馆	Hotel Mario			菲利普幻想工厂	Philips Fantasy Factory	1994	133
7	林克：恶魔之脸	Link: The Faces of Evil			动画魔术公司	Animation Magic	1993	133–134
8	塞尔达：卡梅隆之杖	Zelda: The Wand Gamelon			动画魔术公司	Animation Magic	1993	134

附录

续表

序号	游戏中文名	游戏英文名	开发者中文名	开发者原名	开发商中文名	开发商英文名	开发时间	本书出现页面
9	超级勇士	Supreme Warrior			数字图片公司	Digital Pictures	1994	134
10	满贯城市	Slam City			数字图片公司	Digital Pictures	1994	134
11	偷窥	Voyeur			菲利普 POV 娱乐集团	Philips P.O.V. Entertainment Group	1993	134
12	第七位嘉宾	The 7th Guest			三叶虫公司	Trilobyte	1993	134–135
13	神秘岛	Myst			绿色世界公司	Cyan Worlds	1993	104, 135–136, 165–166, 192
14	午夜陷阱	Night Trap			数字图片公司	Digital Pictures	1992	136
15	致命杀手	Lethal Enforcers			科乐美公司	Konami	1992	136
16	月尘埃	Moondust			创意软件公司	Creative Software	1983	137
17	超级手套球	Super Glove Ball			瑞尔公司	Rare	1990	137–138
18	虚拟男孩	Virtual Boy			任天堂公司	Nintendo	1995	138–139
19	红色警报	Red Alarm			T&E 软件公司	T&E Soft	1995	138
20	星际火狐	Star Fox			任天堂公司	Nintendo	1993	138, 141–142, 172
21	达吉尔梦魇	Dactyl Nightmare			虚拟世界公司	Virtuality	1991	138–139
22	虚拟战斗	Virtual Combat			VR8 公司	VR8 Inc.	1993	139
23	杆位	Pole Position			南梦宫公司	Namco		140
24	迅猛赛车	Hard Drivin			雅达利游戏公司	Atari Games	1989	140
25	赛车驾驶	Race Drivin			雅达利游戏公司	Atari Games	1990	140
26	虚拟赛车	Virtual Racing			世嘉公司	Sega	1992	140
27	美国代托纳	Daytona USA			世嘉公司	Sega	1993	140
28	胜利	Winning Run						140
29	太空大战	Solvalou			南梦宫公司	Namco	1991	140
30	星系 3：龙骑兵计划	Galaxian 3: Project Dragoon			南梦宫公司	Namco	1994	140
31	VR 战警	Virtua Cop			世嘉公司	Sega	1994	140

续表

序号	游戏中文名	游戏英文名	开发者原名	开发者中文名	开发商中文名	开发商英文名	开发时间	本书出现页面
32	时间危机	Time Crisis			南梦宫公司	Namco	1995	140–141
33	死亡之家	House of the Dead			世嘉公司	Sega	1997	140
34	第一人	First-Person						140
35	星球大战	Star Wars						40, 56–57, 97–98, 140, 155, 160
36	狼	Wolf			日本太东公司	Taito	1987	140
37	死亡之屋	House of the Dead						141
38	虚拟战士	Virtua Fighter			世嘉公司		1993	141
39	铁拳	Tekken			南梦宫公司	Namco	1994	141
40	生死格斗	Dead or Alive			忍者项目组公司	Team Ninja	1996	141
41	虚拟战士2	Virtua Fighter 2			世嘉公司	Sega	1994	141
42	毁灭战士	Doom			ID软件公司	ID Software	1993	142, 145–147, 153
43	金属头	Metal Head			世嘉公司	Sega	1995	142
44	鬼屋魔影	Alone in the Dark			法国信息游戏公司	Infogrames	1992	143, 158
45	终结者	The Terminator	Bethesda	贝塞斯达			1991	61, 143–145, 164
46	创世纪地狱：地狱深渊	Ultima Underworld: The Stygian Abyss			蓝天制作公司	Blue Sky Productions	1992	143
47	地下墓穴	Catacomb			软盘公司	Soft Disk	1990	144
48	指挥官基恩	Commander Keen in Invasion of the Vorticons			阿泊基软件公司	Apogee Software	1990	144–145
49	圣铠传说	Gauntlet			雅达利游戏公司	Atari Games	1985	144
50	危险的戴夫	Dangerous Dave						144
51	气垫船3D	Hovertank 3D			ID软件公司	ID Software	1991	145

续表

序号	游戏中文名	游戏英文名	开发者中文名	开发者原名	开发商中文名	开发商英文名	开发时间	本书出现页面
52	地下塞穴3D：下降	Catacomb 3D: The Descent			ID软件公司	ID Software	1991	145
53	德军司令部3D	Wolfenstein 3D			ID软件公司	ID Software	1992	145
54	毁灭公爵3D	Duke Nukem 3D			3D领域公司	3D Realms	1996	147
55	虚幻引擎	Unreal			传奇游戏公司	Epic Games	1998	147
56	异端	The Heretic			乌鸦软件公司	Raven Software	1994	147
57	邪教巫师	Hexen: Beyond Thetic			乌鸦软件公司	Raven Software	1995	147
58	龙霸三合会	Rise of the Triad			阿泊基软件公司	Apogee Software	1994	147
59	魔幻英雄	Strife			罗опоминения娱乐公司	Rogue Entertainment	1996	147
60	血祭	Blood			巨物公司	Monolith	1997	147
61	影子武士	Shadow Warrior			3D领域公司	3D Realms	1997	147

第9章 当代游戏设计（1996年至今）

序号	游戏中文名	游戏英文名	开发者中文名	开发者原名	开发商中文名	开发商英文名	开发时间	本书出现页面
1	古惑狼	Crash Bandicoot			顽皮狗公司	Naughty Dog	1996	150, 152
2	古墓丽影	Tomb Raider			核心设计工作室	Core Design	1996	150, 152, 158
3	塞尔达传说：时之笛	The Legend of Zelda: Ocarina of Time			任天堂公司	Nintendo	1998	152
4	银河战士	Metroid Prime			复古工作室	Retro Studios	2002	122–123, 126, 153, 165, 182
5	黑暗之魂	Dark Soul			福莱姆软件公司	From Software	2011	153
6	侵袭	Descent			平行软件公司	Parallax Software	1995	153

续表

序号	游戏中文名	游戏英文名	开发者中文名	开发者原名	开发商中文名	开发商英文名	开发时间	本书出现页面
7	侵袭 2	Descent II			平行软件公司	Parallax Software	1996	153
8	侵袭 3	Descent III			暴怒娱乐公司	Outrage Entertainment	1999	153
9	遗忘	Forsaken			道具娱乐公司	Probe Entertainment	1998	153
10	雷神之锤	Quake			ID 软件公司	ID Software	1996	153–154、163
11	雷神之锤 2	Quake II			ID 软件公司	ID Software	1997	154
12	毁灭法师 2	Hexen II			乌鸦软件公司	Raven Software	1997	154
13	虚幻	Unreal			传奇游戏	Epic Games	1998	154
14	半条命	Half-Life			维尔福公司	Valve	1998	154、163
15	雷神之锤 3：竞技场	Quake III: Arena			ID 软件公司	ID Software	1999	154
16	虚幻竞技场	Unreal Tournament			传奇游戏公司	Epic Games	1999	154–155、163、177
17	军团要塞经典版	Team Fortress Classic			传奇游戏公司	Epic Games	1999	154
18	反恐精英	Counter Strike			传奇游戏公司	Epic Games	2000	154、167
19	星球大战：绝地武士 - 黑暗力量 2	Star Wars: Jedi Knight - Dark Forces II			卢卡斯艺术娱乐公司	Lucas Arts	1997	155、170
20	星球大战：黑暗力量	Star Wars: Dark Forces			卢卡斯艺术娱乐公司	Lucas Arts	1995	155
21	彩虹六号	Rainbow Six			育碧公司	Ubisoft	1998	156
22	幽灵侦查	Ghost Recon			育碧公司	Ubisoft	2001	156
23	冲突	Strife			罗格娱乐公司	Rogue Entertainment	1996	156
24	地下创世纪：冥河深渊	Ultima Underworld: The Stygian Abyss			窥镜工作室	Looking Glass Studios	1992	156
25	地下创世纪 2：世界的迷宫	Ultima Underworld II: Labyrinth of Worlds			窥镜工作室	Looking Glass Studios	1993	156
26	网络奇兵	System Shock			窥镜工作室	Looking Glass Studios	1994	156–158
27	神偷：暗黑计划	Thief: The Dark Project			窥镜工作室	Looking Glass Studios	1998	156
28	网络奇兵 2	System Shock 2			非理性游戏工作室	Irrational Games	1999	157
29	生化奇兵	Bioshock			非理性游戏工作室	Irrational Games	2007	157

续表

序号	游戏中文名	游戏英文名	开发者中文名	开发者原名	开发商中文名	开发商英文名	开发时间	本书出现页面
30	生化奇兵 2	Bioshock 2			非理性游戏工作室	Irrational Games	2010	157
31	生化奇兵无限	Bioshock Infinite			非理性游戏工作室	Irrational Games	2013	157
32	杀出重围	Deus Ex			离子风暴公司	Ion Storm	2000	158, 163
33	银河飞将	Wing Commander						158
34	索尼克冒险	Sonic Adventure			索尼克团队	Sonic Team	1998	158
35	托尼·霍克极限滑板	Tony Hawk's Pro Skater			内弗软件娱乐公司	Neversoft Entertainment	1999	158
36	生化危机	Resident Evil			卡普空公司	Capcom	1996	158
37	寂静岭	Silent Hill			寂静岭团队	Team Silent	1999	158
38	合金装备索利德	Metal Gear Solid			日本科乐美计算机娱乐公司	Konami Computer Entertainment Japan	1998	159
39	合金装备	Metal Gear			日本科乐美计算机娱乐公司	Konami Computer Entertainment Japan	1987	159
40	冥界狂想曲	Grim Fandango			卢卡斯艺术娱乐公司	Lucas Art	1998	159–160
41	星球大战：旧共和国武士	Star Wars: Knights of the Old Republic			百威尔公司	BioWare	2003	160, 170
42	舞蹈革命	Dance Revolution			科乐美公司	Konami	1999	161
43	金刚鼓	Donkey Konga			南梦宫公司	Namco	2004	161
44	吉他英雄	Guitar Hero			和谐音乐系统公司	Harmonix Music Systems	2005	161
45	莎木	Shenmue			世嘉 AM2	Sega AM2	1999	161, 164, 172
46	太空哈利	Space Harrier						161
47	超级粉碎兄弟混战	Super Smash Bros. Melee			HAL 实验室	HAL Laboratory	2001	162
48	马里奥 4	Mario Party 4			哈德森软件公司	Hudson Soft Company	2002	162
49	马里奥卡丁车：双击!!	Mario Kart: Double Dash!!			任天堂公司 EAD	Nintendo EAD	2003	162
50	Wii 运动	Wii Sports			任天堂公司	Nintendo	2006	162
51	光晕	Halo: Combat Evolved			布奇公司	Bungie	2001	163, 168
52	007 之黄金眼	Golden Eye 007			瑞尔公司	Rare	1997	163

续表

序号	游戏中文名	游戏英文名	开发者原名	开发者中文名	开发商中文名	开发商英文名	开发时间	本书出现页面
53	荣誉勋章	Medal of Honor			梦工厂交互公司	DreamWorks Interactive	1999	163
54	侠盗猎车手 3	Grand Theft Auto III			洛克星游戏公司	Rockstar Games	2001	163–164
55	侠盗猎车手	Grand Theft Auto			苏格兰 DMA 游戏设计公司	DMA Design	1997	163
56	侠盗猎车手：圣安地列斯	Grand Theft Auto: San Andreas			洛克星游戏公司	Rockstar Games	2004	164
57	上古卷轴 3：晨风	The Elder Scrolls III: Morrowind			贝塞斯达游戏工作室	Bethesda Games Studios	2002	164
58	上古卷轴：竞技场	The Elder Scrolls: Arena			贝塞斯达游戏工作室	Bethesda Games Studios	1994	164
59	上古卷轴：匕首	The Elder Scrolls: Daggerfall			贝塞斯达游戏工作室	Bethesda Games Studios	1996	164
60	刺客信条	Assassin's Creed						164
61	创世纪在线	Ultima Online			起源系统公司	Origin Systems	1997	164
62	无尽的任务	Ever Quest			索尼在线娱乐公司	Sony Online Entertainment	1999	164
63	魔兽世界	World of Warcraft			暴雪娱乐公司	Blizzard Entertainment	2004	164, 184, 190
64	杰克与达斯特：失落的边境	Jak and Daxter: The Precursor Legacy			顽皮狗公司	Naughty Dog	2001	164
65	汪达与巨像	Shadow of the Colossus			Ico 团队公司	Team Ico	2005	164
66	战神	God of War			SCE 圣塔莫尼卡工作室	SCE Santa Monica Studio	2005	165
67	模拟城市	Sim City					2000	82, 106–107, 165
68	宝石迷阵	Bejeweled			宝开游戏公司	Pop Cap Games	2001	166–167, 187
69	字符炼金术	Alchemy Deluxe			宝开游戏公司	Pop Cap Games	2003	166
70	祖玛豪华版	Zuma Deluxe			宝开游戏公司	Pop Cap Games	2009	166
71	植物大战僵尸	Plants vs. Zombies			宝开游戏公司	Pop Cap Games	2009	166
72	愤怒的小鸟	Angry Birds			锐欧娱乐公司	Rovio Entertainment		167

续表

序号	游戏中文名	游戏英文名	开发者中文名	开发者原名	开发商中文名	开发商英文名	开发时间	本书出现页面
73	半条命 2	Half-Life 2			维尔福公司	Valve	2004	167, 171–172, 191–193
74	开心农场	Farm Ville			新嘉游戏公司	Zynga	2009	168
75	糖果传奇	Candy Crush Saga			国王游戏公司	King	2012	168
76	纪念碑谷	Monument Valley			优思图游戏公司	Ustwo	2014	169
77	侏罗纪公园：入侵者	Jurassic Park: Trespasser			梦工厂交互公司	DreamWorks Interactive	1998	170
78	黑道圣徒 4：世纪版	Saints Row Ⅳ			深银毁坏公司	Deep Silver Volition	2013	171
79	质量效应	Mass Effect			非理性游戏工作室	Irrational Games	2007	171
80	神秘海域：德雷克的宝藏	Uncharted: Drake's Fortune			顽皮狗公司	Naughty Dog	2007	172
81	真人快打 X 战斗	Mortal Kombat X			内泽领域游戏工作室	NetherRealm Studios	2015	172
82	超级银河战士	Super Metroid						172, 182
83	使命召唤 4：现代战争	Call of Duty 4: Modern Warfare			无限守护公司	Infinity Ward	2007	172

第 10 章 独立游戏（1997 年至今）

序号	游戏中文名	游戏英文名	开发者中文名	开发者原名	开发商中文名	开发商英文名	开发时间	本书出现页面
1	放逐 3：世界末日	Exile Ⅲ: Ruined World			蜘蛛网软件公司	Spiderweb Software	1997	177
2	匕落城	Daggerfall						177
3	基因制造	Geneforge						177
4	地下之门	Nethergate						177
5	阿瓦登	Avadon						177
6	阿佛纳姆	Avernum						177
7	越野坦克	Tread Marks	塞尤玛斯·麦克纳利	Seumas McNally	长弓游戏公司	Longbow Games	2000	177–178
8	虚幻竞技场	Unreal Tournament			传奇游戏公司	Epic Games	1999	154–155, 163, 177
9	血腥校园	Pico's School	汤姆·福禄普	Tom Fulp			1999	179

续表

序号	游戏中文名	游戏英文名	开发者中文名	开发者原名	开发商中文名	开发商英文名	开发时间	本书出现页面
10	外星原始人	Alien Hominid	汤姆·福禄普，丹·帕拉丁	Tom Fulp, Dan Paladin			2002	179–181, 187–188
11	魂斗罗	Contra			科乐美公司	Konami	1987	179
12	合金弹头	Metal Slug			SNK公司	SNK	1996	179
13	N	N	雷根·本斯，梅尔·谢帕德	Raigan Burns, Mare Sheppard	元网络软件公司	Metanet Software Inc.	2004	180–181
14	淘金者	Lode Runner			布罗得邦德公司	Broderbund	1983	180–181
15	浮游世界	Flow			那家游戏公司	That Game Company	2007	181, 187, 189
16	超级食肉男孩	Super Meat Boy			米特团队	Team Meat	2012	181, 189
17	VVVVVV	VVVVVV	特里·卡瓦纳	Terry Cavanagh			2010	181, 189
18	月姬格斗	Melty Blood			月姬公司	Type-Moon / Watanabe Seisakusho	2002	181
19	警笛长鸣	Warning Forever			海科维尔公司	Hikware	2003	181–182, 188
20	音乐爆破	Every Extend	松久贯太	Kanta Matsuhisa			2004	182, 188
21	宇宙战机	Tumiki Fighters			ABA游戏公司	ABA Games	2004	182
22	太空旅行	Parsec 47	长健太	Kenta Cho			2003	182
23	黑洞战机	Torus Trooper	长健太	Kenta Cho			2004	182
24	枪火咆哮	Gunroar	长健太	Kenta Cho			2005	182
25	洞窟物语（银河恶魔城）	Cave Story (Metroid Vania)	天谷大辅	Daisuke Amaya			2004	182
26	恶魔城：夜晚交响曲	Castlevania: Symphony of the Night			科乐美公司	Konami	1997	182
27	银河历险记	Samorost			毒蘑菇设计工作室	Amanita Design Studio	2003	183, 186
28	银河历险记2	Samorost 2			毒蘑菇设计工作室	Amanita Design Studio	2005	183
29	无尽的森林	The Endless Forest			"故事中的故事"工作室	Tale of Tales	2005	183–184, 190
30	墓地	Graveyard			"故事中的故事"工作室	Tale of Tales	2008	184

续表

序号	游戏中文名	游戏英文名	开发者中文名	开发者原名	开发商中文名	开发商英文名	开发时间	本书出现页面
31	人生匆匆只如过客	Passage	杰森·罗勒	Jason Rohrer			2007	184
32	数码战争	Darwinia			入门软件公司	Introversion Software	2005	185
33	机器人大战 2084	Robotron 2084						185, 188
34	蜈蚣博弈	Centipede						186
35	玩偶功夫	Rag Doll Kung Fu	马克·希利	Mark Healey			2005	186
36	机械迷城	Machinarium			毒蘑菇设计工作室	Amanita Design Studio	2009	186
37	植物精灵	Botanicula			毒蘑菇设计工作室	Amanita Design Studio	2012	186
38	原萁	Primordia			木虫工作室	Wormwood Studios	2012	186
39	每日射手	Everyday Shooter	乔纳森·马克	Jonathan Mak	简单游戏公司	Queasy Games	2007	187–188
40	封锁圈	Blockade						187
41	城堡毁灭者	Castle Crashers			巨兽游戏公司	Behemoth	2008	188–189
42	洗碗工：死亡武士	The Dishwasher: Dead Samurai			Ska 工作室	Ska Studios	2009	188–189
43	巫毒拳 X	Zombie Smashers X						189
44	热血物语	River City Ransom			日本科技公司	Technōs Japan	1989	188–189
45	时空幻境	Braid			无数字公司	Number None	2008	189, 194
46	地狱边境	Limbo			装死公司	Playdead	2010	189
47	孤单的托马斯	Thomas Was Alone	迈克·比特尔	Mike Bithell			2012	189
48	菲斯	Fez			宝创公司	Polytron	2012	189
49	像素跑者	Bit Trip			选择规定公司	Choice Provions	2009	189
50	风之旅人	Journey			那家游戏公司	That Game Company	2012	189–191, 194
51	花	Flower			那家游戏公司	That Game Company	2009	189
52	盖端的模组	Garry's Mod	盖端·纽曼	Garry Newman	锤脸工作室	Face Punch Studios	2006	191
53	我的世界	Minecraft			莫珍公司	Mojang	2011	191–192, 194
54	亲爱的艾丝特	Dear Esther			中文房间公司	The Chinese Room	2012	192–193

续 表

序号	游戏中文名	游戏英文名	开发者中文名	开发者原名	开发商中文名	开发商英文名	开发时间	本书出现页面
55	奇异变形	Proteus	艾德·奇、戴维·康加	Ed Key, David Kanga			2013	192–193
56	到家	Gone Home			福布莱特公司	The Fulbright	2013	193
57	史丹利的寓言	The Stanley Parable			戈兰塞科咖啡吧公司	Galactic Café	2013	193
58	伊森卡特的消失	The Vanishing of Ethan Carter			宇航员公司	The Astronauts	2014	194
59	保持通话，不会爆炸	Keep Talking and Nobody Explodes			铁箱游戏公司	Steel Crate Games	2015	194
60	万众狂欢	Everybody's Gone to the Rapture			中文房间公司	The Chinese Room	2015	194

附录

后记

2020年上半年，中国自主研发的游戏在国内市场实际销售达到1 201.4亿元，同比增长30.38%。中国自主研发的游戏，在海外市场的实际销售收入达到75.89亿美元，折合人民币约533.62亿元，同比增长36.32%。中国游戏市场已经连续3年成为全球第一大"游戏经济体"。游戏产业早已超越电影产业，成为我国最大的文化产业。21世纪作为体验经济时代，数字游戏成为这一时期体验型经济最突出的代表之一，它不仅自身发展迅速，还在学术领域凭借超强的交互性与动漫、影视、文学、历史、计算机等多个学科产生交融。这也引发了海内外学者的关注，针对数字游戏的学术研究呈现出增长的势头。

当前，社会普遍对游戏抱有一定偏见。游戏带来的近视问题、久坐肥胖问题、暴力内容、游戏沉迷等，一直受到社会舆论的批评。数字游戏发展到今天，亟待人们从积极、正面的角度来看待、介入、引导。美国游戏学者简·麦戈尼尔（Jane McGonigal）归纳了游戏的四条永恒真理：第一，优秀的游戏可以发挥重要的作用，改善真实生活的品质；第二，优秀的游戏支持大规模的社会合作与公民参与；第三，优秀的游戏帮助我们过上可持续的生活，变成更具适应性的物种；第四，优秀的游戏引导我们为人类面临的最迫切挑战创造新的解决方案。在我们这样一个互联网时代，这4条游戏真理被无数的网友和玩家践行着。游戏带来的愉悦、欢乐、激励和合作，通过互联网将人们联系起来。正如纽约大学游戏中心的埃里克·齐尔曼默（Eric Zimmerman）教授所说，人类进入了前所未有的"游戏世纪"（ludic century）。游戏是古老的，数字化时代让游戏更具统治力。20世纪图像和视频主宰了人类的感官和文化形式。在"游戏世纪"，人们接收互联网上的信息成为游戏一般的体验，从维基百科的公众参与和编撰，到通过游戏来讲述故事的《黑镜：潘达斯奈基》，数字游戏的玩法正在渗透人们生活的方方面面。这种游戏化的逸出，使得"硬核"（hard-core）类型的游戏带来的问题被淡化。丹麦皇家艺术学院的贾斯伯·尤儿（Jesper Juul）教授从"休闲游戏"（casual game）的崛起中发觉，轻松的游戏形式以及与现实生活连接紧密的游戏形式，不仅带来愉悦的游戏体验，更可以为生活和工作服务。这或许是数字游戏未来的价值所在。

展望游戏的未来，离不开回顾游戏的过去。数字游戏起源于以美国为代表的西方世界。从街机游戏到手机游戏，游戏科技开发与玩家聚集形成的文化氛围浓厚、历史资料丰富、产业发展记录全面；从数字游戏研究层面来看，西方理论研究起步较早，学术团体活跃，已经形成了游戏研究的学术体系。例如，贾斯伯·尤儿教授提出的"游戏学"（ludology）理论，注重游戏与人的动态关系而非游戏的叙事性。他认为人在介入游戏规则与机制的过程中感受到美感。丹麦哥本哈根信息技术大学艾斯本·亚瑟斯（Espen Aarseth）教授从游戏本体论（game ontology）的角度展开学术探索。他认为数字游戏脱胎于赛博文本（cybertext），是遍历文学（ergodic literature）的一种重要表现。美国威斯康辛考迪亚大学的马可·沃尔夫（Mark J.P. Wolf）教授从产业史的视角展开研究，阐释了美国游戏产业发展过程中关键转折点，指出游戏设计对于产业的重要影响。本书作者美国威斯康辛大学安德鲁·威廉姆斯教授对数字游戏的设计与交互历史进行回顾与研究，从游戏科技发展的角度入手，展开一幅充满艺术、审美、交互、设计元素的历史长卷，分析并解释知名游戏作品设计的缘由及影响，为数字游戏史的研究提供了详尽的资料。

随着数字游戏与计算机等诸多学科的交叉与发展，数字游戏的人机交互研究、心理学研究、社会学研究、文化研究等方向也逐渐显现。国内却几乎没有一本细致讨论游戏史的相关研究著作，尤其现在众多学者在讨论游戏的未来发展，并期望从国内外现有游戏中获取经验，在未来打造出属于中国的精品数字游戏。但是，人们对数字游戏的早期历史知之甚少，能够借鉴的相关历史资料微乎其微，在研究领域也缺乏系统分析与游戏历史相关的早期资料。对数字游戏历史发展的研究，为数字游戏的前沿探索扎稳了根基，为游戏文化的传承找到了源头，为游戏产业的发展指明了方向，为社会全面、正确认识游戏这一艺术形态奠定了基础。站在人类历史的宏观视野下，赫伊津哈将游戏置于文化产生之前。从本书的研究内容看，游戏的设计与艺术发展的的确确带来了不少艺术和文化形式。从献给王宫贵族的精妙的机械游戏自动机，到麻省理工学院实验室内用于科研空隙休闲而开发的《双人网球》，再到一时无两的街机游戏和家庭主机游戏，如《超级马里奥兄弟》等。游戏艺术和科技逐渐走下王权的神坛，拥抱普罗大众的审美趣味。再看如今的游戏盛况，游戏文化和艺术也形成了自己的圈层，有《魔兽世界》的忠实玩家，有电子竞技职业选手参加的《王者荣耀》，也有为中国风游戏爱好者设计的《江南百景图》等。这本译著不仅起到科普的作用，更为深入探究游戏艺术的前景、游戏文化的形成、游戏技术的发展提供了案例参考。

游戏是青少年最为关注的艺术形态，也是影响下一代的重要媒介。本书的历史研究让青少年能够重新认识自己面对的游戏作品，真正理解游戏、艺术、科技、交互的涵义，塑造积极、健康的游戏价值观。与此同时，我国游戏产业也正在随着大国崛起而走出国门、走向海外。游戏文化成为构建文化强国的重要内容之一。只有先了解数字游戏在西方的起源、发展和他们走过的弯路，才有可能真正走出一条带有中国文化特色的游戏设计之路，打造带有中国文化价值的游戏佳作，并被世界范围内的广大青少年接受。面对这一时代考验，虽然本书尚无法回答，但是以史为镜，从西方游戏发展的历程中汲取经验，为我国的数字游戏艺术和设计事业提供养料，值得广大游戏从业者借鉴和学习。

2017年，我在英国伦敦艺术大学时尚设计学校做访问学者，无意间在大英图书馆看到了安德鲁·威廉姆斯教授编写的这本《数字游戏史：艺术、设计和交互的发展》。读完此书，我意识到这本书对于国内游戏研究和未来游戏发展的价值。首先，对于从事数字

后记

游戏理论研究的研究者和开发者来说，本书具备极高的史料价值，期间详细记述的作品资料和设计者背景都是构建数字游戏理论的重要基础。其次，对于数字游戏艺术与设计方向的学生来说，本书又是一本具有教学意义与价值的教材，为激发数字游戏理论的兴趣和展开进一步的研究提供了史料基础。于是，我回国后便开始着手翻译此书，在此期间，我也作为教育者和开发者参与了多次与数字游戏相关的活动，在众多活动中我分享了这本书中的资料和案例，获得了较高的评价，这也让我翻译此书的信心更加坚定。读者不仅可以从中找到记忆中感兴趣的游戏经典作品，还可以发现这些游戏历史背后的科技与设计原因，形成对数字游戏正确的认识和历史观。另外，翻译此书除了想要为国内学者提供相关前沿的学术资料以外，更希望能够起到抛砖引玉的作用，引起国内学者对于数字游戏研究的重视。

感谢上海大学国际事务部的选派，使我有机会在英国访学时能在较早的时间与这本书结缘。感谢上海大学高水平建设经费的资助，使这本书能够得以顺利出版。感谢参与初稿翻译的研究生刘毅刚、袁紫薇、李逸赟、毛爽和张梦涵。感谢复旦大学出版社的梁玲女士，作为本书的责任编辑，她的工作认真细致，没有她的帮助，本书无法问世。在翻译过程中难免会有疏漏和错误之处，期待各位专家、读者给予批评指正。

柴秋霞
2020 年 11 月于复旦大学

图书在版编目(CIP)数据

数字游戏史:艺术、设计和交互的发展/[美]安德鲁·威廉姆斯(Andrew Williams)著;柴秋霞译.—上海:复旦大学出版社,2021.1
书名原文:History of Digital Games:Developments in Art, Design and Interaction
ISBN 978-7-309-15137-4

Ⅰ.①数… Ⅱ.①安… ②柴… Ⅲ.①电子游戏-历史-世界 Ⅳ.①G898.3-091

中国版本图书馆 CIP 数据核字(2020)第 118458 号

History of Digital Games:Developments in Art, Design and Interaction 1st Edition/by Williams, Andrew/ISBN:9781138885554

Copyright© 2017 by Taylor & Francis Group LLC.

Authorized translation from English language edition published by Routledge, a member of the Taylor & Francis Group LLC; All rights reserved;本书原版由 Taylor & Francis 出版集团旗下, Routledge 出版公司出版,并经其授权翻译出版。版权所有,侵权必究。

Fudan University Press is authorized to publish and distribute exclusively the **Chinese(Simplified Characters)** language edition. This edition is authorized for sale throughout **Mainland of China**. No part of the publication may be reproduced or distributed by any means, or stored in a database or retrieval system, without the prior written permission of the publisher. 本书中文简体翻译版授权由复旦大学出版社独家出版并限在中国大陆地区销售。未经出版者书面许可,不得以任何方式复制或发行本书的任何部分。

Copies of this book sold without a Taylor & Francis sticker on the cover are unauthorized and illegal. 本书封面贴有 Taylor & Francis 公司防伪标签,无标签者不得销售。

上海市版权局著作权合同登记号:图字 09-2020-343

数字游戏史:艺术、设计和交互的发展
[美]安德鲁·威廉姆斯(Andrew Williams) 著
柴秋霞 译
责任编辑/梁 玲

复旦大学出版社有限公司出版发行
上海市国权路 579 号 邮编:200433
网址:fupnet@fudanpress.com http://www.fudanpress.com
门市零售:86-21-65102580 团体订购:86-21-65104505
外埠邮购:86-21-65642846 出版部电话:86-21-65642845
上海丽佳制版印刷有限公司

开本 787×1092 1/16 印张 15.25 字数 299 千
2021 年 1 月第 1 版第 1 次印刷

ISBN 978-7-309-15137-4/G·2129
定价:79.00 元

如有印装质量问题,请问复旦大学出版社有限公司出版部调换。
版权所有 侵权必究